创客训练营

PIC单片机应用技能实训

肖明耀　谢剑明　周　兵　乔建伟　编著

内 容 提 要

本书是《创客训练营》丛书之一。本书遵循“以能力培养为核心，以技能训练为主线，以理论知识为支撑”的编写思想，采用基于工作过程的任务驱动教学模式，以 PIC 单片机的 22 个任务实训课题为载体，使读者掌握 PIC 单片机的工作原理，学会 PIC 单片机的 C 语言程序设计，学会应用 MPLAB、MCC18 编程工具及其操作方法，从而提高 PIC 单片机工程应用技能。

本书由浅入深，通俗易懂，注重应用，便于创客学习和进行技能训练，可作为大中专院校机电类专业的理论与实训教材，也可作为技能培训教材，还可供相关工程技术人员参考。

图书在版编目（CIP）数据

PIC 单片机应用技能实训/肖明耀等编著. —北京：中国电力出版社，2017.4
(创客训练营)
ISBN 978-7-5198-0417-6

Ⅰ. ①P… Ⅱ. ①肖… Ⅲ. ①单片微型计算机-基本知识 Ⅳ. ①TP368.1

中国版本图书馆 CIP 数据核字（2017）第 031830 号

出版发行：中国电力出版社
地　　址：北京市东城区北京站西街 19 号（邮政编码 100005）
网　　址：http：//www. cepp. sgcc. com. cn
责任编辑：杨扬（010-63412524）
责任校对：王开云
装帧设计：王英磊　左铭
责任印制：蔺义舟

印　　刷：北京市同江印刷厂印刷
版　　次：2017 年 4 月第一版
印　　次：2017 年 4 月北京第一次印刷
开　　本：787 毫米×1092 毫米　16 开本
印　　张：15
字　　数：394 千字
印　　数：0001—2000 册
定　　价：48.00 元

前　言

《创客训练营》是为了支持大众创新、万众创业，为创客实现创新提供技术支持的应用技能训练丛书。以培养学生实际综合动手能力为核心，采取以工作任务为载体的项目教学方式，淡化理论，强化应用方法和技能的培养。本书是《创客训练营》丛书之一。

单片机已经广泛应用于我们的生活和生产领域，飞机各种仪表控制、计算机网络通信、控制数据传输、工控过程的数据采集与处理，各种 IC 智能卡、电视、洗衣机、空调、汽车控制、电子玩具、医疗电子设备、智能仪表等均使用了单片机。

单片机是从事工业自动化、机电一体化的技术人员应掌握的实用技术之一。本书采用以工作任务驱动为导向的项目训练模式，介绍工作任务所需的 PIC 单片机基础知识和完成任务的方法，通过完成工作任务的实际技能训练提高读者单片机综合应用的技能和技巧。

全书分为认识 PIC 单片机、学用 C 语言编程、PIC 单片机的输入/输出控制、突发事件的处理——中断、定时器与计数器及应用、单片机的串行通信、应用 LCD 模块、应用串行总线接口、模拟量处理、矩阵 LED 点阵控制、电机的控制、模块化编程 12 个项目，每个项目设有一个或多个训练任务，通过任务驱动技能训练，使读者快速掌握单片机的基础知识，增强 C 语言编程技能和 PIC 单片机程序设计方法与技巧。项目后面还设有习题，用于技能提高训练，以全面提高读者对 PIC 单片机的综合应用能力。

本书的基本实验及写作在清新、宁静的耶鲁大学里完成。

本书由肖明耀、谢剑明、周兵、乔建伟编著。本书得到深圳市科创委对深圳技师学院嵌入式创客实践室（项目编号：CKSJS2015093011233105）的支助，使本书的所有实训项目和写作得以顺利完成。

由于编写时间仓促，加上作者水平有限，书中难免存在错误和不妥之处，恳请广大读者批评指正，请将意见发至 xiaomingyao@963.net，不胜感谢。

编　者

目 录

项目一 认识PIC单片机

学习目标

（1）了解 PIC 单片机的基本结构。

（2）了解 PIC 单片机的特点。

（3）学会使用单片机开发工具。

任务 1　认识 PIC 系列单片机

基础知识

一、单片机

1. 8051 单片机

将运算器、控制器、存储器、内部和外部总线系统、I/O 输入输出（I/O）接口电路等集成在一片芯片上组成的电子器件，构成了单芯片微型计算机，即单片机。它的体积小、质量轻、价格便宜，为学习、应用和开发微型控制系统提供了便利。

8051 单片机的外形如图 1-1 所示。

图 1-1　单片机

单片机是由单板机发展过来的，将 CPU 芯片、存储器芯片、I/O 接口芯片和简单的 I/O 设备（小键盘、LED 显示器）等组装在一块印刷电路板上，再配上监控程序，就构成了一台单板微型计算机系统（简称单板机）。随着技术的发展，人们设想将计算机 CPU 和大量的外围设备集成在一个芯片上，使微型计算机系统更小，更适应工作复杂同时对体积要求严格的控制设备中，由此产生了单片机。

Intel 公司按照这样的理念开发，设计出具有运算器、控制器、存储器、内部和外部总线系统、I/O 输入输出接口电路的单片机，其中最典型的是 Intel 的 8051 系列。

单片机经历了低性能初级探索阶段、高性能单片机阶段、16 位单片机升级阶段、微控制器的全面发展阶段 4 个阶段的发展。

（1）低性能初级探索阶段（1976—1978 年）。以 Intel 公司的 MCS-48 为代表，采用了单片结构，即在一块芯片内含有 8 位 CPU、定时/计数器、并行 I/O 口、RAM 和 ROM 等，主要用于工业领域。

（2）高性能单片机阶段（1978—1982年）。单片机带有串行I/O口，8位数据线，16位地址线，可以寻址的范围达到64K，还有控制总线、较丰富的指令系统等，推动单片机的广泛应用，并不断地改进和发展。

（3）16位单片机升级阶段（1982—1990年）。16位单片机除CPU为16位外，片内RAM和ROM容量进一步增大，增加字处理指令，实时处理能力更强，体现了微控制器的特征。

（4）微控制器的全面发展阶段（1990年至今）。微控制器的全面发展阶段，各公司的产品在尽量相互兼容的同时，向高速、强运算能力、大寻址范围、强通信功能以及小巧廉价方面发展。

2. PIC单片机

PIC（Peripheral Interface Controller）单片机是由美国Microchip（微芯）公司推出的PIC单片机系列产品，首先采用了精简指令RISC结构的嵌入式微控制器，其高速度、低电压、低功耗、大电流LCD驱动能力和低价位OTP技术等都体现出单片机产业的新趋势。PIC单片机已有三种系列多种型号的产品问世，所以在全球都可以看到PIC单片机从电脑的外设、家电控制、电信通信、智能仪器、汽车电子到金融电子各个领域的广泛应用。现今的PIC单片机已经是世界上最有影响力的嵌入式微控制器之一。

3. PIC单片机的特点

（1）I/O口具有20mA的驱动能力。

（2）内置EEPROM。

（3）3路定时器。

（4）3个可编程外部中断。

（5）4个输入电平变化中断。

（6）2个捕捉/比较/PWM（CCP）模块，其中一个具有自动关闭功能。

（7）增强型捕捉/比较/PWM（ECCP）模块（仅40/44引脚器件）。

（8）最多13路通道的10位模数转换模块（A/D）。

（9）I2C、SPI、USART、USB、CAN总线接口。

（10）WDT（看门狗）。

（11）支持休眠的低功耗模式。

（12）8位并行从属端口。

4. PIC单片机振荡器结构

（1）4种晶振模式，频率高达40MHz。

（2）4倍频锁相环（可用于晶振和内部振荡器）。

（3）两种外部RC模式，频率最高为4MHz。

（4）两种外部时钟模式，频率最高为40MHz。

（5）内部振荡器电路。

1）8个可由用户选择的频率，31kHz~8MHz。

2）在和PLL结合使用时提供较宽的时钟频率范围，31kHz~32MHz。

3）用户可对该电路进行调节以补偿频率漂移。

（6）辅助振荡器使用Timer1（工作频率为32kHz）。

（7）故障保护时钟监视器，当外设时钟停止时可使器件安全断电。

5. 单片机的发展趋势

随着大规模集成电路及超大规模集成电路的发展，单片机将向更深层次发展。

（1）高集成度。一片单片机内部集成的 ROM/RAM 容量增大，增加了电闪存储器，具有掉电保护功能，并且集成了 A/D 与 D/A 转换器、定时器/计数器、系统故障监测和 DMA 电路等。

（2）引脚多功能化。随着芯片内部功能的增强和资源的丰富，一脚多用的设计方案日益显示出其重要地位。

（3）高性能。这是单片机发展所追求的一个目标，更高的性能将会使单片机应用系统设计变得更加简单、可靠。

（4）低功耗。这将是未来单片机发展所追求的一个目标，随着单片机集成度的不断提高，由单片机构成的系统体积越来越小，低功耗将是设计单片机产品时首先考虑的指标。

二、PIC 单片机

1. PIC 单片机的结构

PIC 单片机结构中包含运算器、控制器、片内存储器、5 个 I/O 口、定时器/计数器、中断系统、振荡器等功能部件，如图 1-2 所示。

2. PIC 系列单片机命名

单片机微处理器又称 MPU，是计算机的运算控制中心，由运算器、控制器及中断控制电路等几部分组成。CPU 字长有 4 位、8 位、16 位和 32 位，字长越长运算速度越快，数据处理能力也越强。PIC 系列单片机为满足市场需求，生产品有 8 位、16 位、32 位等 3 个系列的单片机。

PIC 单片机型号命名规则如下：

PIC	XX	XXX	XXX	（X）	-XX	X	/XX
1	2	3	4	5	6	7	8

（1）前缀。PIC Microchip 公司产品代号，特别的系列，dsPIC 为集成 DSP 功能的新型 PIC 单片机

（2）系列号。系列号 10、12、16、18、24、30、33、32，其中：

1）PIC10、PIC12、PIC16、PIC18 为 8 位单片机。

2）PIC24、dsPIC30、dsPIC33 为 16 位单片机。

3）PIC32 为 32 位单片机。

（3）器件型号（类型）。

1）C CMOS 电路；

2）CR CMOS ROM；

3）LC 小功率 CMOS 电路；

4）LCS 小功率保护；

5）AA 1.8V；

6）LCR 小功率 CMOS ROM；

7）LV 低电压；

8）F 快闪可编程存储器；

9）HC 高速 CMOS；

10）FR FLEX ROM。

（4）改进类型或选择。

54A、58A、61、62、620、621、622、63、64、65、71、73、74、42、43、44 等。

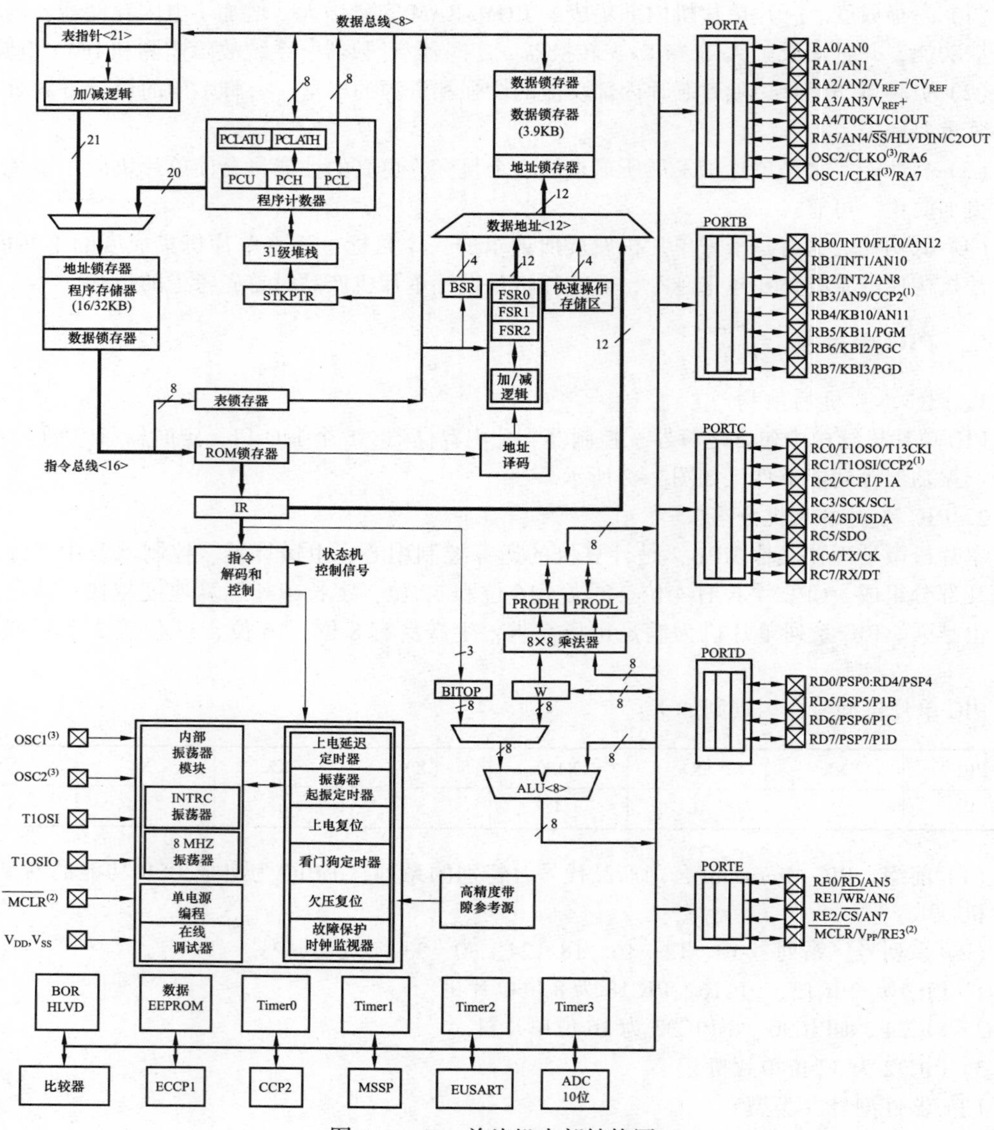

图 1-2　PIC 单片机内部结构图

（5）晶体标示。

1）LP 小功率晶体。

2）RC 电阻电容。

3）XT 标准晶体/振荡器。

4）HS 高速晶体。

（6）频率标示。

-02 2MHz。

-04 4MHz。

-10 10MHz。

-16 16MHz。

-20 20MHz。

-25 25MHz。

-33 33MHz。

（7）温度范围。

1）空白 0~70℃。

2）I -45~85℃。

3）E -40~125℃。

（8）封装形式。

1）L PLCC 封装；

2）JW 陶瓷熔封双列直插，有窗口；

3）P 塑料双列直插；

4）PQ 塑料四面引线扁平封装；

5）W 大圆片；

6）SL 14 腿微型封装-150mil；

7）JN 陶瓷熔封双列直插，无窗口；

8）SM 8 腿微型封装-207mil；

9）SN 8 腿微型封装-150mil；

10）VS 超微型封装 8mm×13.4mm；

11）SO 微型封装-300mil；

12）ST 薄型缩小的微型封装-4.4mm；

13）SP 横向缩小型塑料双列直插；

14）CL 68 腿陶瓷四面引线，带窗口；

15）SS 缩小型微型封装；

16）PT 薄型四面引线扁平封装；

17）TS 薄型微型封装 8mm×20mm；

18）TQ 薄型四面引线扁平封装。

3. PIC18 系列

PIC18F2420/2520/4420/4520 系列还引进了增强型设计，使得该系列单片机成为许多高性能和节能应用的明智选择。该系列具备所有 PIC18 单片机固有的优点——优惠的价格和出色的计算性能，还具有高耐久性和增强型闪存程序存储器。

PIC18 单片机系列如下。

1）PIC18F2420　PIC18LF2420；

2）PIC18F2520　PIC18LF2520；

3）PIC18F4420　PIC18LF4420；

4）PIC18F4520　PIC18LF4520。

F 为快闪可编程存储器类型，LF 为低电压快闪可编程存储器类型。

（1）采用纳瓦技术。PIC18F2420/2520/4420/4520 系列的所有器件采用纳瓦技术，具有一系列能在工作时显著降低功耗的功能。主要包括以下几项。

- 备用运行模式：通过将 Timer1 或内部振荡器模块作为单片机时钟源，可使代码执行时的功耗大约降低 90%。
- 多种空闲模式：单片机还可工作在其 CPU 内核禁止而外设仍然运行的情况下。处于这些状态时，功耗能降得更低，只有正常工作时的4%。

● 动态模式切换：在器件工作期间可由用户代码调用该功耗管理模式，允许用户将节能的理念融入到其应用软件设计中。

● 较低的关键模块功耗：Timer1 和看门狗定时器模块的功耗需求可降到最低。

（2）多个振荡器选项。PIC18F2420/2520/4420/4520 系列的所有器件提供 10 种不同的振荡器选项，使用户在开发应用硬件时有很大的选择范围。这些选项如下。

● 四种晶振模式，使用晶振或陶瓷谐振器。

● 两种外部时钟模式，提供使用两个引脚（振荡器输入引脚和四分频时钟输出引脚）或一个引脚（振荡器输入引脚，四分频时钟输出引脚重新分配为通用 I/O 引脚）的选项。

● 两种外部 RC 振荡器模式，具有与外部时钟模式相同的引脚选项。

● 一个内部振荡器模块，它提供一个 8MHz 的时钟源和一个内部 RC 时钟源（振荡频率大约为 31kHz），以及 6 种用户可选择的时钟频率范围（125kHz~4MHz）。因此共有 8 种时钟频率可供选择。此选项可以空出两个振荡器引脚作为额外的通用 I/O 引脚。

● 一个锁相环（Phase Lock Loop，PLL）倍频器，可用于高速晶振和内部振荡器模式，使时钟速度可高达 40MHz。PLL 和内部振荡器配合使用，可以向用户提供频率范围为 31kHz~32MHz 的时钟，而且不需要使用外部晶振或时钟电路。

除了可被用作时钟源，内部振荡器模块还提供了一个稳定的参考源，增加了以下功能，以使器件更安全地工作。

1）故障保护时钟监视：该选项不停地监视主时钟源，将其与内部振荡器提供的参考信号作比较。如果主时钟发生了故障，单片机会将时钟源切换到内部时钟模块，使器件可继续低速工作或安全地关机。

2）双速启动：该功能允许在上电复位或从休眠模式唤醒时将内部振荡器用作时钟源，直到主时钟源可正常工作为止。

（3）其他特性。存储器耐久性：程序存储器和数据 EEPROM 的增强型闪存单元经评测，能经受数千次擦/写，程序存储器高达 100000 次，EEPROM 高达 1000000 次。如果不刷新，数据保存期保守地估计在 40 年以上。

● 自编程性：这些器件能在内嵌软件的控制下对各自的程序存储空间进行写操作。通过使用位于受保护的引导区（程序存储器顶端）中的自举程序，应用程序在现场可实现自我更新。

● 扩展指令集：PIC18F2420/2520/4420/4520 系列在 PIC18 指令集的基础上进行了扩展，添加了 8 条新指令和变址寻址模式。此扩展可以使用一个器件配置选项使能，它是为优化重入代码而特别设计的，这些代码是使用高级语言（如 C 语言）开发的。

● 增强型 CCP 模块：在 PWM 模式下，该模式提供 1、2 或 4 个调制输出来控制半桥和全桥驱动器。其他功能包括自动断电（自动断电能在中断或其他条件下禁止 PWM 输出）和自动重启（自动重启能在禁止条件被清除时再次激活输出）。

● 增强型可寻址 USART：此串行通信模块可进行标准的 RS-232 通信，并支持 LIN 总线协议。其他增强的功能包括自动波特率检测和精度更高的 16 位波特率发生器。当单片机使用内部振荡器模块时，USART 为与外界通信的应用程序提供稳定的通信方式，而不需要使用外部晶振，也无须额外的功耗。

● 10 位 A/D 转换器：该模块具备可编程采集时间，而不必在选择通道和启动转换之间等待一个采样周期，因而减少了代码开销。

● 扩展的看门狗定时器（WDT）：该增强的看门狗定时器添加了16位预分频器，扩展了超时周期范围，在整个工作电压和温度范围内保持稳定。

（4）PIC18系列中各产品的具体信息。PIC18F2420/2520/4420/4520系列中的器件具有28引脚和40/44引脚两种封装形式。这两类器件在以下5个方面存在差异。

1）闪存程序存储器（PIC18F2420/4420器件为16KB，PIC18F2520/4520器件为32KB）。

2）A/D通道（28引脚器件有10路通道，40/44引脚器件有13路通道）。

3）I/O端口（28引脚器件上有3个双向端口，40/44引脚器件上有5个双向端口）。

4）CCP和增强型CCP（28引脚器件有2个标准CCP模块，40/44引脚器件有1个标准CCP模块和1个ECCP模块）。

5）并行从动端口（仅40/44引脚器件上存在）。

（5）PIC18F4520DIP40封装引脚图如图1-3所示。

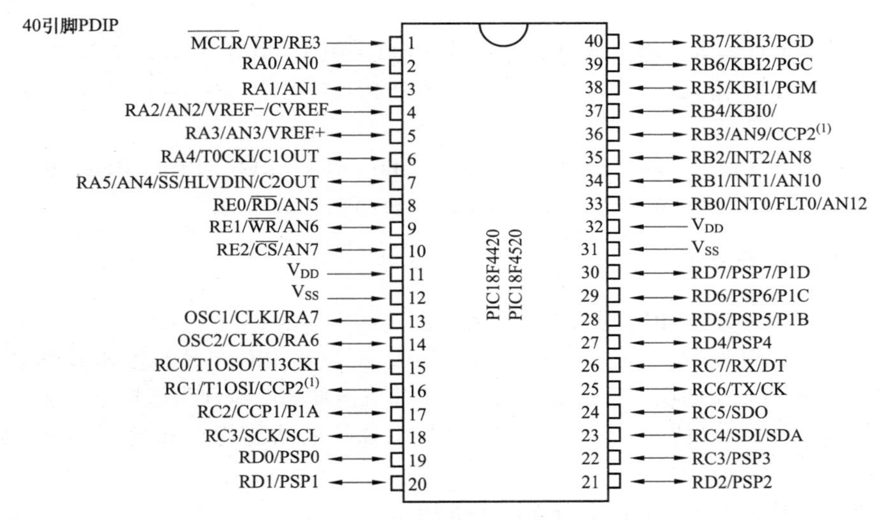

图1-3　PIC18F4520DIP40封装引脚图

1）电源和地线引脚。

引脚11、32，V_{DD}电源正极引脚。

引脚12、31，V_{SS}电源负极引脚。

2）时钟振荡器输入/输出引脚。

引脚13：振荡器晶振或外部时钟输入。

在配置为RC模式时为ST缓冲器输入，否则为模拟输入。

外部时钟源输入总是与OSC1引脚功能复用。

通用I/O引脚。

引脚14：振荡器晶振或时钟输出。

振荡器晶振输出：在晶振模式下，连接晶振或谐振器。

在RC模式下，OSC2引脚输出CLKO信号，该信号频率是OSC1上振荡信号的4分频，等于指令周期的倒数。

通用I/O引脚。

3）复位信号和编程输入引脚。

引脚1：主清零（输入）或编程电压（输入）。

主清零（复位）输入。此引脚为低电平时，器件复位。

编程电压输入。

数字输入，该引脚作为数字量输入引脚时，为RE3。

4）输入/输出端口和第二、第三功能引脚。

PIC18F4520具有5个输入、输出端口，分别是RA、RB、RC、RD、RE。

RA作为数字I/O输入、输出端口地址分别为RA0～RA7，RA0、RA1、RA2、RA3作为模拟量输入端口时，是AN0、AN1、AN2、AN3。RA4、RA5、RA6、RA7均有第二、第三功能。RA4为RA4/T0CKI/C1OUT，作为RA4时，是通用的输入、输出；作为T0CKI时，是Timer0外部时钟输入；作为C1OUT时，是Comparator1比较器1的输出。

RB作为数字I/O输入、输出端口地址分别为RB0～RB7，RB0、RB1、RB2、RB3作为模拟量输入端口时，是AN12、AN10、AN8、AN9。RB4、RB5、RB6、RB7均有第二、第三功能。

RC作为数字I/O输入、输出端口地址分别为RC0～RC7，RC0～RC7均有第二、第三功能。

RD作为数字I/O输入、输出端口地址分别为RD0～RD7，RD0～RD7均有第二、第三功能。

RE作为数字I/O输入、输出端口地址分别为RE0～RE3，RE0、RE1、RE2、RB3作为模拟量输入端口时，是AN5、AN6、AN7，RE0～RE3均有第二、第三功能。

三、认识K18开发板

1. 慧净电子HL-K18CPIC 单片机开发板

HL-K18单片机开发板，是一个典型的模块式、开放型PIC单片机实验教学系统。HL-K18单片机开发板各模块的设置，主要是以PIC单片机内部功能特性为依据，并加入了一些很常用的外围接口器件，以便充分显示出PIC单片机独特的功能优势和模块特色。如图1-4所示。

HL-K18单片机开发板功能区划分如图1-5所示。

根据人们的学习特点，从培养实践应用技能和开发产品能力的基础出发，同时，也是在吸收了国外Microchip公司同类产品的基础上，HL-K18单片机开发板引入独特的设计思想，采用面向对象式解决方案，倡导开放型、设计型和综合型的实验理念，强调以学习者为主体，在基本结构框架下，留给大家充分发挥的余地和创新的技术空间。HL-K18单片机开发板可以适应从PIC单片机基本验证性实验到开发拓展性、系统性实验，为用户开发应用和创新设计提供了一个多功能的实验平台。

基于HL-K18单片机开发板，各类工程技术人员可以轻松地构建各类实际应用系统，根据自己设计的线路，采用简单的接插连接方式，能够形成独特而又个性化的设计方案，无须再进行制版加工、线路焊接和排除故障。学习者可以把更多的时间和精力用于系统的设计和软件开发，极大地提高工作效率。

2. K18单片机综合开发系统主要特点

（1）板载USB接口的PICKIT2在线编程仿真器，不但可以对几百种PIC单片机进行在线编程，而且还可以对其进行在线仿真，仿真器是初学者和专业开发者的必选，可以帮助其迅速查找程序中的错误，轻松跨过单片机开发中最困难的“程序排错”阶段。

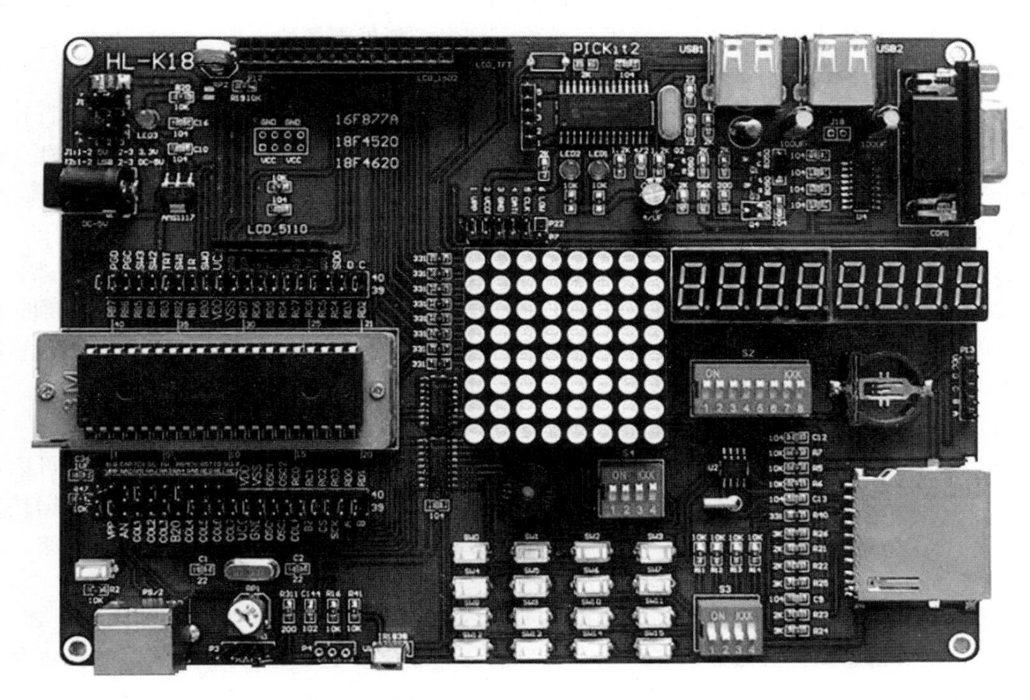

图 1-4　HL-K18 C PIC 单片机开发板

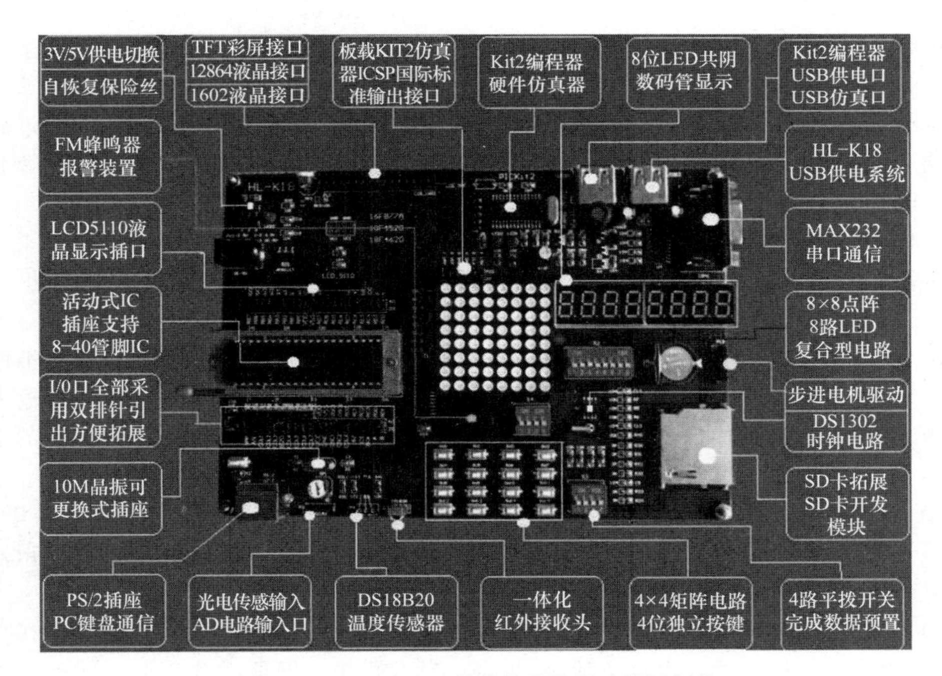

图 1-5　IL-K18 PIC 单片机开发板功能区划分

（2）20合1。K18开发板是目前集成模块数最多的开发板之一，集成有20个模块，模块多，意味着学习内容多。另外，K18开发板集成了许多最新外围模块，如SD卡、PS/2电脑键盘、A/D转换器、点阵管、光电转速仪、TFT真彩屏、USB等。

（3）同时支持多种单片机开发。支持PIC单片机（40脚及以下PICKIT2支持的几百种型号）、51单片机（需要购买51增强包，STC公司40脚及以下全部型号）、AVR单片机（带BootLoader的AVR单片机增强包）的最新超强专业开发板。

3. K18板载资源

（1）PS/2PC键盘口。与PC机标准键盘相连。

（2）USB编程、USB仿真。板载USB接口的PICKIT2在线编程仿真器，可以对几百种PIC单片机进行在线编程和仿真，特别是其仿真功能，可以帮助初学者和专业开发者迅速查找程序中的错误，轻松跨过单片机开发中最困难的“程序排错”阶段。

（3）USB数据接口。和18F4550配合可进行USB数据传送实验。

（4）SD卡模块。SD卡是目前应用最广泛的廉价外置存储卡。单片机应用SD卡，可以方便地为用户的系统增加超大容量的外置存储器，可用于长时间记录数据等，与USB数据接口配合可实现SD卡读卡器功能；与TFT彩屏配合，可以将SD卡储存的彩色照片显示出来，在熟悉SD卡的过程，用户将很好地学习SPI编程。

（5）12864+TFT彩屏复合模块。支持市场上流行的12864液晶屏，支持本站的TFT彩屏。TFT彩屏由于分辨率高，可以显示彩色照片，目前已经取代了12864。TFT彩屏是单片机深入学习阶段的必选项目。

（6）8×8 LED点阵管配合8路LED复合模块。巧妙的设计使它既可作为8×8 LED点阵显示，也可作为普通8路LED显示。甚至还兼有带4相步进电机相序指示器和4路直流电动机、4路继电器状态指示器功能。

（7）输入安全电源模块（支持USB双供电）。既可以插直径3.5mm的圆形电源插头，对使用的电源不挑剔，DC5V的电源均可使用，也可以用USB线供电，或ICD2供电，带过流过载保护电路。USB线供电时，可以进行USB双供电，为大功率实验的进行提供了有力的保证。

（8）RS232串口。实现与PC机之间的通信。

（9）4×4矩阵键盘配合4路独立按键复合模块的巧妙的设计，使它既可作为4×4点阵键盘，也可作为4路独立按键，键盘位置经科学排列，可完成查询、中断、电平中断等键盘编程。

（10）多功能模拟A/D、光电测速输入口。独特的设计，使它成为一个强大的模拟信号输入接口，与PIC单片机内置模/数转换器配合，不但可进行内部电源电压测试、外部输入交直流信号测试，还可与各种模拟传感器连接，特别是可以和光电开关连接，组成高精度的实用的转速表。

（11）多功能电动机、继电器驱动口。可驱动一只4相步进电动机，或4台直流电动机，或4个继电器。带4相步进电动机相序指示器和4路直流电动机、4路继电器状态指示器，用户可了解这些设备的实时状态，方便直观。

（12）DS1302时钟。常见的SPI串行时钟芯片，可方便地完成数字时钟之类应用的编程。带3V锂电池，系统断电后，由该电池为DS1302芯片供电，保证系统日期、时间不受断电影响。

（13）4位一体化数码管。可以完成计数器、秒表、电子钟等实验。

（14）4路DIP平拨开关输入：可完成数字量预置。

（15）5V和3.3V双供电。可适用于传统的5V方案，也可以适应现在越来越多的3.3V方案，PIC开发更方便、实用。

（16）DS18B20接口。可与当今最流行的一线串行温度传感器DS18B20连接。

（17）一体化红外接收头。可完成红外遥控、红外解码等实验。

（18）蜂鸣器：产生提示音、报警声，让单片机播放音乐等。

（19）时钟。出厂配10MHz。

（20）带背光1602字符型液晶接口。学习液晶编程，向更高层次发展。

（21）支持外接PIC编程仿真器。可与任何标准PIC在线烧写器、调试器配合。

（22）创新的全开放模块化设计。支持6~40脚的包括PIC（支持10F、12F、14F、16F及18F、16位、DSPIC）的所有单片机。单片机所有管脚均可外扩，为用户扩展自己的接口电路提供最大的方便。

技能训练

一、训练目标

（1）认识PIC单片机。

（2）了解HL-K18单片机开发板的使用。

二、训练步骤与内容

1. 认识PIC18F4520单片机

（1）查看DIP40封装的PIC18F4520单片机。

（2）查看PLCC44封装的PIC18F4520单片机。

（3）查看PIC18F2420/2520/4420/4520单片机数据手册。

2. 使用HL-K18PIC单片机开发板

（1）查看HL-K18PIC单片机开发板，了解HL-K18PIC单片机开发板的构成。

（2）用USB下载线将电脑的USB与开发板的USB仿真口对接。

（3）打开单片机电源开关，此时就可看到开发板上的电源指示灯LED点亮。

（4）下载一个LED应用程序，可以看到LED点阵的LED被点亮，表明HL-K18PIC单片机工作正常。

任务2　学习PIC单片机开发工具

基础知识

一、安装MPLAB IDE V8.92 PIC单片机开发软件

1. 概述

MPLAB IDE是一种在PC机上运行的综合设计平台，适用于使用Microchip PIC micro和dsPIC单片机进行嵌入式设计的应用开发。

MPLAB集成开发环境（IDE）完成的功能如下。

（1）源程序的编写。

（2）将源程序编译成目标代码。

（3）配合硬件调试器、开发板完成软件的调试。

（4）配合编程器将调试成功的目标代码写入开发板的单片机中。

2. 安装软件前的准备工作

（1）不要连接硬件，在光盘中找到MPLABIDE安装压缩文件“MPLAB_ IDE_ 8_ 92. zip”。

（2）选择该文件然后将它复制到电脑的硬盘中（一般复制到D、E或F盘比较合适）。

（3）将电脑硬盘中的“MPLAB_ IDE_ 8_ 63. zip”文件解压缩。

3. 安装软件

（1）打开MPLAB_ IDE_ 8_ 92安装软件目录，双击 setup Setup Launcher Microchip Techno... 图标。

（2）弹出MPLAB_ IDE_ 8_ 92安装向导，“欢迎安装MPLAB界面”如图1-6所示。

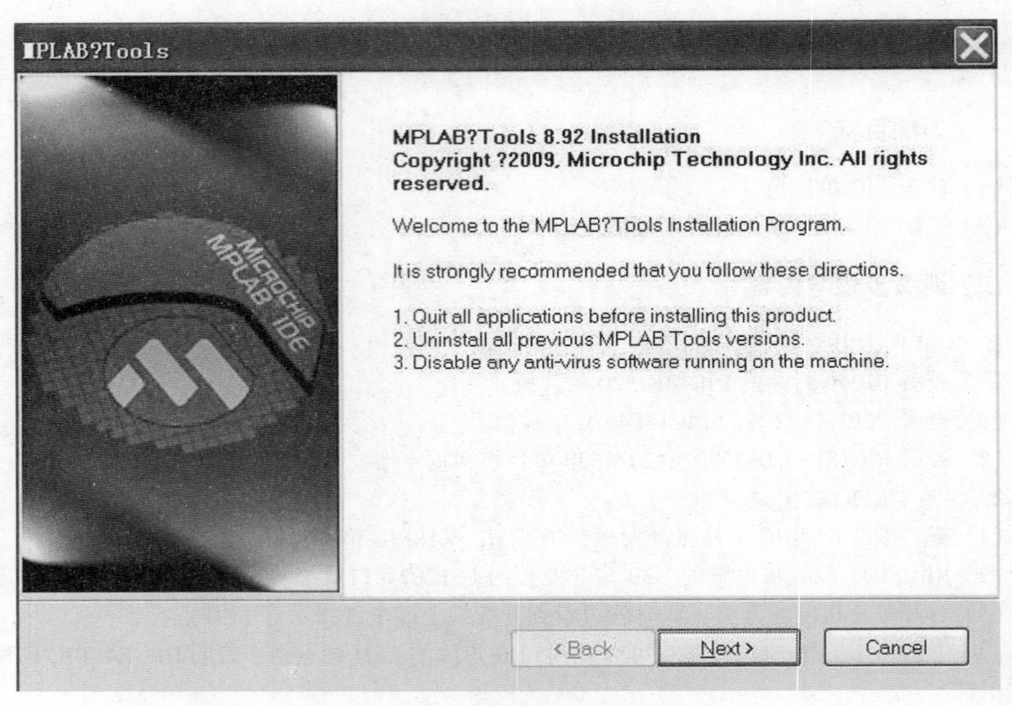

图1-6　欢迎安装MPLAB界面

（3）单击“Next”（下一步）按钮，弹出是否接受MPLAB软件协议界面，如图1-7所示。

（4）选择“接受协议”后，单击“Next”按钮，出现选择安装类型界面，如图1-8所示。

（5）选择默认的典型安装后，单击“Next”按钮，弹出选择安装路径界面，如图1-9所示。

（6）安装时选择系统默认的安装路径，否则很容易出现问题。单击“Next”按钮，弹出是否接受应用软件协议界面，如图1-10所示。

（7）选择“接受协议”后，单击“Next”按钮，根据向导提示，一步一步操作，开始正式安装MPLAB_ IDE_ 8_ 92软件，如图1-11所示。

（8）安装时间较长，耐心等待软件安装完成。

（9）出现如图1-12所示“安装完成”界面时，单击“Finish”（完成）按钮。

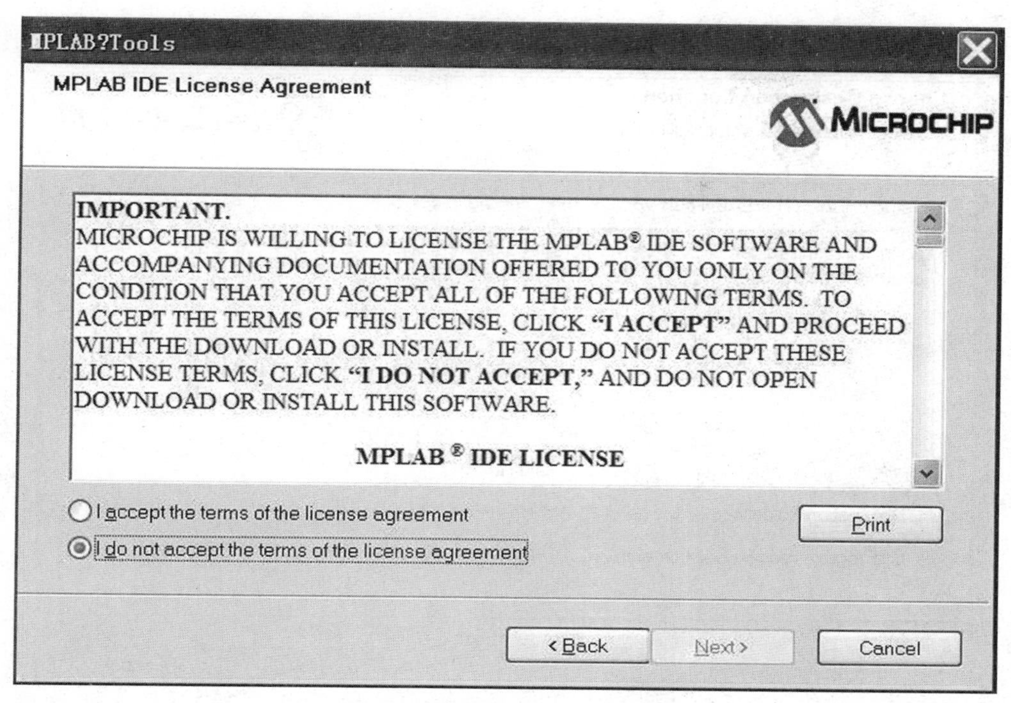

图 1-7　MPLAB 软件协议界面

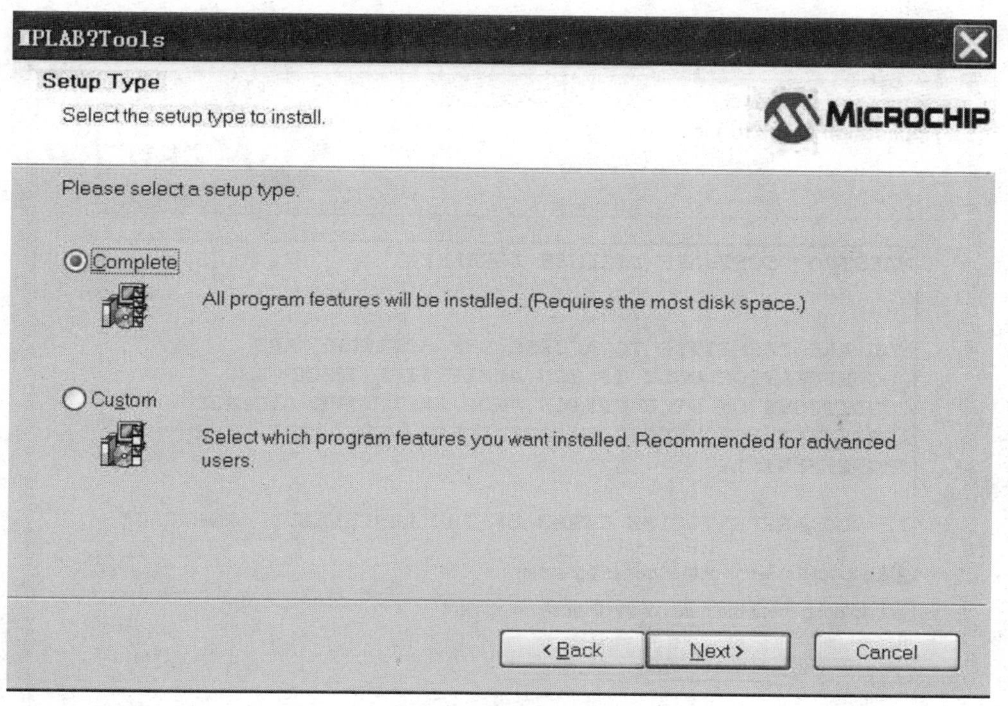

图 1-8　选择安装类型界面

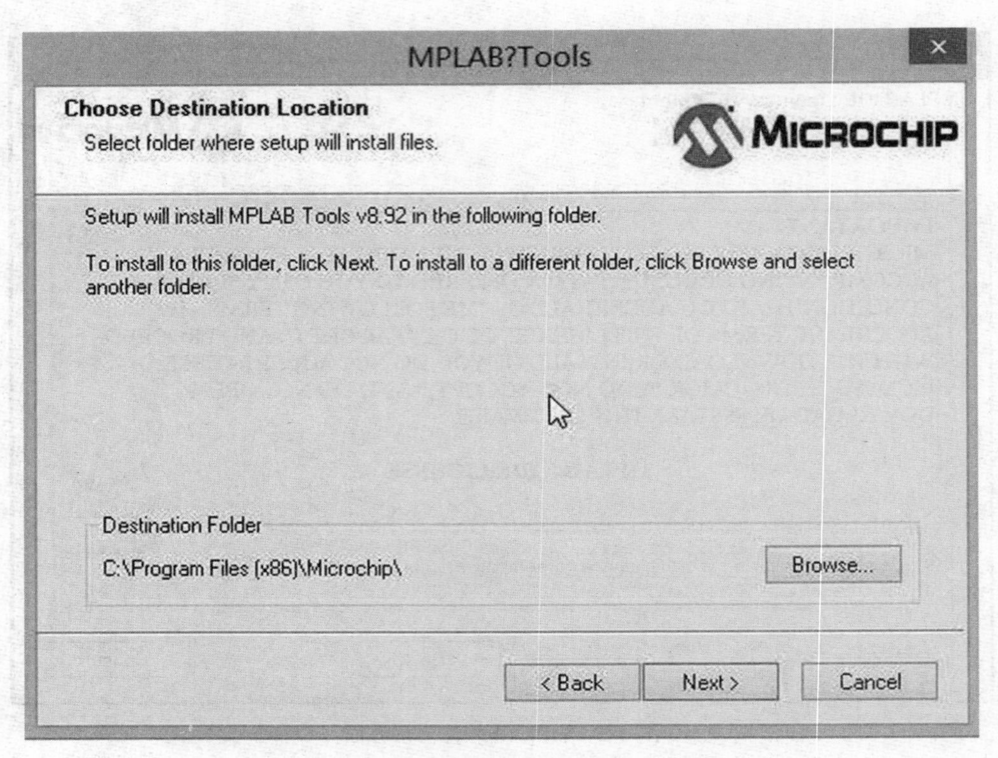

图 1-9 选择安装路径界面

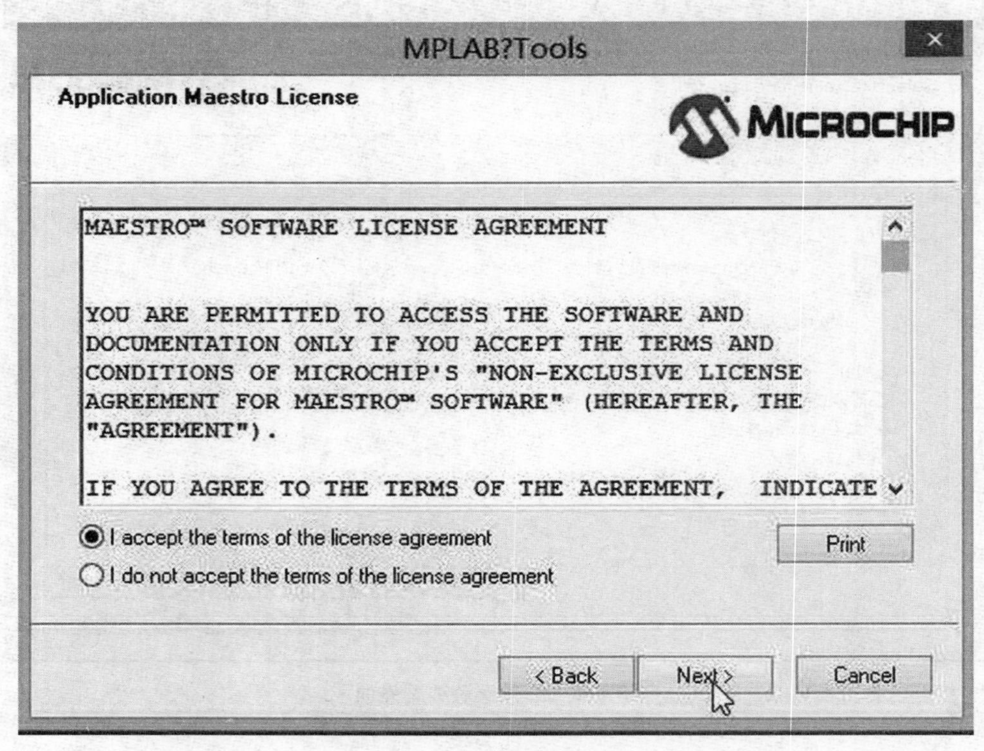

图 1-10 应用软件协议

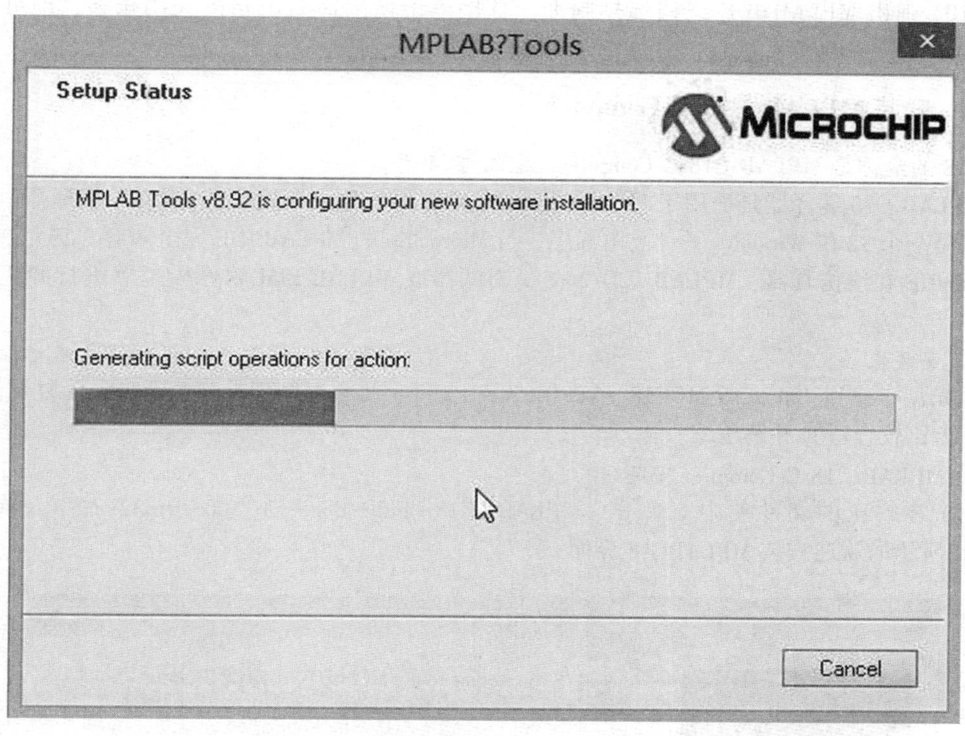

图 1-11　安装 MPLAB_ IDE_ 8_ 92 软件

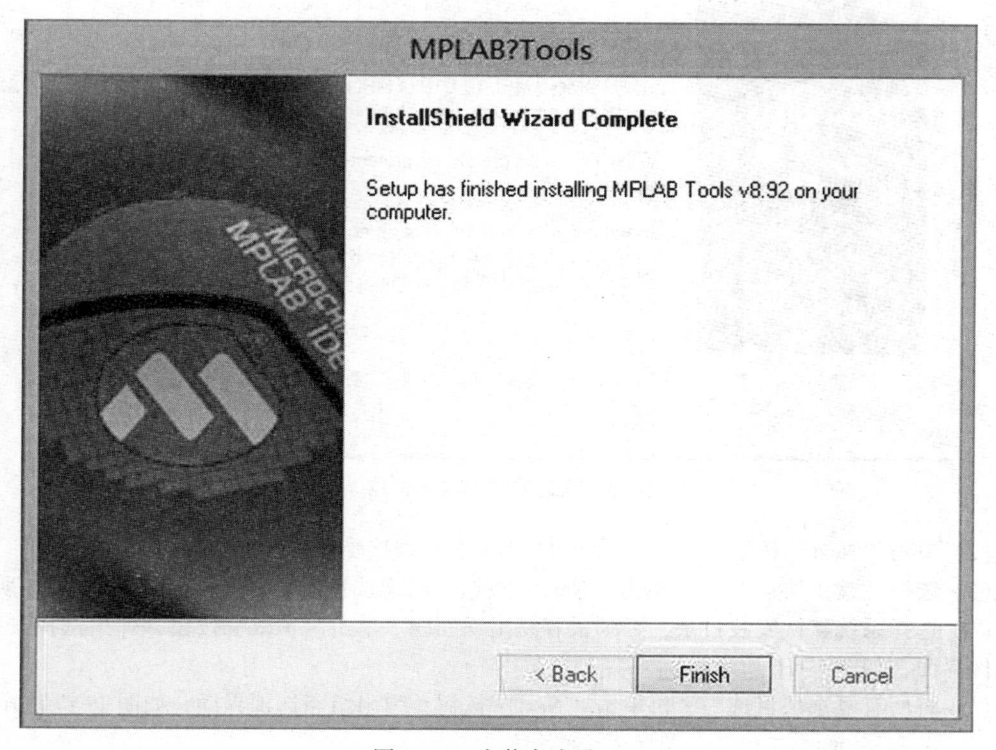

图 1-12　安装完成界面

（10）弹出 MPLAB IDE 文档选择画面，直接单击该画面右上角的关闭按钮，即可完成 MPLAB IDE 软件的安装。

二、安装 MPLAB C18 C Compiler

C18 的全称是 MPLAB C18 C Compiler，也简称 MCC。

MPLAB C18 编译器是适用于 PIC18 PICmicro 单片机的独立而优化的 ANSI C 编译器。这个编译器是一个 32 位 Windows 平台应用程序，与 Microchip 的 MPLAB IDE 完全兼容，它允许使用 MPLAB ICE 在线仿真器、MPLAB ICD 2 在线调试器或 MPLAB SIM 软件模拟器进行源代码级调试。

1. 安装准备

在光盘中找到“正式版 MCC18_ V3. 00. rar”文件，将它复制到电脑的硬盘中（复制到 D、E 或 F 盘比较合适）并解压缩。

2. MPLAB C18 C Compiler 安装

（1）在解压的文件夹中，双击“MPLAB-C18-Full-doc-v3_ 00-win32. exe”，弹出如图 1-13所示的欢迎安装 MPLABC18 界面。

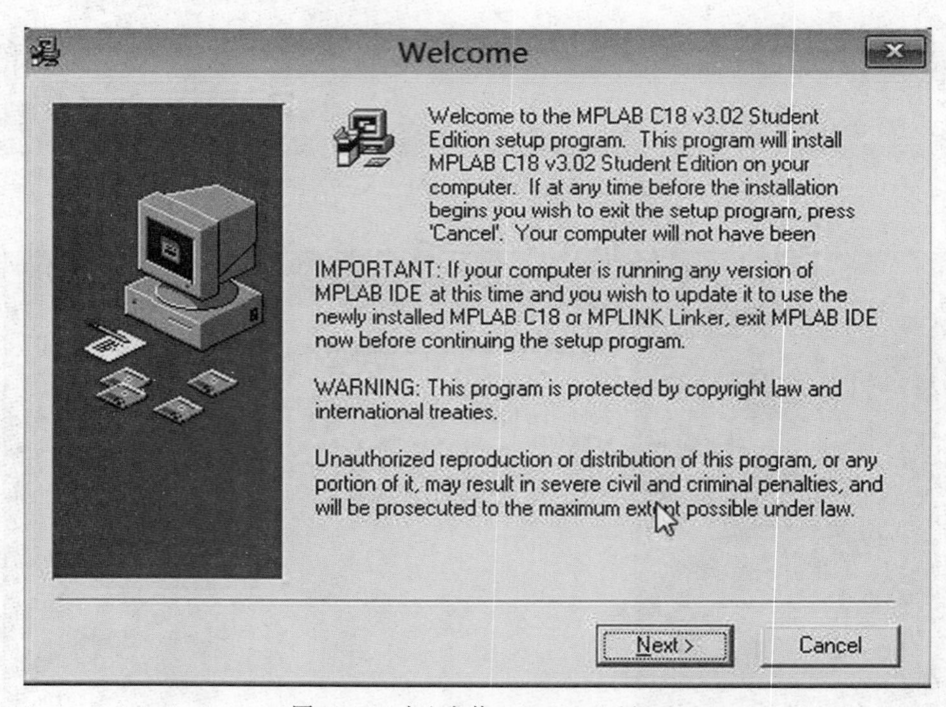

图 1-13　欢迎安装 MPLABC18 界面

（2）单击“Next”按钮，弹出如图 1-14 所示的是否接受 MPLAB 软件协议界面。

（3）选择“接受协议”后，单击“Next”按钮，出现选择安装目录界面，如图 1-15 所示。

（4）选择系统默认安装目录，否则很容易出现问题。单击“Next”按钮，弹出选择安装软件组件界面，如图 1-16 所示。

（5）将所有复选项目选中，再单击“Next”按钮，弹出组态选项界面，如图 1-17 所示。

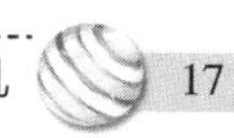

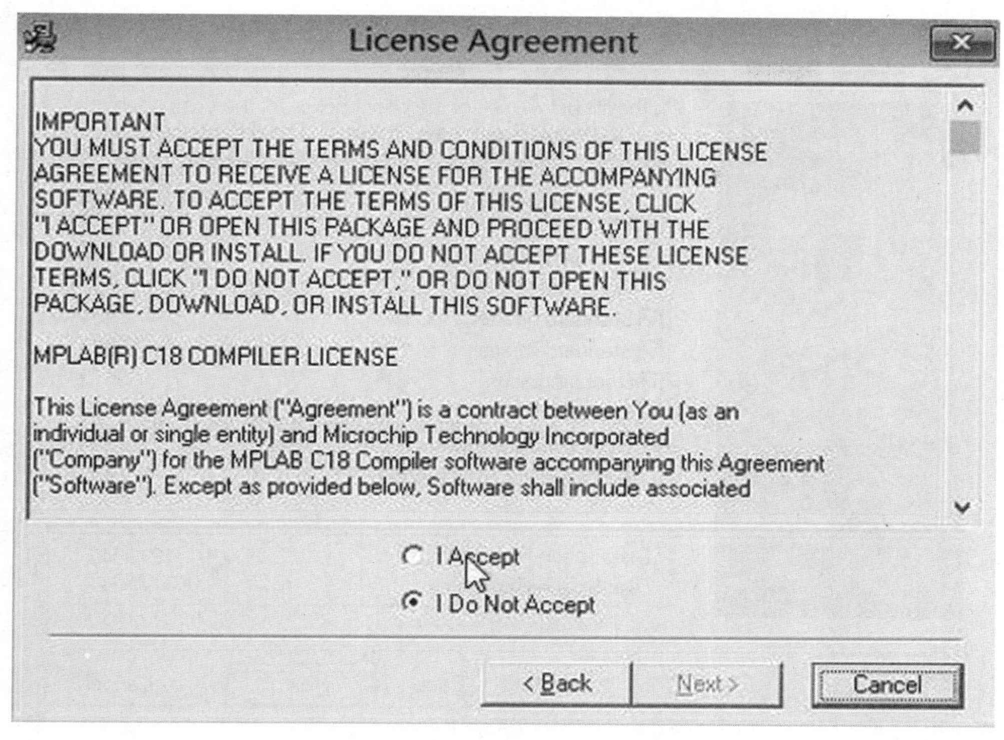

图 1-14　接受安装协议

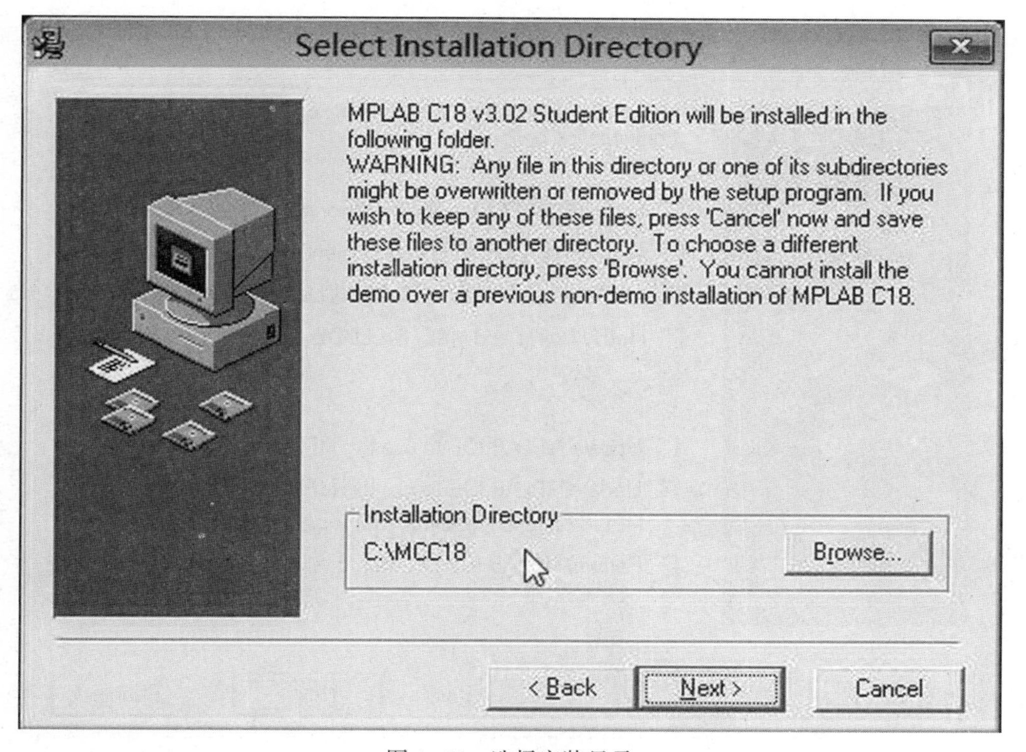

图 1-15　选择安装目录

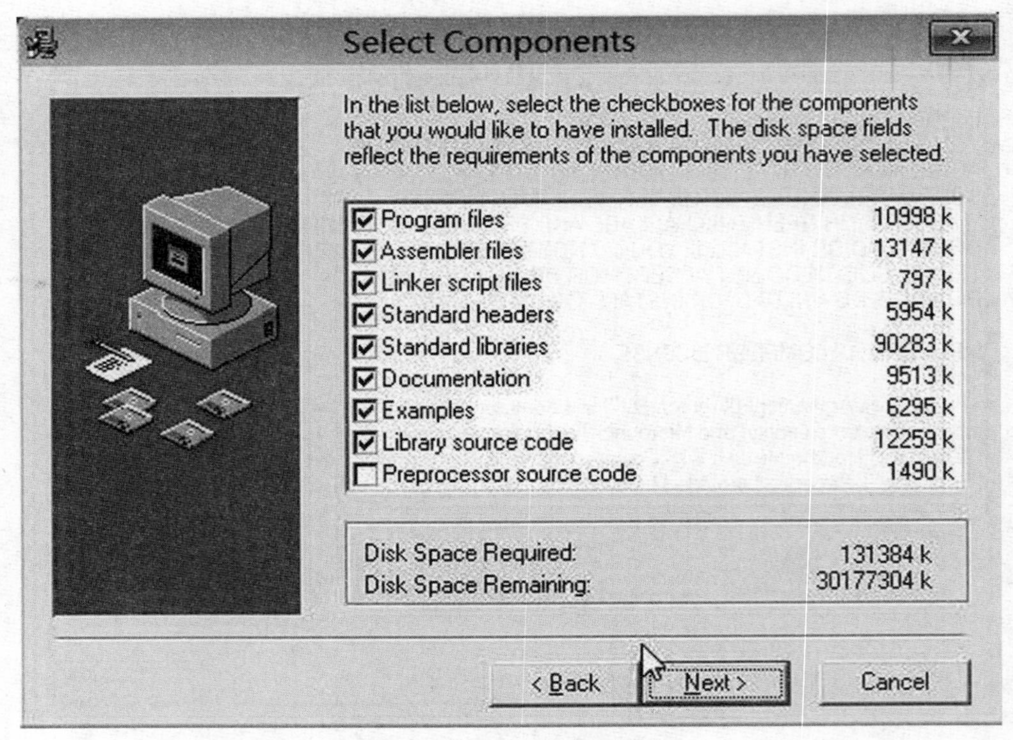

图 1-16 选择安装组件界面

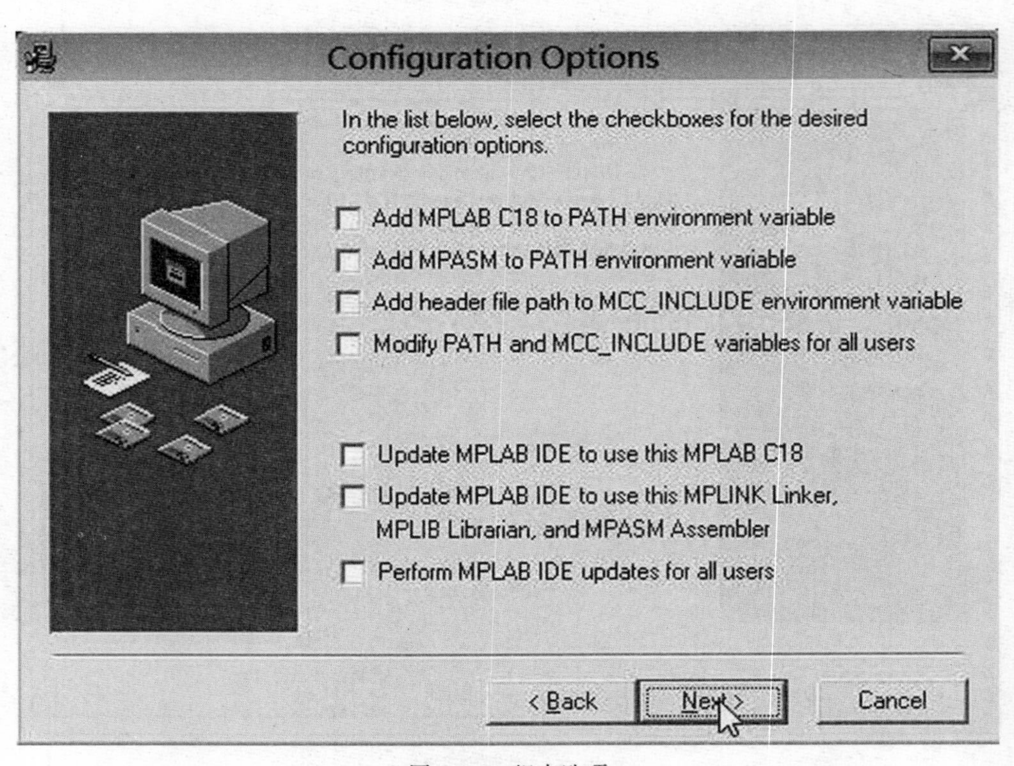

图 1-17 组态选项

（6）将所有复选项目选中，再单击“Next”按钮，开始正式安装，耐心等待，软件成功安装后，弹出如图 1-18 所示的软件安装成功界面。

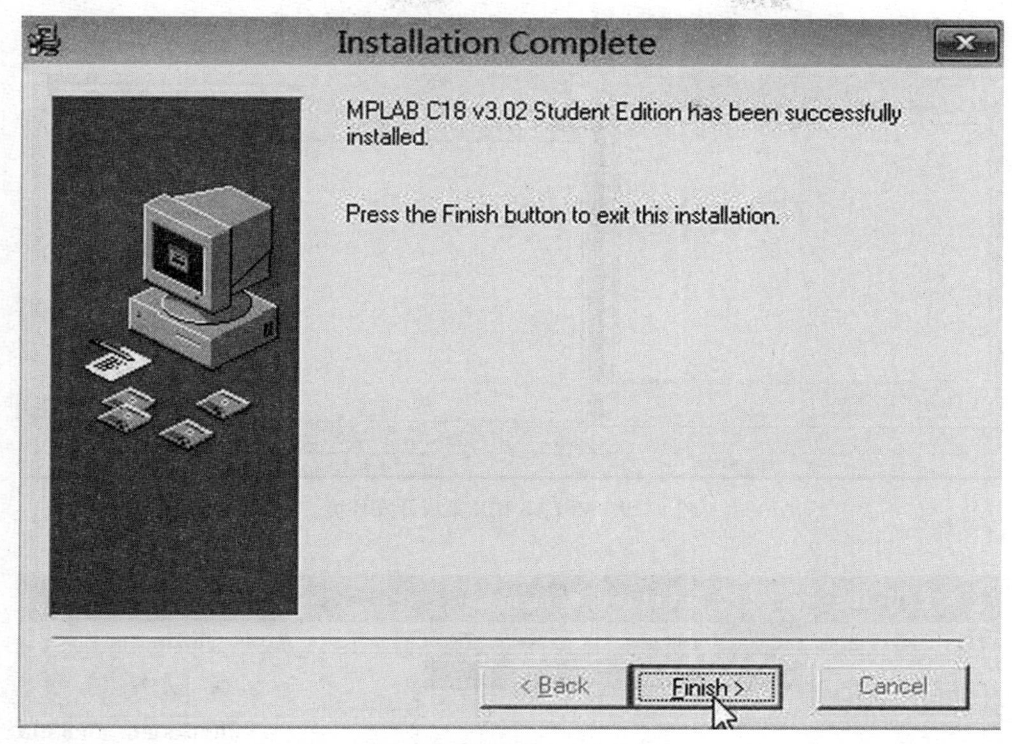

图 1-18　软件成功安装界面

（7）单击界面中的“Finish”按钮，结束安装过程。

三、PIC 单片机 MPLAB IDE 集成开发环境

1. 建立一个工程项目

（1）在 C 盘根目录下，新建一个文件夹 PIC。

（2）打开文件夹 PIC，新建一个文件夹 Test1。

（3）双击“ ”图标，启动 MPLAB IDE 集成开发软件，MPLAB IDE 集成开发环境如图 1-19所示。

（4）如图 1-20 所示，执行“Project”（工程）→“Project Wizard”（工程向导）命令。

（5）弹出图 1-21 所示的“欢迎使用工程”对话框。

（6）单击“下一步”按钮，弹出如图 1-22 所示的选择 PIC 单片机对话框。

（7）单击“选择 PIC 单片机”的下列列表，选择“PIC 18F4520”，单击“下一步”按钮，弹出如图 1-23 所示的“选择编译器”对话框。

（8）单击“下一步”按钮，弹出如图 1-24 所示的“创建新工程文件”对话框。

（9）单击“创建新工程文件”栏右边的“Browse”（浏览）按钮，打开如图 1-25 所示的“另存文件”对话框，选择 PIC 文件夹下的 Test1 文件夹，在文件名栏输入“test1”，单击“保存”按钮，返回“创建新工程文件”对话框。

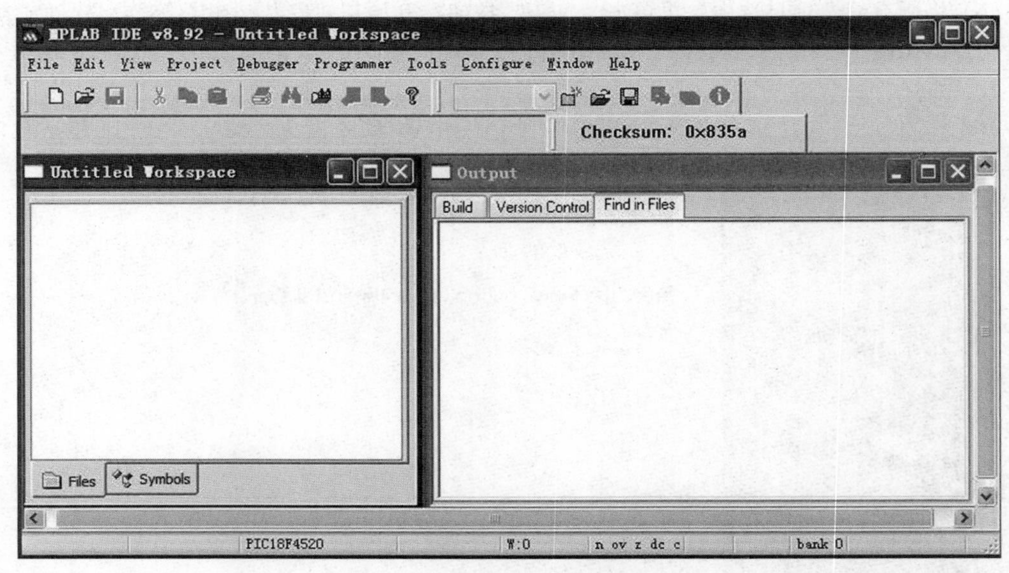

图 1-19 MPLAB IDE 集成开发环境

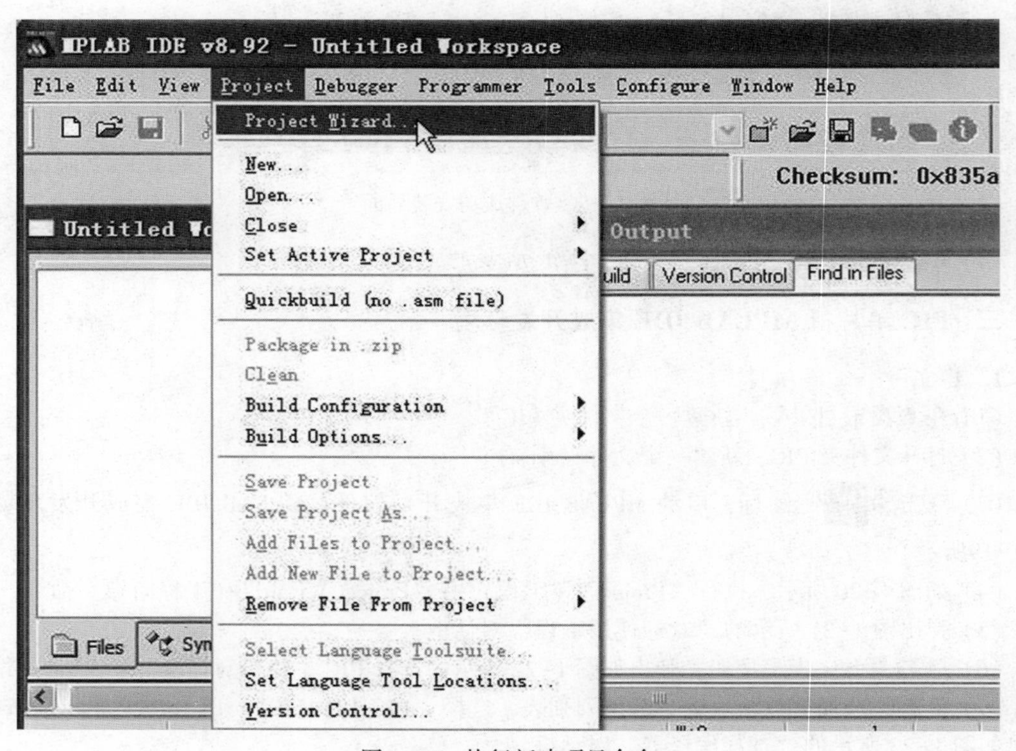

图 1-20 执行新建项目命令

(10) 单击“下一步”按钮，弹出如图 1-26 所示的“添加已存在文件”对话框。

(11) 由于当前无添加文件，所以直接单击“下一步”按钮，弹出如图 1-27 所示的“工程配置信息”对话框。

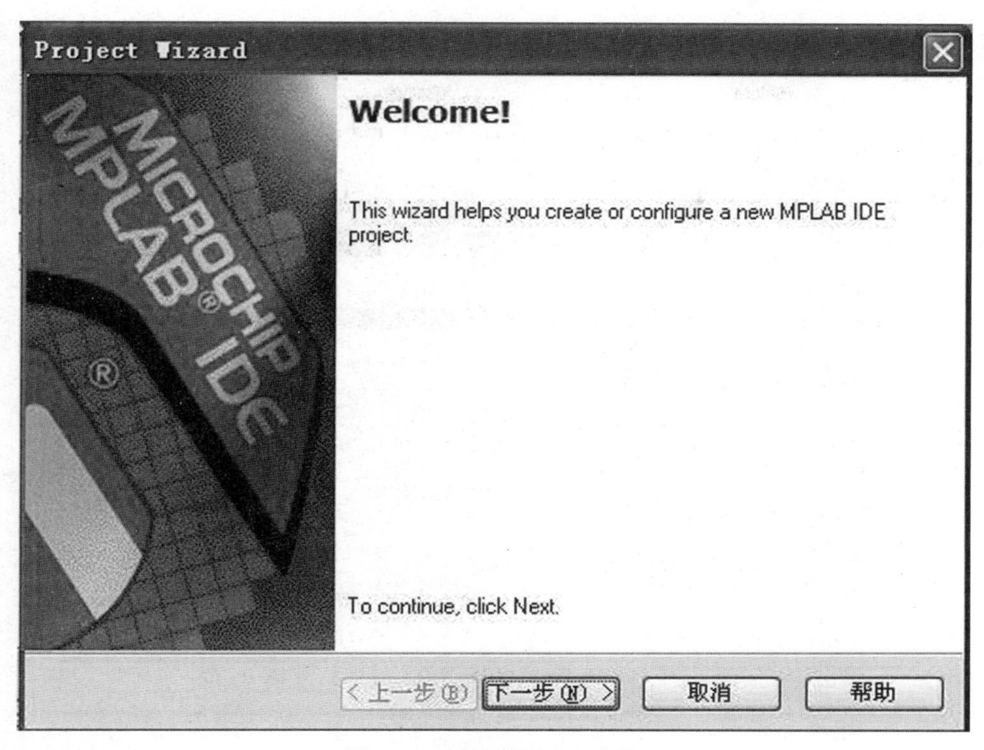

图 1-21　欢迎使用工程向导

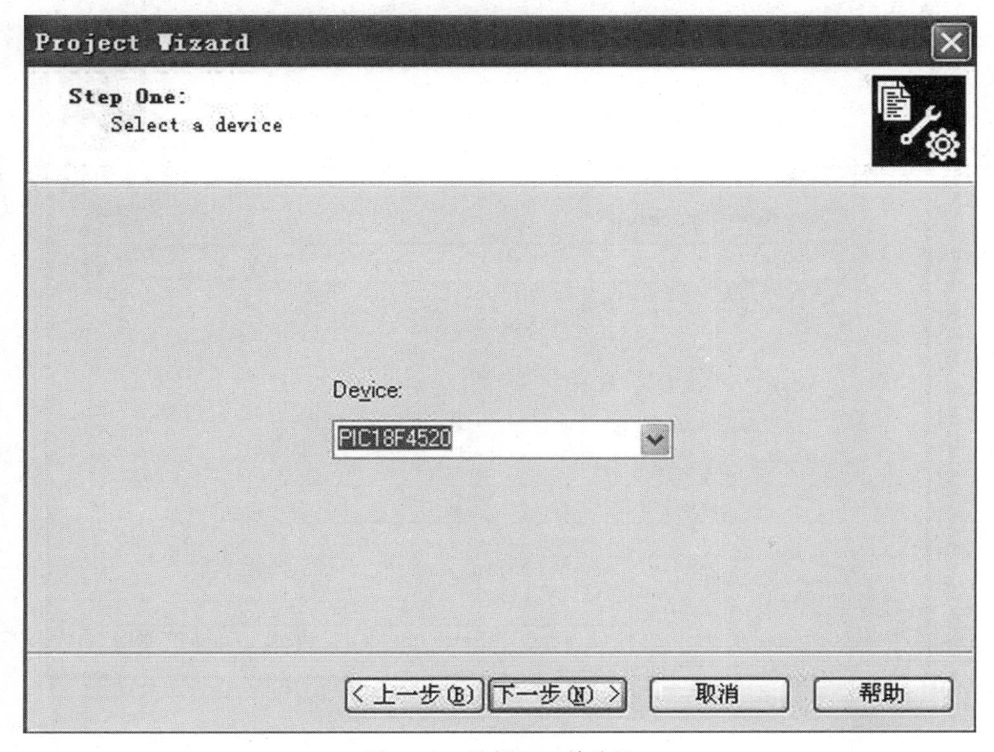

图 1-22　选择 PIC 单片机

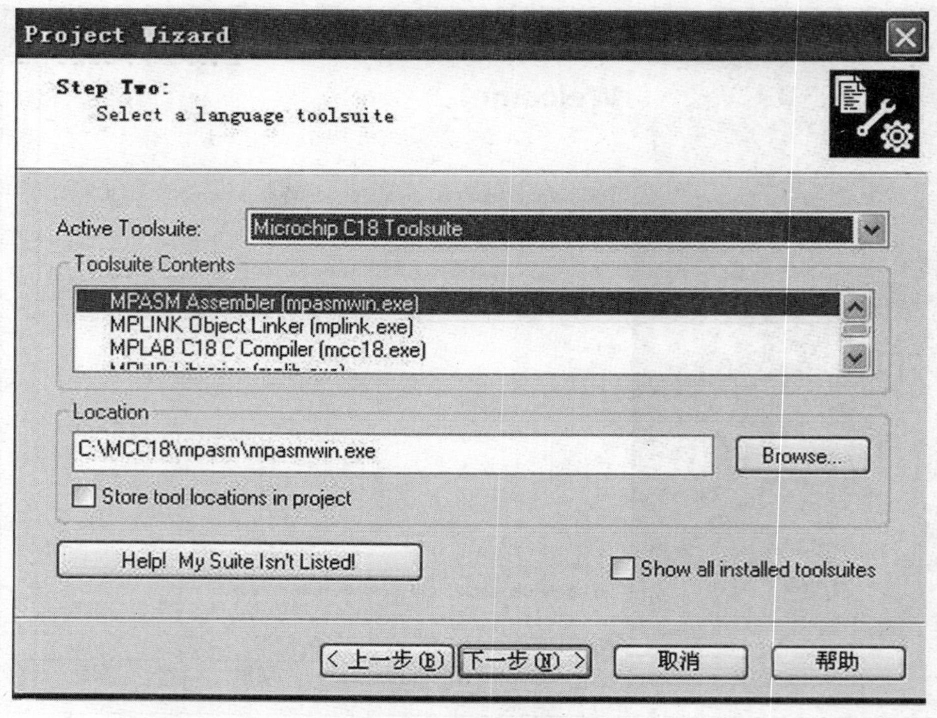

图 1-23 选择编译器

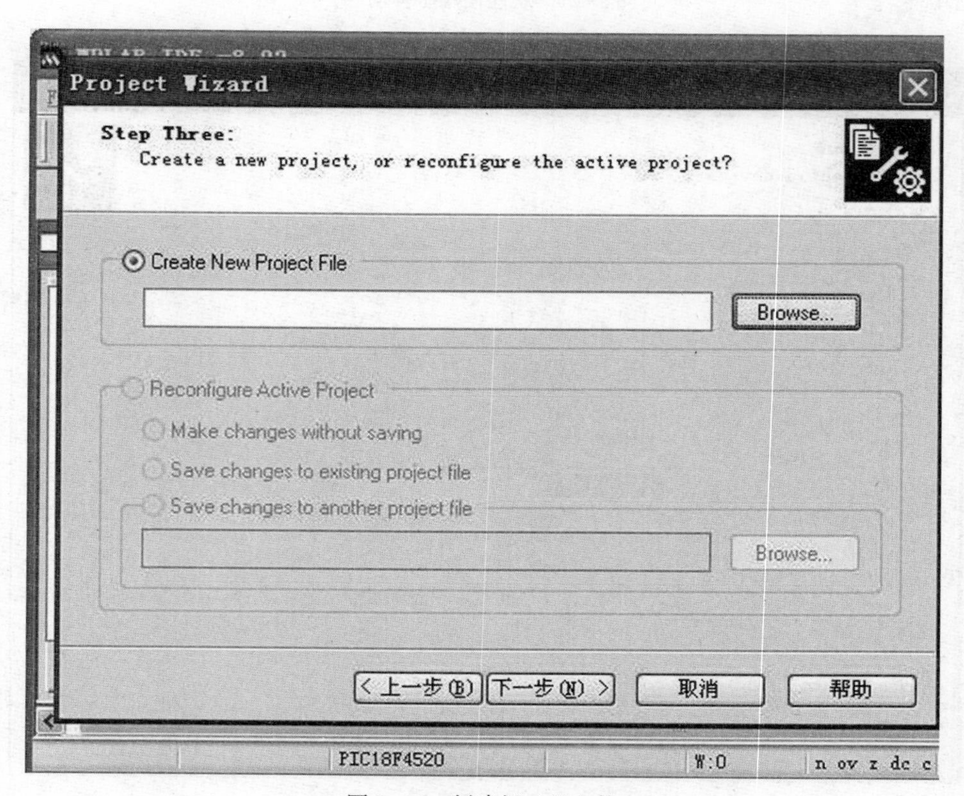

图 1-24 创建新工程文件

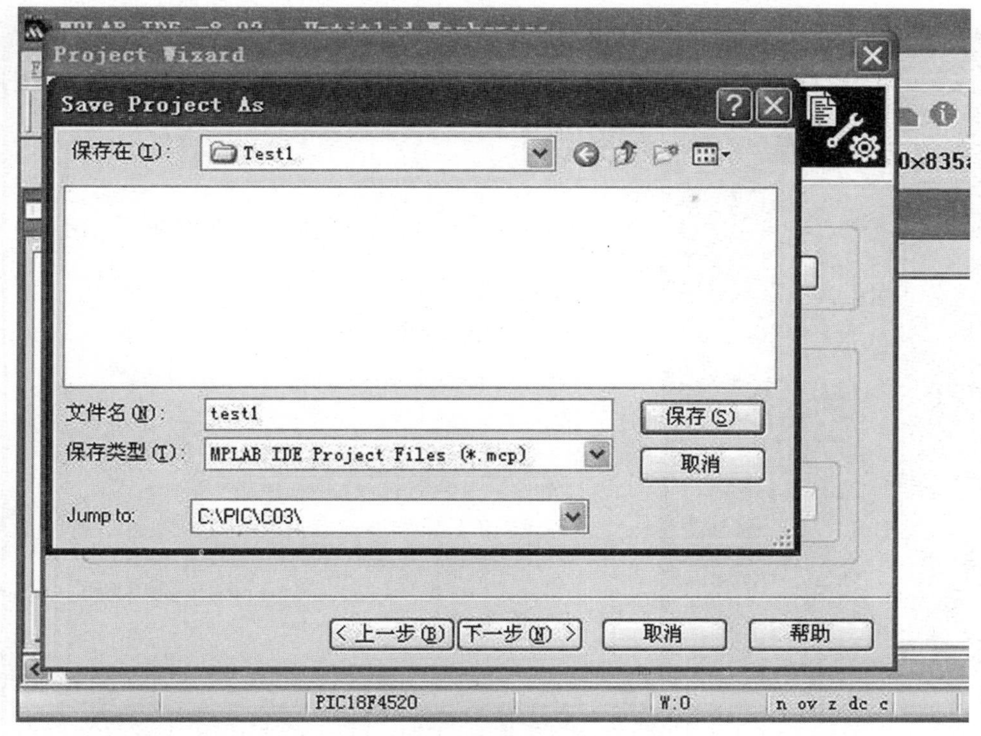

图 1-25　另存文件

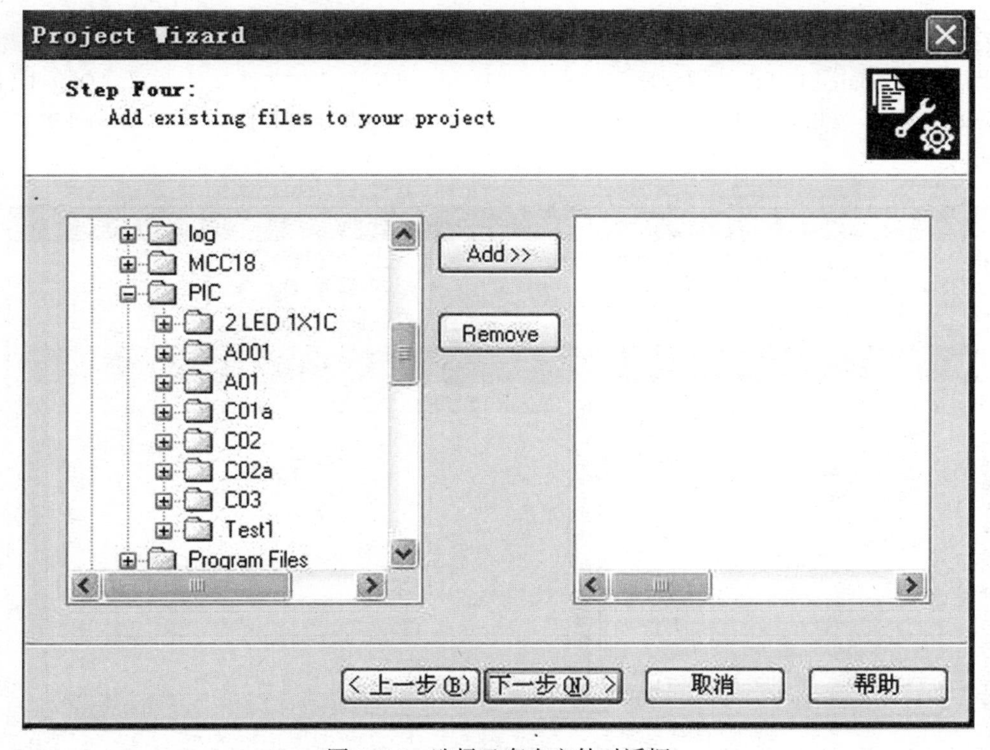

图 1-26　选择已存在文件对话框

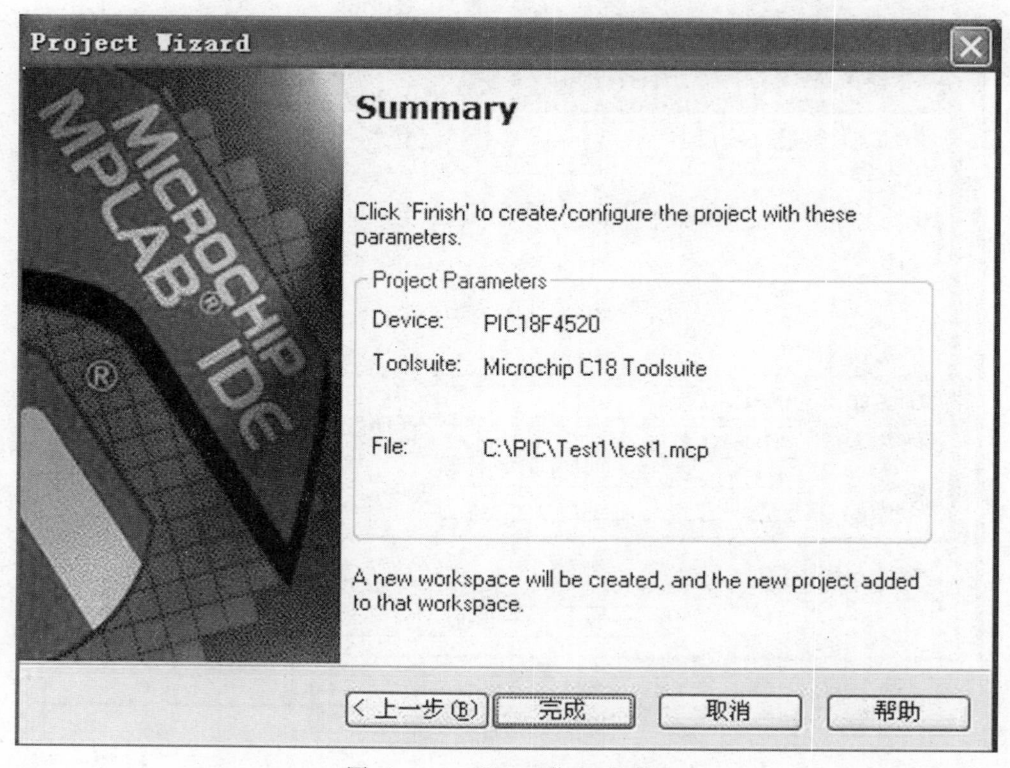

图 1-27 工程配置信息对话框

（12）单击“完成”按钮，完成新工程的创建工作。创建好的新工程架构如图 1-28 所示，新工程下有“Source Files”（源程序文件夹）、“Header Files”（头文件文件夹）、“Object Files”（对象文件夹）、“Library Files”（库文件夹）、“Linker Script”（链接脚本）、“Other Files”（其他文件夹）等。

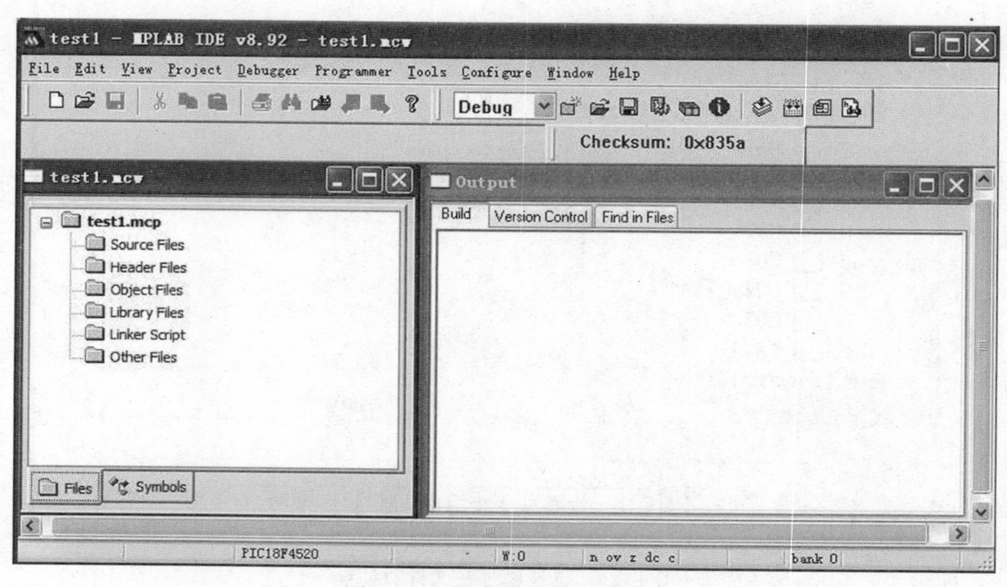

图 1-28 创建好的新工程架构

2. 新建 C 语言程序文件

(1) 执行 “File” → “New” (新建) 命令，新建一个文件，弹出新项目文件窗口。

(2) 执行 “File” → “Save as” (另存为) 命令，弹出如图 1-29 所示的另存文件对话框，选择 Test1 文件夹，在文件名文本框中输入 “main. c”，单击 “保存” 按钮，保存文件 main. c。

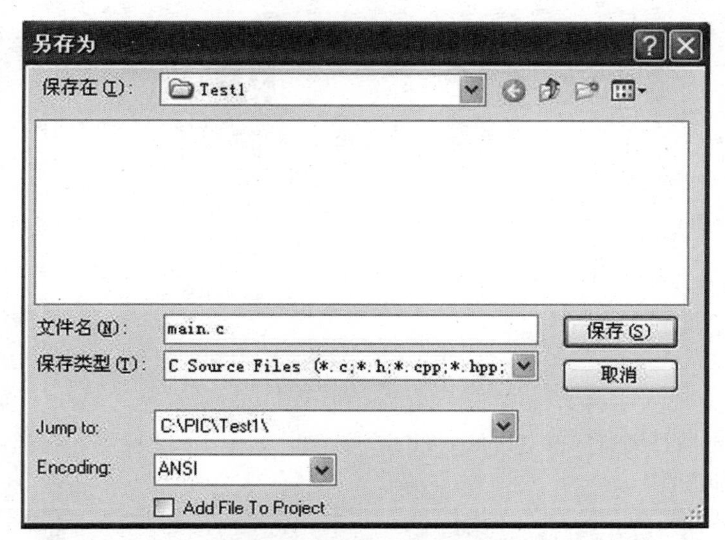

图 1-29　另存文件对话框

(3) 在文件 main. c 编辑区，输入下列点亮单只发光二极管的 C 语言程序，如图 1-30 所示。

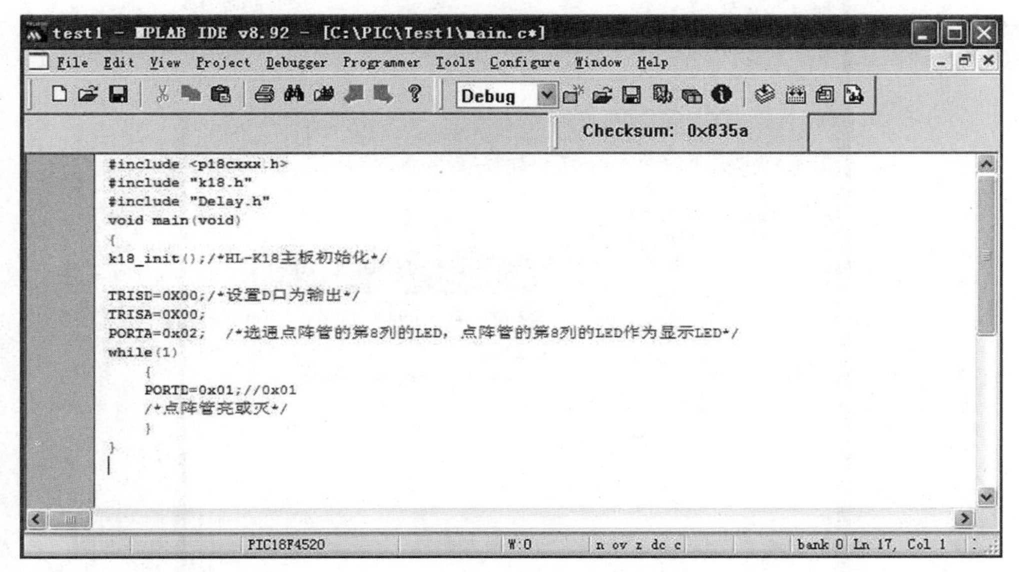

图 1-30　输入 C 语言程序

(4) 单击工具栏的 “保存” 按钮，保存 main. c (主程序) 文件。

3. 添加文件

(1) 选择光盘中任意项目，打开项目文件夹，复制项目内的开发板头文件 k18. h、C 语言程序文件 k18. c、延时头文件 delay. h、延时 C 语言程序文件 delay. c 到文件夹 Test1 内，Test1

文件夹里的程序文件如图 1-31 所示。

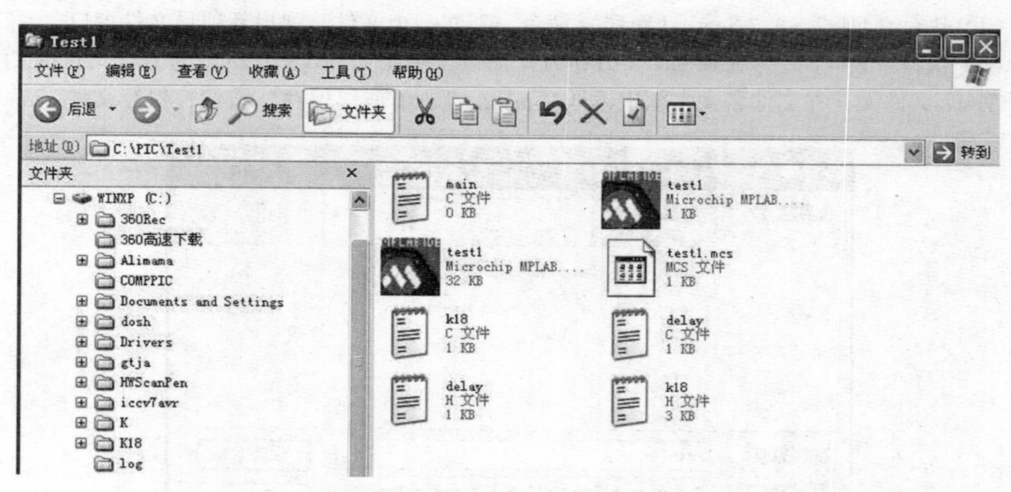

图 1-31 Test1 文件夹里的程序文件

（2）右键单击项目浏览区的“Source Files”选项，如图 1-32 所示，在弹出的菜单中选择“Add File”（添加文件）。

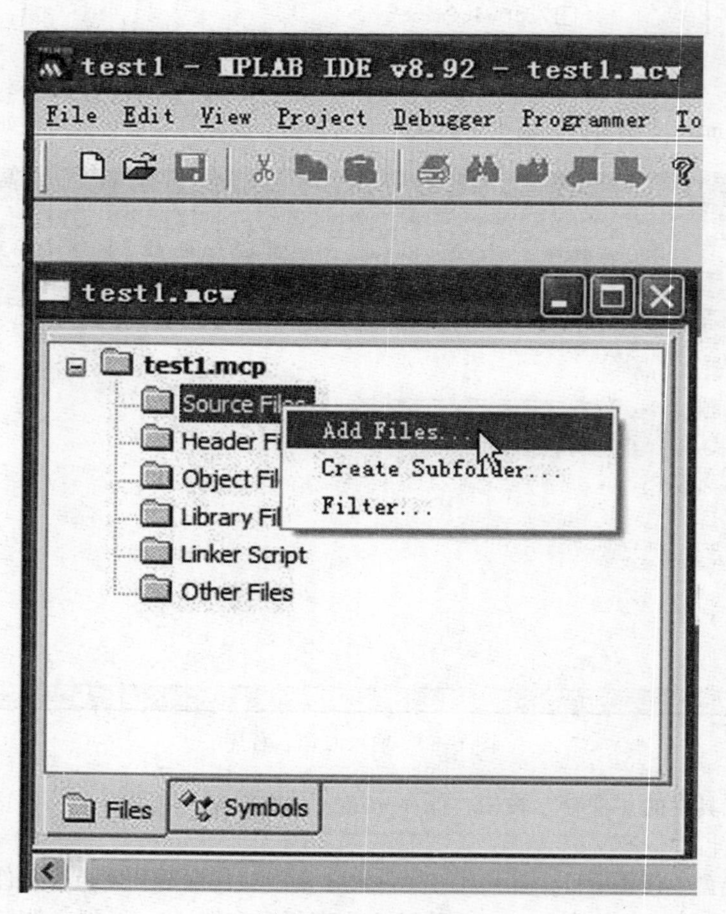

图 1-32 添加文件

（3）弹出如图 1-33 所示的“添加文件到工程”对话框。

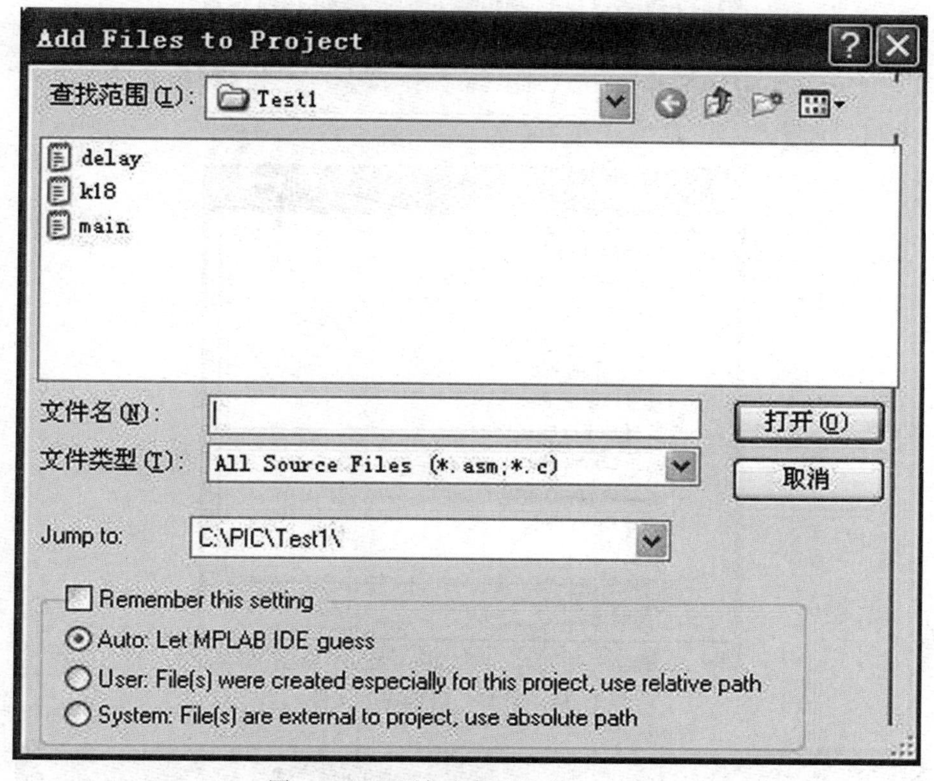

图 1-33　“添加文件到工程”对话框

（4）选择 main. c、k18. c、delay. c 等 3 个 C 语言程序文件，单击“打开”按钮，将 3 个 C 语言程序文件添加到“Source Files”下，如图 1-34 所示。

（5）右键单击项目浏览区的“Header Files”，在弹出的菜单中选择“Add File”。

（6）弹出“添加文件到工程”对话框，选择 k18. h、delay. h 等 2 个头文件，单击“打开”按钮，将 2 个头文件添加到“Header Files”下。

（7）右键单击项目浏览区的“Linker Script”，在弹出的菜单中选择“Add File”，弹出“添加文件到工程”对话框。

（8）如图 1-35 所示，选择 C 盘根目录下的 MCC18 下的“1kr”文件夹。

（9）双击该文件夹，在“文件名”栏输入“18f4520”，如图 1-36 所示，选择“18f4520. lkr”文件，单击“打开”按钮，将“18f4520. lkr”文件添加到“Linker Script”。

（10）Test1 工程添加的所有文件如图 1-37 所示。

4. 编译

（1）执行“Project”→“Build All”（编译所有）命令，如图 1-38 所示。

（2）编译项目文件成功界面如图 1-39 所示。

四、下载 HEX 程序文件

1. 安装 PIC KIT2 驱动软件

（1）USB 电缆的一端插入开发板 KIT2 编译器 USB 接口。

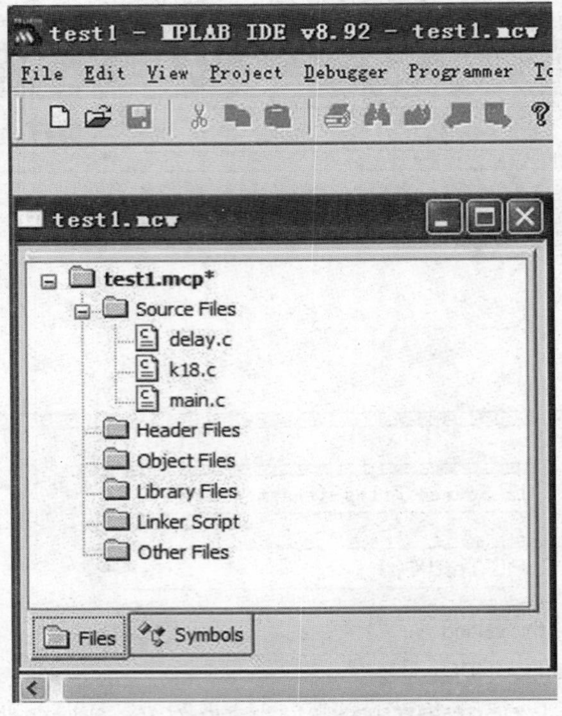

图 1-34 添加 C 语言程序文件

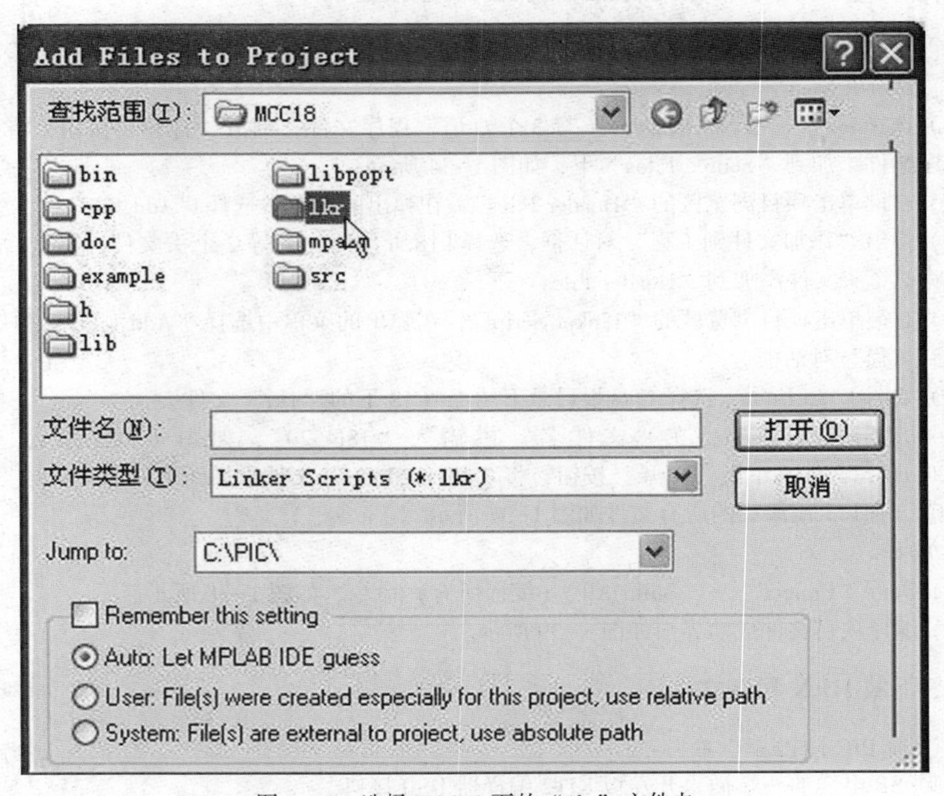

图 1-35 选择 MCC18 下的“1kr”文件夹

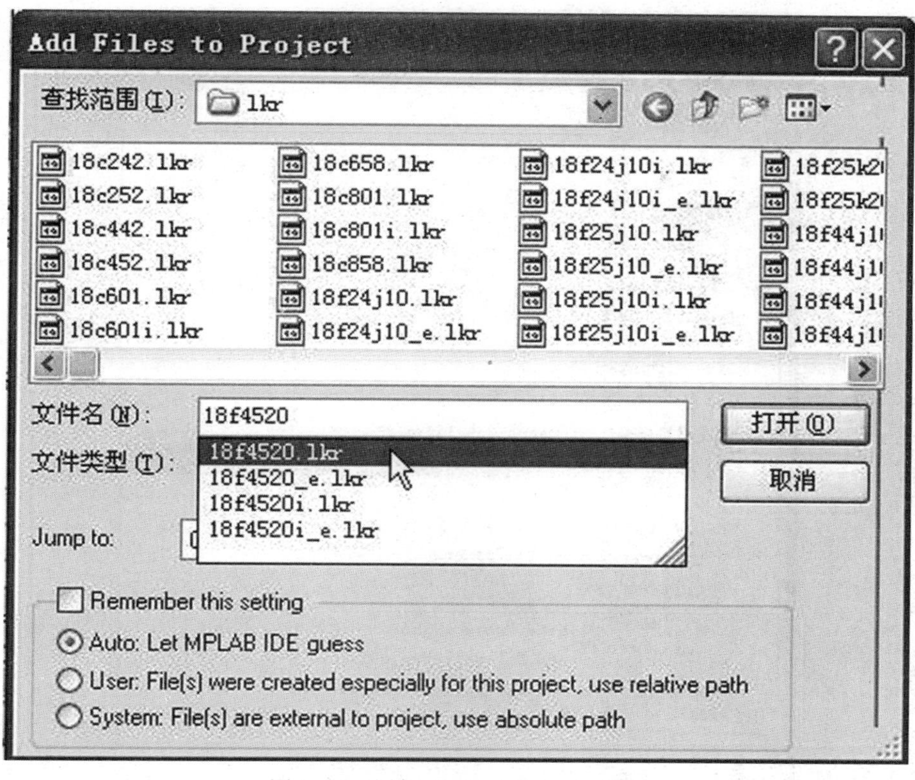

图 1-36 添加“18f4520.1kr”文件

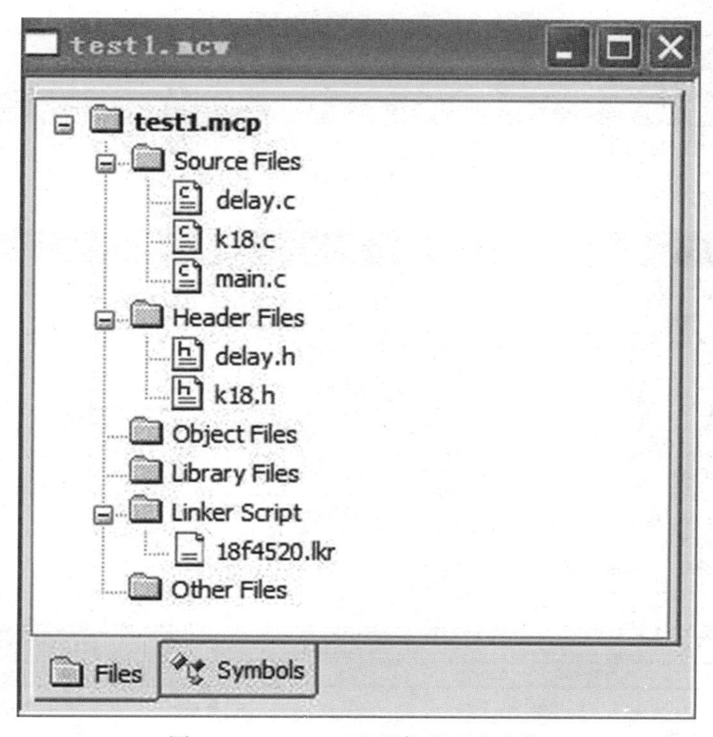

图 1-37 Test1 工程添加的所有文件

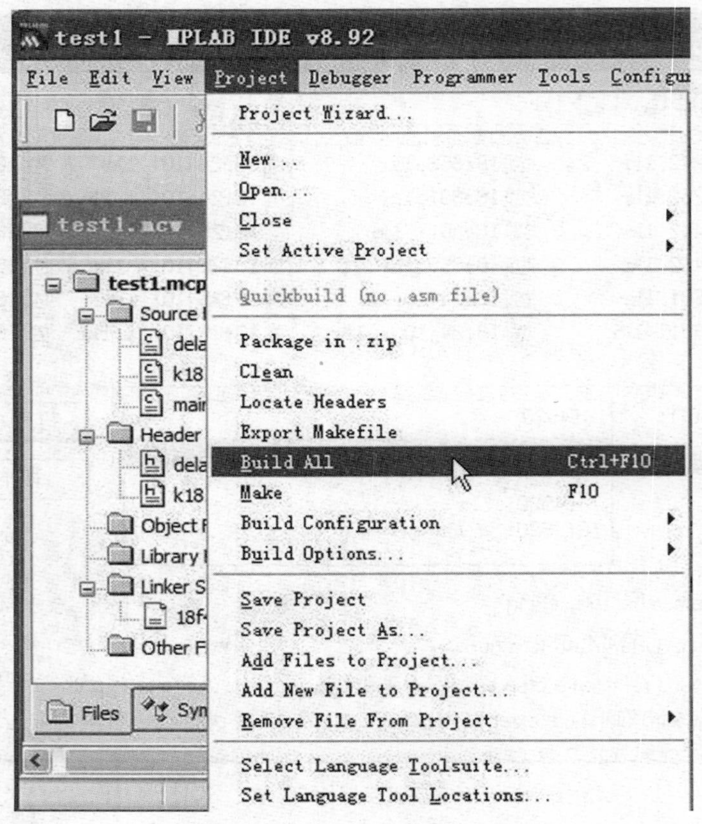

图 1-38 执行“编译所有”命令

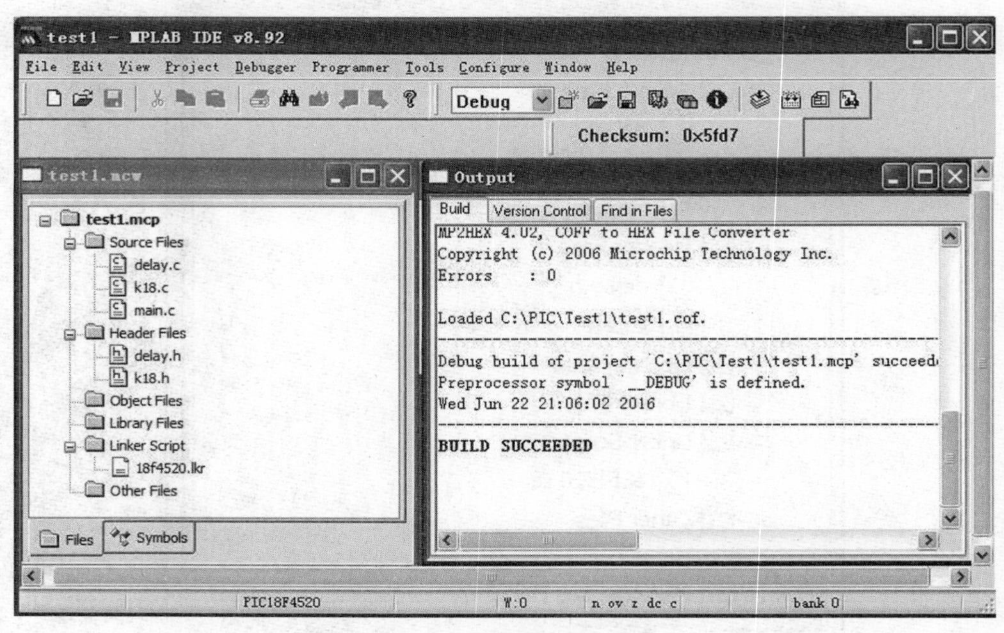

图 1-39 编译项目文件成功

（2）USB 电缆另一端插入电脑的 USB 口。电脑会自动识别 USB，并自动安装驱动软件。

（3）打开开发板左上角的电源开关，PIC 单片机会自动工作。

2. 下载程序

（1）执行“Programmer”→“Select Programmer”→“PICkit 2”命令，如图 1-40 所示。

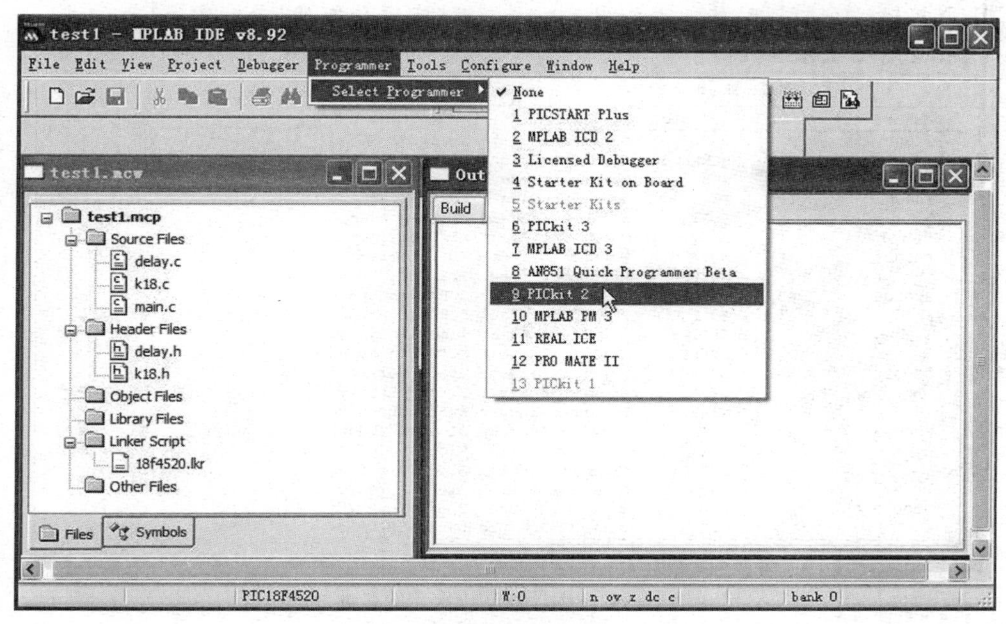

图 1-40　找到新的硬件向导对话框

（2）编译器联机成功的界面如图 1-41 所示。

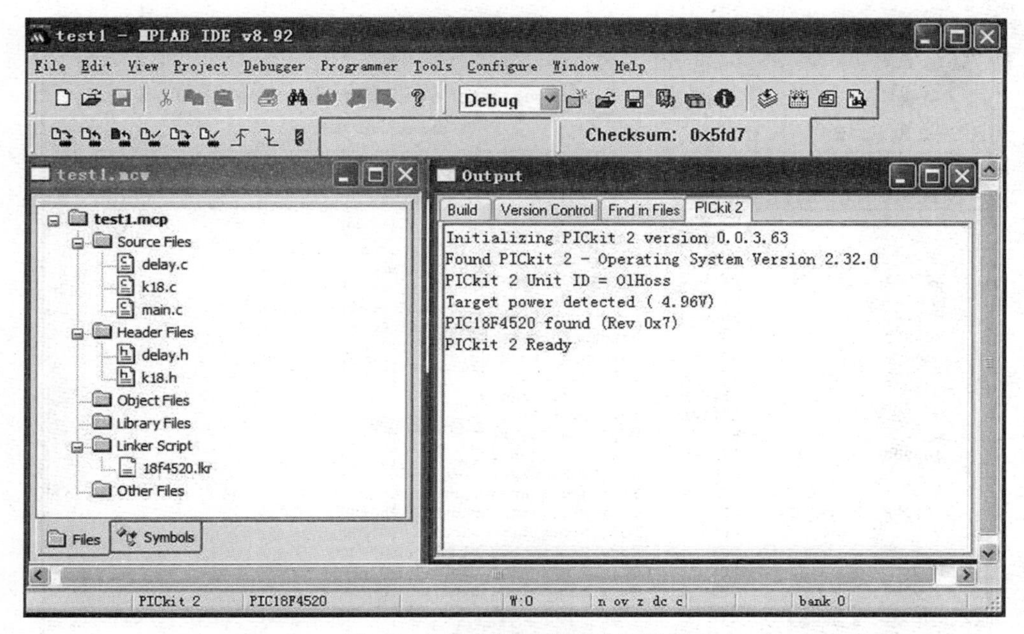

图 1-41　编译器联机成功的界面

（3）执行“Configure”（组态）→“Configure Bits”（组态位）命令，弹出如图 1-42 所示的“组态位设置”对话框。

test1 - MPLAB IDE v8.92 - [Configuration Bits]

File Edit View Project Debugger Programmer Tools Configure Window Help

Debug

Checksum: 0x5fd7

Configuration Bits set in code.

Address	Value	Field	Category	Setting
300001	07	OSC	Oscillator Sele	External RC os
		FCMEN	Fail-Safe Clock	Fail-Safe Cloc
		IESO	Internal/Extern	Oscillator Swi
300002	1F	PWRT	Power-up Timer	PWRT disabled
		BOREN	Brown-out Reset	Brown-out Rese
		BORV	Brown Out Reset	Minimum settir
300003	1F	WDT	Watchdog Timer	WDT enabled
		WDTPS	Watchdog Timer	1:32768
300005	83	CCP2MX	CCP2 MUX bit	CCP2 input/out
		PBADEN	PORTB A/D Enabl	PORTB<4:0> pi
		LPT1OSC	Low-Power Timer	Timer1 configu
		MCLRE	MCLR Pin Enable	MCLR pin enabl
300006	85	STVREN	Stack Full/Unde	Stack full/unc
		LVP	Single-Supply I	Single-Supply
		XINST	Extended Instru	Instruction se
300008	0F	CP0	Code Protection	Block 0 (0008
		CP1	Code Protection	Block 1 (0020
		CP2	Code Protection	Block 2 (0040
		CP3	Code Protection	Block 3 (0060
300009	C0	CPB	Boot Block Code	Boot block (0
		CPD	Data EEPROM Cod	Data EEPROM n

PICkit 2 PIC18F4520 W:0 n ov z dc c bank 0

图 1-42 编译器联机成功的界面

（4）去掉上部“Configuration Bits set in code”组态位设置的复选框对勾，单击“300001”选项右边的下拉列表，选择“HS oscillator”，如图 1-43 所示。

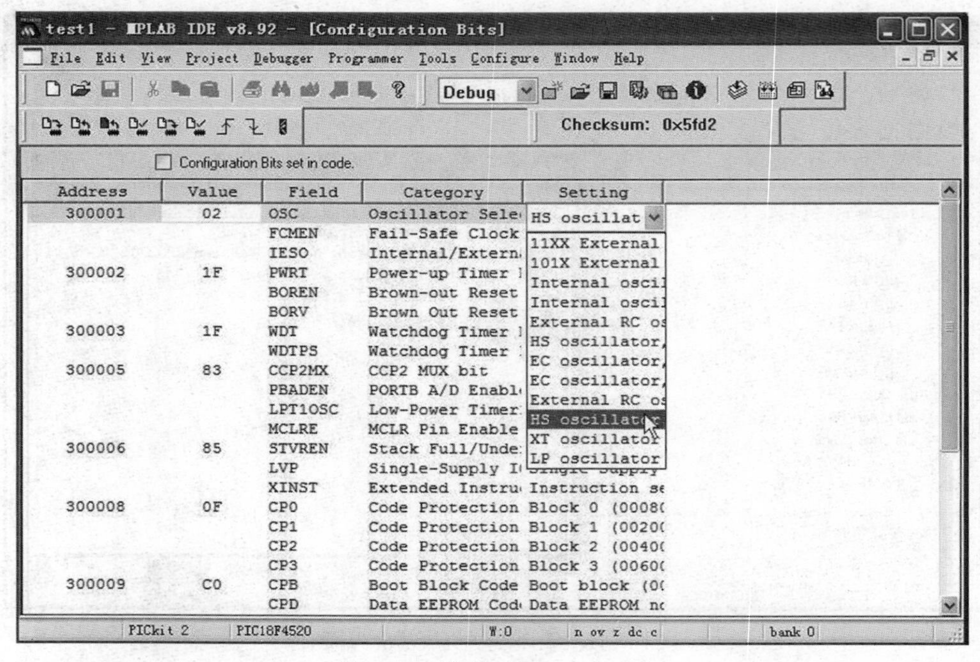

图 1-43 选择“HS oscillator”

(5) 单击“300003”选项右边的下拉列表，选择“WDT disable”，设置为1E。

(6) 单击“300006”选项右边的下拉列表，设置81，如图1-44所示。

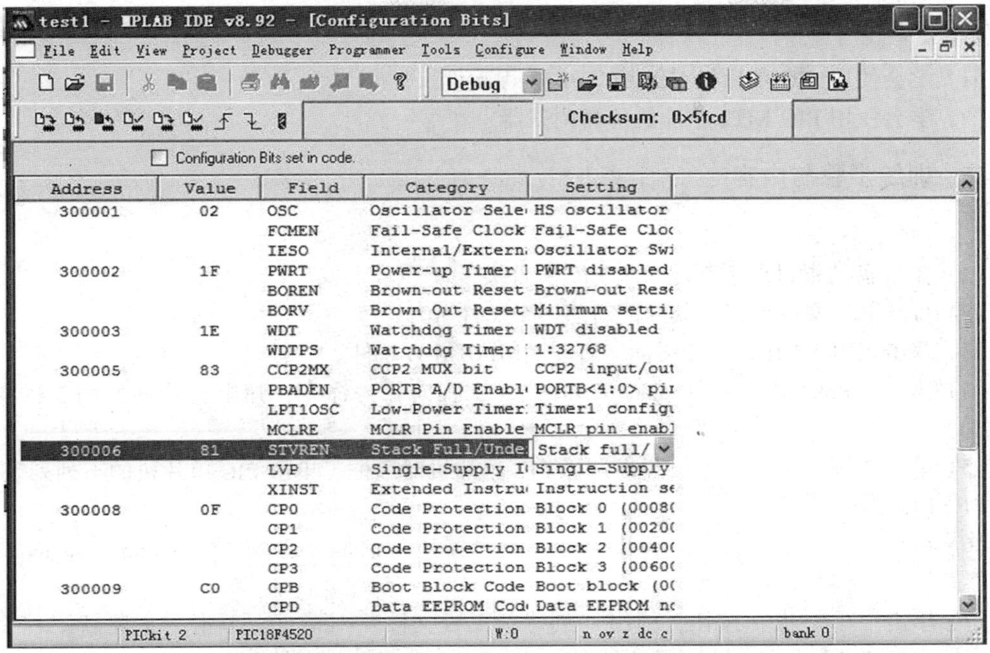

图1-44　设置“300006”选项参数为81

(7) 设置完成，将上部“Configuration Bits set in code”组态位设置的复选框选中，保存设置。

(8) 单击工具栏“下载程序”按钮，如图1-45所示，下载程序到PIC单片机。

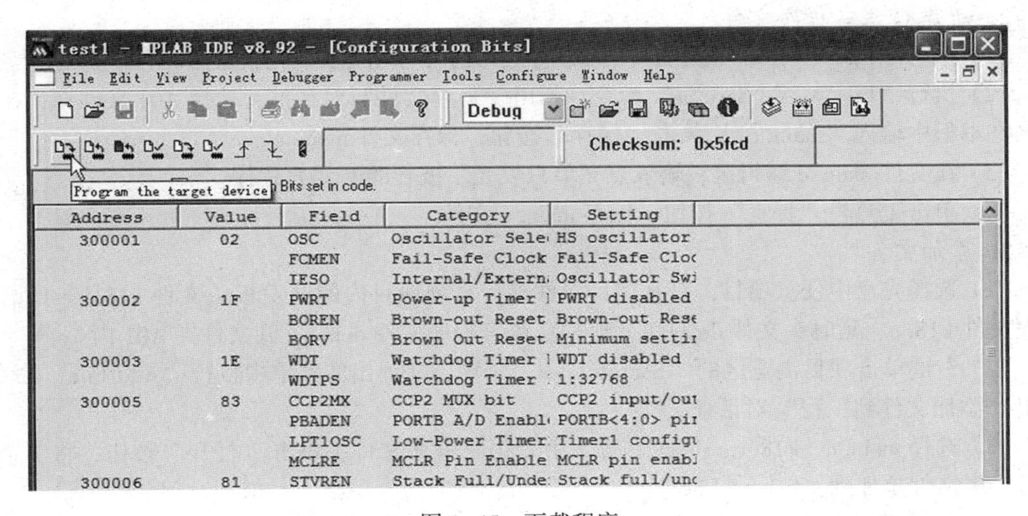

图1-45　下载程序

(9) 单击工具栏“ ”(运行程序)按钮，开发板的8×8LED点阵右下角的LED被点亮。

(10) 单击工具栏“ ”(终止运行)按钮，开发板的8×8LED点阵右下角的LED熄灭。

技能训练

一、训练目标

（1）学会使用 PIC 单片机 MPLAB IDE 编程软件。

（2）学会使用 PIC KIT2 单片机仿真调试器。

二、训练步骤与内容

1. 建立一个工程

（1）在 C 盘的根目录下新建一个 PIC 文件夹。

（2）打开 PIC 文件夹，在其内部新建一个文件 A01。

（3）双击 MPLAB IDE 软件图标，启动 MPLAB IDE 软件。

（4）执行“Project”→“Project Wizard”（工程向导）命令，弹出“欢迎使用工程向导”对话框。

（5）单击“下一步”按钮，弹出选择 PIC 单片机对话框，单击 PIC 单片机的下列列表，选择“PIC 18F4520”。

（6）单击“下一步”按钮，弹出“选择编译器”对话框，选择“Microchip C18 toolsuite”编译器。

（7）单击“下一步”按钮，弹出“创建新工程文件”对话框，单击“创建新工程文件”栏右边的“Browse”按钮，打开另存文件对话框，选择 PIC 文件夹下的 A01 文件夹，在“文件名”栏输入“A001”，单击“保存”按钮，返回创建“新工程文件”对话框。

（8）单击“下一步”按钮，弹出“添加已存在文件”对话框，由于当前无添加文件，所以直接单击“下一步”按钮，弹出“工程配置信息”对话框。

（9）单击“完成”按钮，完成新工程的创建工作。

2. 新建 C 语言程序文件

（1）执行“File”→New 新建命令，新建一个文件，弹出新项目文件窗口。

（2）执行“File”→“Save as”命令，弹出“另存文件”对话框，选择 A01 文件夹，在文件名文本框中输入“main. c”，单击“保存”按钮，保存文件 main. c。

（3）在文件 main. c 编辑区，输入点亮单只发光二极管的 C 语言程序。

（4）单击工具栏“保存”按钮，保存 main. c 文件。

3. 添加文件

（1）选择光盘中任意项目，打开项目文件夹，复制项目内的开发板头文件 k18. h、C 语言程序文件 k18. c、延时头文件 delay. h、延时 C 语言程序文件 delay. c 到文件夹 A01 内。

（2）右键单击项目浏览区的“Source Files”选项，在弹出的菜单中执行“Add File”命令，弹出“添加文件到工程”对话框。

（3）选择 main. c、k18. c、delay. c 等 3 个 C 语言程序文件，单击“打开”按钮，将 3 个 C 语言程序文件添加到“Source Files”。

（4）右键单击项目浏览区的“Header Files”选项，在弹出的菜单中执行“Add File”命令。

（5）弹出“添加文件到工程”对话框，选择 k18. h、delay. h 等 2 个头文件，单击“打开”按钮，将 2 个头文件添加到“Header Files”。

（6）右键单击项目浏览区的“Linker Script”选项，在弹出的菜单中执行“Add File”命令，弹出“添加文件到工程”对话框。

（7）选择C盘根目录的MCC18下的“1kr”文件夹，双击打开该文件夹，在文件名栏输入“18f4520”，选择“18f4520.1kr”文件，单击“打开”按钮，将“18f4520.1kr”文件添加到“Linker Script”。

4. 编译

执行“Project”→“Build All”命令。

5. 下载程序文件

（1）安装PIC KIT2驱动软件。

1）USB电缆的一端插入开发板KIT2编译器USB接口。

2）USB电缆另一端插入电脑的USB口。电脑会自动识别USB，并自动安装驱动软件。

3）打开开发板左上角的电源开关，PIC单片机会自动工作。

（2）下载程序。

1）执行“Programmer”→“Select Programmer”→“PICkit2”命令，链接PICkit2编译器。

2）执行“Configure”→“Configure Bits”命令，弹出“组态位设置”对话框。

3）去掉上部“Configuration Bits set in code”组态位设置的复选框对勾，重新设置组态位选项，单击300001选项右边的下拉列表，选择“HS oscillator”，设置参数为02。

4）单击300003选项右边的下拉列表，选择“WDT disable”，设置参数为1E。

5）选择300006选项右边的下拉列表，设置参数为81。

6）设置完成，将上部“Configuration Bits set in code”组态位设置的复选框选中，保存设置。

7）单击工具栏“下载”程序按钮，下载程序到PIC单片机。

8）单击工具栏“ ”按钮，开发板的8×8LED点阵右下角的LED被点亮。

9）单击工具栏“ ”按钮，开发板的8×8LED点阵右下角的LED熄灭。

习题1

1. 叙述PIC单片机的特点。
2. 简述PIC单片机的命名方法。
3. 如何应用PIC单片机MPLAB IDE开发软件？
4. 叙述k18单片机开发板功能。
5. 如何应用PIC KIT2下载、调试程序？

项目二 学用C语言编程

学习目标

(1) 认识 C 语言程序结构。
(2) 了解 C 语言的数据类型。
(3) 学会使用 C 语言的运算符和表达式。
(4) 学会使用 C 语言的基本语句。
(5) 学会定义和调用函数。

任务 3 认识 C 语言程序

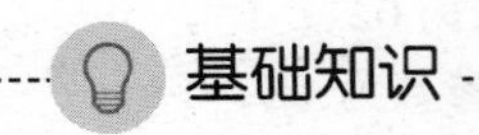

基础知识

一、C 语言的特点及程序结构

1. C 语言的主要特点

C 语言是一种能以简易方式编译、处理低级存储器、产生少量的机器码、不需要任何运行环境支持便能运行的编程语言。具有以下的特点。

(1) 语言简洁、紧凑，使用方便、灵活。C 语言一共有 32 个关键字，9 种控制语句，程序书写形式自由，主要用小写字母表示，压缩了一切不必要的成分。

(2) 运算符丰富。C 语言的运算符包含的范围很广泛，共有 34 种运算符。C 语言把括号、赋值、强制类型转换等都作为运算符处理，从而使 C 语言的运算类型极其丰富，表达式类型多样化。灵活使用各种运算符可以实现在其他高级语言中难以实现的运算。

(3) 数据结构丰富，具有现代化语言的各种数据结构。C 语言的数据类型有整型、实型、字符型、数组类型、指针类型、结构体类型、共用体类型等。能用来实现各种复杂的数据结构（如链表、树、栈等）的运算。尤其是指针类型数据，使用起来灵活、多样。

(4) 具有结构化的控制语句（如 if…else 语句、while 语句、do…while 语句、switch 语句、for 语句）。用函数作为程序的模块单位，便于实现程序的模块化。C 语言是良好的结构化语言，符合现代编程风格的要求。

(5) 语法限制不太严格，程序设计自由度大。对变量的类型使用比较灵活，例如，整型数据与字符型数据可以通用。一般的高级语言语法检查比较严，能检查出几乎所有的语法错误。而 C 语言允许程序编写者有较大的自由度。

(6) C 语言能进行位（bit）操作，能实现汇编语言的大部分功能，可以直接对硬件进行操作。C 语言可以和汇编语言混合编程，既可用于编写系统软件，又可用于编写应用软件。

2. C 语言的标识符与关键字

C 语言的标识符用于识别源程序中的对象名字。这些对象可以是常量、变量数组、数据类型、存储方式、语句、函数等。标识符由字母、数字和下画线等组成。第一个字符必须是字母或下画线。标识符应当含义清晰、简洁明了，便于阅读与理解。C 语言对字母大小写敏感，对于大小写不同的两个标识符，会被看作两个不同的对象。

关键字是一类具有固定名称和特定含义的特别的标识符，有时也称为保留字。在设计 C 语言程序时，一般不允许将关键字另作他用，即要求标识符命名不能与关键字相同。与其他语言相比，C 语言标识符还是较少的。美国国家标准学会（American National Standards Institute，ANSI）发布的 ANSI C 标准的关键字见表 2-1。

表 2-1　　ANSI C 标准的关键字

关键字	用途	说明
auto	存储类型声明	指定为自动变量，由编译器自动分配及释放。通常在栈上分配。与 static 相反。当变量未指定时默认为 auto
break	程序语句	跳出当前循环或 switch 结构
case	程序语句	开关语句中的分支标记，与 switch 连用
char	数据类型声明	字符型类型数据，属于整型数据的一种
const	存储类型声明	指定变量不可被当前线程改变（但有可能被系统或其他线程改变）
continue	程序语句	结束当前循环，开始下一轮循环
default	程序语句	开关语句中的“其他”分支，可选
do	程序语句	构成 do…while 循环结构
double	数据类型声明	双精度浮点型数据，属于浮点数据的一种
else	程序语句	条件语句的否定分支（与 if 连用）
enum	数据类型声明	枚举声明
extern	存储类型声明	指定对应变量为外部变量，即标示变量或函数的定义在别的文件中，提示编译器遇到此变量和函数时在其他模块中寻找其定义
float	数据类型声明	单精度浮点型数据，属于浮点数据的一种
for	程序语句	构成 for 循环结构
goto	程序语句	无条件跳转语句
if	程序语句	构成 if…else 条件选择语句
int	数据类型声明	整型数据，表示范围通常为编译器指定的内存字节长
long	数据类型声明	长整型数据，修饰 int，可省略被修饰的 int
register	存储类型声明	指定为寄存器变量，建议编译器将变量存储到寄存器中使用，也可以修饰函数形参，建议编译器通过寄存器而不是堆栈传递参数
return	程序语句	函数返回用在函数体中，返回特定值
short	数据类型声明	短整型数据，修饰 int，可省略被修饰的 int
signed	数据类型声明	修饰整型数据，有符号数据类型
sizeof	程序语句	得到特定数据类型或特定数据类型变量的大小
static	存储类型声明	指定为静态变量，分配在静态变量区，修饰函数时，指定函数作用域为文件内部
struct	数据类型声明	结构体声明

续表

关键字	用途	说明
switch	程序语句	构成 switch 开关选择语句（多重分支语句）
typedef	数据类型声明	声明类型别名
union	数据类型声明	共用体声明
unsigned	数据类型声明	无符号数据类型，修饰整型数据
void	数据类型声明	声明函数无返回值或无参数，声明无类型指针，显示丢弃运算结果
volatile	数据类型声明	指定变量的值有可能会被系统或其他线程改变，强制编译器每次从内存中取得该变量的值，阻止编译器把该变量优化成寄存器变量
while	程序语句	构成 while 和 do…while 循环结构

MCC18 是一种专为 PIC18 系列单片机设计的编译器，支持符合 ANSI C 标准的程序设计。

3. C 语言程序结构

与标准 C 语言相同，C 语言程序由一个或多个函数构成，至少包含一个主函数 main（）。程序执行是从主函数开始的，调用其他函数后又返回主函数。被调用函数如果位于主函数前，可以直接调用，否则要先进行声明然后再调用，函数之间可以相互调用。

C 语言程序结构如下。

```
#include<p18cxxx.h>  /*预处理命令,用于包含头文件等*/
void DelayMS(unsigned int i);                //函数1声明
                                             //函数n声明
void main(void)                  /*主函数*/
{                               /*主函数开始*/
  TRISA=0x00;                                //设置RA口为输出
  PORTA=0x02;        /*打开col1*/
  TRISD=0x00;                                //设置RD口为输出
  while(1)                /*while循环语句*/
  {                        /*执行语句*/
    PORTD=0x01;                              //设置PD0输出高电平,点亮LED0
DelayMS(500);                                //延时500ms
PORTB=0xff;                                  //设置PB0输出高电平,熄灭LED0
    DelayMS(500);                            //延时500ms
  }
}
void DelayMS(uInt16 ValMS)                   //函数1定义
    {
      uInt16 uiVal,ujVal;                    //定义无符号整型变量uiVal,ujVal
      for(uiVal=0;uiVal<ValMS;uiVal++)       //进行循环操作
      {for(ujVal=0;ujVal<1170;ujVal++);
      }                                      //进行循环操作,以达到延时的效果
    }
  //函数n定义
```

C 语言程序是由函数组成的，函数之间可以相互调用，但主函数 main（）只能调用其他函

数，不可以被其他函数调用。其他函数可以是用户自定义的函数，也可以是 C51 的库函数。无论主函数 main（）在什么位置，程序总是从主函数 main（）开始执行的。

编写 C 语言程序的要求如下。

（1）函数以“{”花括号开始，到“}”花括号结束。包含在“{}”内部的部分称为函数体。花括号必须成对出现，如果在一个函数内有多对花括号，则最外层花括号为函数体范围。为了使程序便于阅读和理解，花括号对可以采用缩进方式。

（2）每个变量必须先定义，再使用。在函数内定义的变量为局部变量，只可以在函数内部使用，又称为内部变量。在函数外部定义的变量为全局变量，在定义它的那个程序文件内使用，也称为外部变量。

（3）每条语句最后必须以一个“;”（分号）结束，分号是 C51 程序的重要组成部分。

（4）C 语言程序没有行号，书写格式自由，一行内可以写多条语句，一条语句也可以写于多行上。

（5）程序的注释多行时放在“/＊……＊/”之内，单行时放在“//”之后。

二、C 语言的数据类型

C 语言的数据类型可以分为基本数据类型和复杂数据类型。基本数据类型包括字符型（char）、整型（int）、长整型（long）、浮点型（float）、指针型（＊p）等。复杂数据类型由基本数据类型组合而成。MCC18 除了支持基本数据类型，还支持扩展数据类型。

（1）MCC18 编译器可识别的数据类型见表 2-2。

表 2-2　　MCC18 编译器可识别的数据类型

数据类型	字节长度	取值范围
signed char	1 字节	-128～127
unsigned char	1 字节	0～255
char	1 字节	-128～127（默认为有符号型）
int	2 字节	-32768～32767
unsigned int	2 字节	0～65535
short	2 字节	-32768～32767
unsigned short	2 字节	0～65535
short long	3 字节	-8388608～8388607
unsigned short long	3 字节	0～16777215
signed long	4 字节	-2147483648～2147483647
unsigned long	4 字节	0～4294967925
float	4 字节	±1. 175494E-38～±3. 402823E+38
＊	1～3 字节	对象地址
double	4 字节	±1. 175494E-38～±3. 402823E+38

（2）数据类型的隐形变换。在 C 语言程序的表达式或变量赋值中，有时会出现运算对象不一致的情况，C 语言允许任何标准数据类型之间的隐形变换。变换按 bit→char→int→long→float 和 signed→unsigned 的方向变换。

（3）MCC18 编译器支持结构体类型、联合体类型、枚举类型数据等复杂数据。

(4) 用 typedef 重新定义数据类型。在 C 语言程序设计中，除了可以采用基本的数据类型和复杂的数据类型外，读者也可根据自己的需要，对数据类型进行重新定义。重新定义使用关键字 typedef，定义方法如下。

```
typedef 已有的数据类型新的数据类型名:
```

其中，“已有的数据类型”是指 C 语言已有的基本数据类型、复杂的数据类型，包括数组、结构体、枚举、指针等，“新的数据类型名”根据读者的习惯和任务需要决定。关键字 typedef 只是对已有的数据类型进行了重新命名，用重新命名的新数据类型名来进行数据类型定义。

例如:

```
typedef unsigned char UCHAR8;/*定义 unsigned char 为新的数据类型名 UCHAR8*/
typedef unsigned int UINT16;/*定义 unsigned int 为新的数据类型名 UINT16*/
UCHAR8 i,j; /*用新数据类型 UCHAR8 定义变量 i 和 j*/
UINT16 p,k; /*用新数据类型 UINT16 定义变量 p 和 k*/
```

先用关键字 typedef 定义新的数据类型名 UCHAR8、UINT16，再用新的数据类型名 UCHAR8 定义变量 i 和 j，UCHAR8 等效于 unsigned char，所以 i、j 被定义为无符号的字符型变量。用新数据类型 UINT16 定义 p 和 k，UINT16 等效于 unsigned int，所以 p、k 被定义为无符号整数型变量。

习惯上，用 typedef 定义新的数据类型名用大写字母表示，以便与原有的数据类型相区别。需要注意的是，用 typedef 可以定义新的数据类型名，但不能定义新的数据类型，因为 typedef 只是用新的数据类型名替换了原来的数据类型名，并没有创造新的数据类型。

采用 typedef 定义的新的数据类型名可以简化较长数据类型的定义，便于程序移植。

(5) 常量。C 语言程序中的常量包括字符型常量、字符串常量、整型常量、浮点型常量等。字符型常量声明时采用单引号，例如‘i’‘j’等。对于不可显示的控制字符，可以在该字符前加反斜杠“\”组成转义字符。常用的转义字符见表 2-3。

表 2-3　　常用的转义字符

转义字符	转义字符的意义	ASCII 码
\0	空字符（NULL）	0x00
\b	退格（BS）	0x08
\t	水平制表符（HT）	0x09
\n	换行（LF）	0x0A
\f	走纸换页（FF）	0x0C
\r	回车（CR）	0x0D
\"	双引号符	0x22
\'	单引号符	0x27
\\	反斜线符“\”	0x5C

字符串常量声明时采用双引号，例如" abcde" " k567" 等。字符串常量首尾的双引号是字符串常量的界限符。当双引号内字符个数为 0 时，表示为空字符串常量。C 语言将字符串常量当作字符型数组来处理，在存储字符串常量时，会在字符串的尾部加一个转义字符“\0”

作为结束符。编程时应注意字符常量与字符串常量的区别。

(6) 变量。C语言程序中的变量是指在程序执行过程中其值不断变化的量。变量在使用之前必须先定义，用一个标识符表示变量名，并指出变量的数据类型和存储方式，以便C语言编译器为它分配存储单元。C语言变量的定义格式如下。

[存储种类]　数据类型　[存储器类型]　变量名;

其中，“存储种类”和“存储器类型”是可选项。存储种类有4种，分别是动态存储（auto）、外部（extern）、静态（static）和寄存器（register）。定义时如果省略存储种类，则默认为自动变量。

定义变量时除了可设置数据类型外，还允许设置存储器类型，使其能在51单片机系统内准确定位。

存储器类型见表2-4。

表2-4　存储器类型

存储器类型	说明
data	直接地址的片内数据存储器（128B），访问速度快
bdata	可位寻址的片内数据存储器（16B），允许位、字节混合访问
idata	间接访问的片内数据存储器（256B），允许访问片内全部地址
pdata	分页访问的片内数据存储器（256B），用MOVX@ Ri访问
xdata	片外的数据存储器（64KB），用MOVX@ DPTR访问
code	程序存储器（64KB），用MOVC@ A+DPTR访问

根据变量的作用范围，可将变量分为全局变量和局部变量。全局变量是在程序开始处或函数外定义的变量，在程序开始处定义的全局变量在整个程序中有效。在各功能函数外定义的变量，从其被定义处开始起作用，对其后的函数有效。

局部变量指在函数内部定义的变量，或在函数的“{}”功能块内定义的变量，只在定义它的函数内或功能块内有效。

根据变量存在的时间可分为静态存储变量和动态存储变量。静态存储变量是指变量在程序运行期间存储空间固定不变的变量；动态存储变量指存储空间不固定的变量，在程序运行期间动态为其分配空间。全局变量属于静态存储变量，局部变量为动态存储变量。

C语言允许在变量定义时为其赋初值。

下面是变量定义的一些例子。

```
char data a1;     /*在data区域定义字符变量a1*/
char bdata a2;  /*在bdata区域定义字符变量a2*/
int  idata a3;  /*在idata区域定义整型变量a3*/
char code a4[]="cake";  /*在程序代码区域定义字符串数组a4[]*/
extern float idata x,y;  /*在idata区域定义外部浮点型变量x、y*/
sbit led1=P2? 1;  /*在bdata区域定义位变量led1*/
```

变量定义时如果省略存储器种类，则按编译时使用的存储模式来规定默认的存储器类型。存储模式分为SMALL、COMPACT、LARGE三种。

SMALL模式时，变量被定义在单片机的片内数据存储器中（最大128B，默认存储类型是data），访问十分方便，速度快。

COMPACT 模式时，变量被定义在单片机的分页寻址的外部数据寄存器中（最大 256B，默认存储类型是 pdata），每一页地址空间是 256B。

LARGE 模式时，变量被定义在单片机的片外数据寄存器中（最大 64B，默认存储类型是 xdata），使用数据指针 DPTR 来间接访问，用此数据指针进行访问效率低，速度慢。

三、C 语言的运算符及表达式

C 语言具有丰富的运算符，数据表达、处理能力强。运算符是完成各种运算的符号，表达式是由运算符与运算对象组成的具有特定含义的式子。表达式语句是由表达式及后面的分号“;”组成，C 语言程序就是由运算符和表达式组成的各种语句构成的。

C 语言使用的运算符包括赋值运算符、算术运算符、关系运算符、逻辑运算符、加 1 和减 1 运算符、位运算符、逗号运算符、条件运算符、指针与地址运算符、强制转换运算符、复合赋值运算符等。

1. 赋值运算符

符号“=”在 C 语言中称为赋值运算符，它的作用是将等号右边数据的值赋值给等号左边的变量，利用它可以将一个变量与一个表达式连接起来组成赋值表达式，在赋值表达式后添加“;”，组成 C 语言的赋值语句。

赋值语句的格式为如下。

```
变量=表达式;
```

在 C 语言程序运行时，赋值语句先计算出右边表达式的值，再将该值赋给左边的变量。右边的表达式可以是另一个赋值表达式，即 C 语言程序允许多重赋值。

```
a=6;      /*将常数 6 赋值给变量 a*/
b=c=7;   /*将常数 7 赋值给变量 b 和 c*/
```

2. 算术运算符

C 语言中的算术运算符包括“+”（加或取正值）运算符、“-”（减或取负值）运算符、“*”（乘）运算符、“/”（除）运算符、“%”（取余）运算符。

在 C 语言中，加、减、乘法运算符合一般的算术运算规则，除法稍有不同，两个整数相除，结果为整数，小数部分舍弃，两个浮点数相除，结果为浮点数。取余的运算要求两个数据均为整型数据。

将运算对象与算术运算符连接起来的式子称为算术表达式。算术表达式形式如下。

```
表达式 1  算术运算符  表达式 2
```

例如：x/（a+b），（a-b） * （m+n）

在运算时，要按运算符的优先级别进行，算术运算中，括号“（）”（括号）优先级最高，其次为“-”（取负值），再其次是“*”（乘法）、“/”（除法）和“%”（取余），最后是“+”（加）和“-”（减）。

3. 加 1 和减 1 运算符

“++”（加 1）和“--”（减 1）是两个特殊的运算符，分别作用于变量做加 1 和减 1 运算。

例如：m++，++m，n--，--j 等。

但 m++与++m 不同，前者在使用 m 后加 1，后者先将 m 加 1 再使用。

4. 关系运算符

C 语言中有 6 种关系运算符，分别是“>”（大于）、“<”（小于）、“>=”（大于等于）、“<=”（小于等于）、“==”（等于）、“!=”（不等于）。前 4 种具有相同的优先级，后两种具有相同的优先级，前 4 种优先级高于后两种。用关系运算符连接的表达式称为关系表达式，一般形式如下。

表达式 1 关系运算符 表达式 2

例如：x+y>2

关系运算符常用于判断条件是否满足，关系表达式的值只有 0 和 1 两种，当指定的条件满足时为 1，否则为 0。

5. 逻辑运算符

C 语言中有 3 种逻辑运算符，分别是“||”（逻辑或）、“&&”（逻辑与）、“!”（逻辑非）。

逻辑运算符用于计算条件表达式的逻辑值，逻辑表达式就是用关系运算符和表达式连接在一起的式子。

逻辑表达式的一般形式如下。

条件 1　关系运算符　条件 2

例如：x && y，m || n，! z 都是合法的逻辑表达式。

逻辑运算的优先级为：逻辑非→算术运算符→关系运算符→逻辑与→逻辑或。

6. 位运算符

对 C 语言对象进行按位操作的运算符，称为位运算符。位运算是 C 语言的一大特点，使其能直接对计算机硬件进行操控。

位运算符有 6 种，分别是“~”（按位取反）、“<<”（左移）、“>>”（右移）、“&”（按位与）、“^”（按位异或）、“|”（按位或）。

位运算形式如下。

变量 1　位运算符　变量 2

位运算不能用于浮点数。

位运算符的作用是对变量进行按位运算，并不改变参与运算变量的值。如果希望改变参与位运算变量的值，则要使用赋值运算。

例如：a=a>>1

表示 a 右移 1 位后赋给 a。

位运算的优先级：“~”（按位取反）→“<<”（左移）和“>>”（右移）→“&”（按位与）→“^”（按位异或）→“|”（按位或）。

清零、置位、反转、读取也可使用按位操作符。

清零寄存器的某一位可以使用按位与运算符。

例如：PB2 清零：PORTB&=0xfb；或 PORTB&=~（1<<2）；

置位寄存器某一位可以使用按位或运算符。

例如：PB2 置位：PORTB|=~0xfb；或 PORTB|=（1<<2）；

反转寄存器某一位可以使用按位异或运算符。

例如：PB3 反转：PORTB^=0x08；或 PORTB^=（1<<3）；

读取寄存器某一位可以使用按位与运算符。

例如：if （（PINB&0x08））程序语句 1；

7. 逗号运算符

C 语言中的“,”（逗号运算符）是一个特殊的运算符，它将多个表达式连接起来，称为逗号表达式。逗号表达式的格式如下。

```
表达式 1，表达式 2，…，表达式 n
```

程序运行时，从左到右依次计算各个表达式的值，整个逗号表达式的值为表达式 n 的值。

8. 条件运算符

条件运算符“?:”是 C 语言中唯一的三目运算符，它有 3 个运算对象，用条件运算符可以将 3 个表达式连接起来构成一个条件表达式。

条件表达式的形式如下。

```
逻辑表达式？表达式 1:表达式 2
```

程序运行时，先计算逻辑表达式的值，当值为真（非 0）时，将表达式 1 的值作为整个条件表达式的值；否则，将表达式 2 的值作为整个条件表达式的值。

例如：min=（a<b）？a：b 的执行结果是将 a、b 中较小的值赋给 min。

9. 指针与地址运算符

指针是 C 语言中一个十分重要的概念，C 语言专门规定了一种指针型数据。变量的指针实质上就是变量对应的地址，定义的指针变量用于存储变量的地址。对于指针变量和地址间的关系，C 语言设置了两个运算符：“&”（取地址）和“*”（取内容）。

取地址与取内容的一般形式如下。

```
指针变量=& 目标变量
变量=*指针变量
```

取地址是把目标变量的地址赋值给左边的指针变量。

取内容是将指针变量所指向的目标变量的值赋给左边的变量。

10. 复合赋值运算符

在赋值运算符的前面加上其他运算符，就构成了复合运算符，C 语言中有 10 种复合运算符，分别是“+=”（加法赋值）、“-=”（减法赋值）、“*=”（乘法赋值）、“/=”（除法赋值）、“%=”（取余赋值）、“<<=”（左移位赋值）、“>>=”（右移位赋值）、“&=”（逻辑与赋值）、“|=”（逻辑或赋值）、“~=”（逻辑非赋值）、“^=”（逻辑异或赋值）。

使用复合运算符可以使程序简化，提高程序编译效率。

复合赋值运算首先对变量进行某种运算，然后再将结果赋值给该变量。符合赋值运算的一般形式如下。

```
变量　复合运算符　表达式
```

例如：i+=2 等效于 i=i+2。

四、C 语言的基本语句

1. 表达式语句

在 C 语言中，表达式语句是最基本的程序语句，在表达式后面加“;”（分号），就组成了表达式语句。如下所示。

```
a=2;b=3;
m=x+y;
++j;
```

表达式语句也可以只由一个“;”组成，称为空语句。空语句可以用于等待某个事件的发生，特别是用在 while 循环语句中。空语句还可用于为某段程序提供标号，表示程序执行的位置。

2. 复合语句

C 语言的复合语句是由若干条基本语句组合而成的一种语句，它用一对“{}”将若干条语句组合在一起，形成一种控制功能块。复合语句不需要用“;”结束，但它内部各条语句要加“;”。

复合语句的形式如下。

```
{
局部变量定义;
语句 1;
语句 2;
……;
语句 n;
}
```

复合语句按顺序依次执行，等效于一条单语句。复合语句主要用于函数中，实际上，函数的执行部分就是一个复合语句。复合语句允许嵌套，即复合语句内可包含其他复合语句。

3. if 条件语句

if 条件语句又称为选择分支语句，它由关键字“if”和“else”等组成。C 语言提供 3 种 if 条件语句格式。

```
if  (条件表达式)语句
```

当条件表达式为真，就执行其后的语句。否则，不执行其后的语句。

```
if(条件表达式)语句 1
else 语句 2
```

当条件表达式为真，就执行其后的语句 1，否则执行 else 后的语句 2。

```
if(条件表达式 1)     语句 1
else if(条件表达式 2)语句 2
……
else if(条件表达式 i)语句 m
else                    语句 n
```

顺序逐个判断执行条件，决定要执行的语句，否则执行语句 n。

4. switch/case 开关语句

虽然条件语句可以实现多分支选择，但是当条件分支较多时，会使程序烦冗，不便于阅读。开关语句是直接处理多分支语句，程序结构清晰，可读性强。switch/case 开关语句的格式如下。

```
switch(条件表达式)
```

```
{
case 常量表达式 1:语句 1;
break;
case 常量表达式 2:语句 2;
break;
……
case 常量表达式 n:语句 n;
break;
default;语句 m
}
```

将 switch 后的条件表达式值与各个 case 后的表达式值逐个进行比较，若有相同的，就执行相应的语句，然后执行 break 语句，终止当前语句的执行，跳出 switch 语句。若无匹配的，就执行语句 m。

5. for、while、do…while 循环语句

循环语句用于 C 语言中的循环控制，使某种操作反复执行多次。循环语句有 for 循环、while 循环、do…while 循环等。

（1）for 循环。采用 for 语句构成的循环结构的格式如下。

```
for([初值设置表达式];[循环条件表达式];[步进表达式])语句
```

for 语句执行的过程：先计算初值设置表达式的值，将其作为循环控制变量的初值，再检查循环条件表达式的结果，当满足条件时，就执行循环体语句，再计算步进表达式的值，然后再进行条件比较，根据比较结果，决定循环体是否执行，一直到循环表达式的结果为假（0 值）时，退出循环体。

for 循环结构中的 3 个表达式是相互独立的，不要求它们相互依赖。3 个表达式可以是默认的，但循环条件表达式不要默认，以免形成死循环。

（2）while 循环。while 循环的一般形式如下。

```
while(条件表达式)语句;
```

while 循环中语句可以使用复合语句。

当条件表达式的结果为真（非 0 值）时，程序执行循环体的语句，一直到条件表达式的结果为假（0 值）。while 循环结构先检查循环条件，再决定是否执行其后的语句。如果条件表达式的结果一开始就为假，则其后的语句一次都不执行。

（3）do…while 循环。采用 do…while 也可以构成循环结构。do…while 循环结构的格式如下。

```
do 语句 while(条件表达式)
```

do…while 循环结构中，语句可使用复合语句。

do…while 循环先执行语句，再检查条件表达式的结果。当条件表达式的结果为真（非 0 值），程序继续执行循环体的语句，一直到条件表达式的结果为假（0 值）时，退出循环。

do…while 循环结构中语句至少执行 1 次。

6. goto、break、continue 语句

goto 语句是一个无条件转移语句，一般形式如下。

```
goto 语句标号:
```

语句标号是一个带“:”（冒号）的标识符。

goto 语句可与 if 语句构成循环结构，goto 主要用于跳出多重循环，一般用于从内循环跳到外循环，不允许从外循环跳到内循环。

break 语句用于跳出循环体，一般形式如下。

```
break;
```

对于多重循环，break 语句只能跳出它所在的那一层循环，而不能像 goto 语句一样，可以跳出最内层循环。

continue 是一种中断语句，功能是中断本次循环。它的一般形式如下。

```
continue;
```

continue 语句一般与条件语句一起用在 for、while 等语句构成的循环结构中，它是具有特殊功能的无条件转移语句，与 break 不同的是，continue 语句并不决定跳出循环，而是决定是否继续执行。

7. return 语句

return（返回语句）用于终止函数的执行，并控制程序返回调用该函数时的位置。

返回语句的基本形式如下。

```
return;
```

或

```
return(表达式);
```

当返回语句带有表达式时，则要先计算表达式的值，并将表达式的值作为该函数的返回值。

当返回语句不带表达式时，则被调用的函数返回主调函数，函数值不确定。

五、函数

1. 函数的定义

一个完整的 C 语言程序是由若干个模块构成的，每个模块完成一种特定的功能，而函数就是 C 语言的一个基本模块，用以实现一个子程序功能。C 语言总是从主函数开始执行，main（）函数是一个控制流程的特殊函数，它是程序的起始点。在程序设计时，如果程序较大，就可以将其分为若干个子程序模块，每个子程序模块完成一个特殊的功能，这些子程序通过函数实现。

C 语言函数可以分为两大类——标准库函数和用户自定义函数。标准库函数是 MCC18 提供的，用户可以直接使用；用户自定义函数是用户根据实际需要，自己定义和编写的能实现一种特定功能的函数，必须先定义后使用。函数定义的一般形式如下。

```
函数类型函数名(形式参数表)
形式参数说明
{
局部变量定义
函数体语句
}
```

其中，“函数类型”定义函数返回值的类型。

“函数名”是用标识符表示的函数名称。

“形式参数表”中列出的是主调函数与被调函数之间传输数据的形式参数。形式参数的类型必须说明。ANSIC 标准允许在形式参数表中直接对形式参数类型进行说明。如果定义的是无参数函数，则可以没有形式参数表，但圆括号“（）”不能省略。

“局部变量定义”是定义在函数内部的变量。

“函数体语句”是为完成函数功能而组合的各种 C 语言语句。

如果定义的函数内只有一对花括号而没有局部变量定义和函数体语句，该函数为空函数，空函数也是合法的。

2. 函数的调用

通常，C 语言程序是由一个主函数 main（）和若干个函数构成的。主函数可以调用其他函数，其他函数可以彼此调用，同一个函数可以被多个函数调用任意多次。通常把调用其他函数的函数称为主调函数，其他函数称为被调函数。

函数调用的一般形式如下。

```
函数名(实际参数表)
```

其中“函数名”指出被调用函数的名称。

“实际参数表”中可以包括多个实际参数，各个参数之间用逗号分隔。实际参数的作用是将它的值传递给被调函数中的形式参数。注意：函数调用中实际参数与函数定义的形式参数在个数、类型及顺序上必须严格保持一致，以便将实际参数的值分别正确地传递给形式参数。如果调用的函数无形式参数，可以没有实际参数表，但圆括号“（）”不能省略。

C 语言函数调用有 3 种形式。

（1）函数语句。在主调函数中通过一条语句来表示。如下所示。

```
Nop();
```

这是无参数调用，是一个空操作。

（2）函数表达式。在主调函数中，被调函数作为一个运算对象直接出现在表达式中，这种表达式称为函数表达式。如下所示。

```
y=add(a,b)+sub(m,n);
```

这条赋值语句包括两个函数调用，每个函数调用都有一个返回值，将两个函数返回值相加赋值给变量 y。

（3）函数参数。在主调函数中将被调函数作为另一个函数调用的实际参数。如下所示。

```
x=add(sub(m,n),c)
```

函数 sub（m，n）作为另一个函数 add（sub（m，n），c）中的参数，以它的返回值作为另一个被调函数的实际参数。这种在调用一个函数过程中又调用另一个函数的方式，称为函数的嵌套调用。

六、预处理

预处理是 C 语言在编译之前对源程序的编译。预处理包括宏定义、文件包括和条件编译。

1. 宏定义

宏定义的作用是用指定的标识符代替一个字符串。

一般定义如下。

```
#define 标识符　字符串
```

例如：

```
#define uChar8 unsigned char  //定义无符号字符型数据类型 uChar8
```

定义了宏之后，就可以在任何需要的地方使用宏，在 C 语言处理时，只是简单地将宏标识符用它的字符串代替。

定义无符号字符型数据类型 uChar8，可以在后续的变量定义中使用 uChar8，在 C 语言处理时，只是简单地将宏标识符 uChar8 用它的字符串 unsigned char 代替。

2. 文件包含

文件包含的作用是将一个文件的内容完全包含在另一个文件之中。

文件包含的一般形式如下。

```
#include"文件名"或#include<文件名>
```

二者的区别在于用双引号的 include 指令首先在当前文件的所在目录中查找包含文件，如果没有则到系统指定的文件目录去查找。

使用尖括号的 include 指令直接在系统指定的包含目录中查找要包含的文件。

在程序设计中，文件包含可以节省用户的重复工作，或者可以先将一个大的程序分成多个源文件，由不同人员编写，然后再用文件包含指令把源文件包含到主文件中。

3. 条件编译

通常情况下，在编译器中进行文件编译时，将会对源程序中所有的行进行编译。如果用户想让源程序中的部分内容满足一定条件时才编译，则可以通过条件编译对相应内容制定编译的条件来实现相应的功能。条件编译有以下 3 种形式。

```
#ifdef 标识符　程序段 1;#else 程序段 2;#endif
```

其作用是，当标识符已经被定义过（通常用#define 命令定义）时，只对程序段 1 进行编译，否则编译程序段 2。

```
#ifndef 标识符　程序段 1;#else 程序段 2;#endif
```

其作用是，当标识符没有被定义过（通常用#define 命令定义）时，只对程序段 1 进行编译，否则编译程序段 2。

```
#if 表达式　程序段 1;#else 程序段 2;#endif
```

当表达式为真时，编译程序段 1，否则，编译程序段 2。

七、我的第一个 PIC 单片机 C 语言程序设计

1. LED 灯闪烁控制流程图

如图 2-1 所示为 LED 灯闪烁控制流程图。

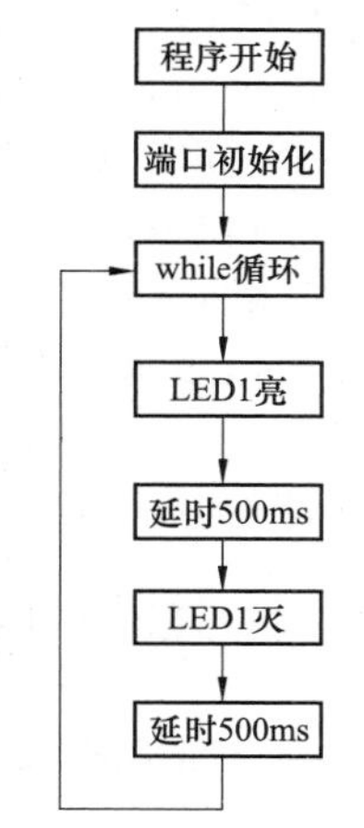

图 2-1　LED 灯闪烁控制流程图

2. LED 灯闪烁控制程序

```
#include<p18cxxx.h>
#include"k18.h"
#include"Delay.h"
void main(void)
{
```

```
k18_init();/*HL-K18 主板初始化*/
TRISA=0x00;/*设置 RA 口为输出*/
PORTA=0x02;  /*选通点阵管的第 8 列的 LED,点阵管的第 8 列的 LED 作为显示 LED*/
TRISD=0x00;/*设置 RD 口为输出*/
PORTD=0x00;//设置 RD 输出为 0,点阵管灭
while(1)
  {
  PORTD=0x01;//十六进制写法 0x01;  二进制写法 0B00000001,点阵管最末位亮
  Delay10Ms(5);/*延时 50ms*/
  PORTD=0x00;//0x00;0B00000000,点阵管灭
  Delay10Ms(5);/*延时 50ms*/
  }
}
```

(1) 头文件。代码的第一行#include<p18cxxx. h>，包含头文件。代码中引用头文件的意义可形象地理解为将这个头文件中的全部内容放在引用头文件的位置处，避免每次编写同类程序都要将头文件中的语句重复编写一次。

在代码中加入头文件有两种写法，分别是#include<p18cxxx. h>和#include" p18cxxx. h"，这两种形式有何区别？

使用<××. h>包含头文件时，编译器只会进入到软件安装文件夹处开始搜索这个头文件，例如如果安装在 C：\ MPLAB \ include，则如果 C：\ MPLAB \ include 文件夹下没有引用的头文件，编译器就会报错。当使用“××. h”包含头文件时，编译器先进入当前工程所在的文件夹开始搜索头文件，如果当前工程所在文件夹下没有该头文件，编译器又会去软件安装文件夹处搜索这个头文件，若还是找不到，则编译器会报错。

由于该文件存在于软件安装文件夹下，因而一般将该头文件写成#include<p18cxxx. h>的形式，当然写成#include" p18cxxx. h" 也行。以后进行模块化编程时，一般写成“××. h”的形式，例如自己编写的头文件“LED. h”，则可以写成#include" LED. h"。

(2) LED 灯闪烁控制程序第 2~3 行是 C 语言中包含头文件。因为在程序中，需要使用 k18 开发板的一些端口定义和处理，同时也需要延时函数，在编写程序时，需要将这部分的头文件包含进来。

在 main 函数中，首先初始化 RA 口为输出，再定义 RA1 脚输出高电平，其他端为低电平，打开 8×8 LED 点阵负极公共端锁存。接着初始化 RD 口为输出，定义 RD 口脚输出高电平，熄灭所有 LED 灯。

使用了 while 循环，条件设置为 1，进入死循环。

在 while 循环中，通过 PORTD=0x01；语句，RD0 为输出高电平，而其余为低电平，亦即点亮 LED0。然后延时 500ms，再通过 PORTD=0x00；语句，RD0 为输出低电平，熄灭 LED0。再延时 500ms，结束本次 while 循环。

技能训练

一、训练目标

(1) 学会书写 C 语言基本程序。

(2) 学会 C 语言变量定义。

（3）学会编写C语言函数程序。

（4）学会调试C语言程序。

二、训练步骤与内容

1. 画出LED灯闪烁控制流程图

2. 建立一个工程

（1）打开C盘的文件夹PIC，在其内部新建一个文件B01。

（2）双击MPLAB IDE软件图标，启动MPLAB IDE软件。

（3）执行“Project”菜单下的“Project Wizard”命令，弹出欢迎使用工程向导对话框。

（4）单击“下一步”按钮，弹出“选择PIC单片机”对话框，单击选择PIC单片机的下列列表，选择“PIC单片机18F4520”。

（5）单击“下一步”按钮，弹出“选择编译器”对话框，选择“Microchip C18 ToolSuite编译器”。

（6）单击“下一步”按钮，弹出“创建新工程文件”对话框，单击“创建新工程文件”栏右边的“Browse”按钮，打开“另存文件”对话框，选择PIC文件夹下的B01文件夹，在文件名栏输入“B001”，单击“保存”按钮，返回“创建新工程文件”对话框。

（7）单击“下一步”按钮，弹出“选择已存在文件”对话框，由于当前无添加文件，所以直接单击“下一步”按钮，弹出“工程配置信息”对话框，单击“完成”按钮，完成新工程的创建工作。

3. 新建C语言程序文件

（1）执行“File”文件菜单下的“New”命令，新建一个文件，弹出新项目文件窗口。

（2）执行“File”菜单下的“Save as”命令，弹出“另存文件”对话框，选择B01文件夹，在“文件名”文本框中输入“main. c”，单击“保存”按钮，保存文件main. c。

（3）在文件main. c编辑区，输入LED灯闪烁控制程序。

（4）单击工具栏“保存”按钮，保存main. c主程序文件。

4. 添加文件

（1）选择光盘中任意项目，打开项目文件夹，复制项目内的开发板头文件k18. h，C语言程序文件k18. c，延时头文件delay. h，延时C语言程序文件delay. c到文件夹B01内。

（2）右键单击项目浏览区的“Source Files”，在弹出的菜单中执行“Add File”命令，弹出“添加文件到工程”对话框。

（3）选择main. c、k18. c、delay. c等3个C语言程序文件，单击“打开”按钮，将3个C语言程序文件添加到“Source Files”。

（4）右键单击项目浏览区的“Header Files”，在弹出的菜单中执行“Add File”命令。

（5）弹出“添加文件到工程”对话框，选择k18. h、delay. h等2个头文件，单击“打开”按钮，将2个头文件添加到“Header Files”。

（6）右键单击项目浏览区的“Linker Script”，在弹出的菜单中执行“Add File”命令，弹出“添加文件到工程”对话框。

（7）选择C盘根目录下“MCC18”下的“1kr”文件夹，双击打开该文件夹，在文件名栏输入“18f4520”，选择“18f4520. 1kr”文件，单击“打开”按钮，将“18f4520. 1kr”文件添加到“Linker Script”。

5. 下载调试

（1）选择“Programmer”→“Select Programmer”→“PICkit2”，连接PICkit2编译器。

（2）选择“Configure”→“Configure Bits”，弹出“组态位设置”对话框。

（3）去掉上部“Configuration Bits set in code”组态位设置的复选框对勾，重新设置组态位选项，选择“300001”选项右边的下拉列表，选择“HS oscillator”，设置参数为02。

（4）选择“300003”选项右边的下拉列表，选择“WDT disable”，设置参数为1E。

（5）选择“300006”选项右边的下拉列表，设置参数为81。

（6）选择“Project”→“Build All”，编译程序。

（7）单击工具栏“下载程序”按钮，下载程序到PIC单片机。

（8）单击工具栏按钮，开发板的8×8 LED点阵右下角的LED闪烁。

（9）单击工具栏按钮，开发板的8×8 LED点阵右下角的LED熄灭。

任务4 PIC单片机仿真调试

基础知识

一、进入PIC仿真开发环境

MPLAB IDE集成开发环境，包括了PIC单片机编译器、PIC SIM仿真调试器、PIC下载等功能。它集汇编语言编译、C语言编译、软件仿真、芯片程序下载、芯片硬件仿真等一系列基础功能，与任一款高级语言编译器配合使用即可完成高级语言的产品开发调试。

1. 选择仿真工具，进入仿真界面

打开MPLAB IDE集成开发软件，选择仿真工具，如图2-2所示，执行“Debugger”（调试）→“Select tools”（选择工具）→“PIC kit 2”命令，进入仿真界面。

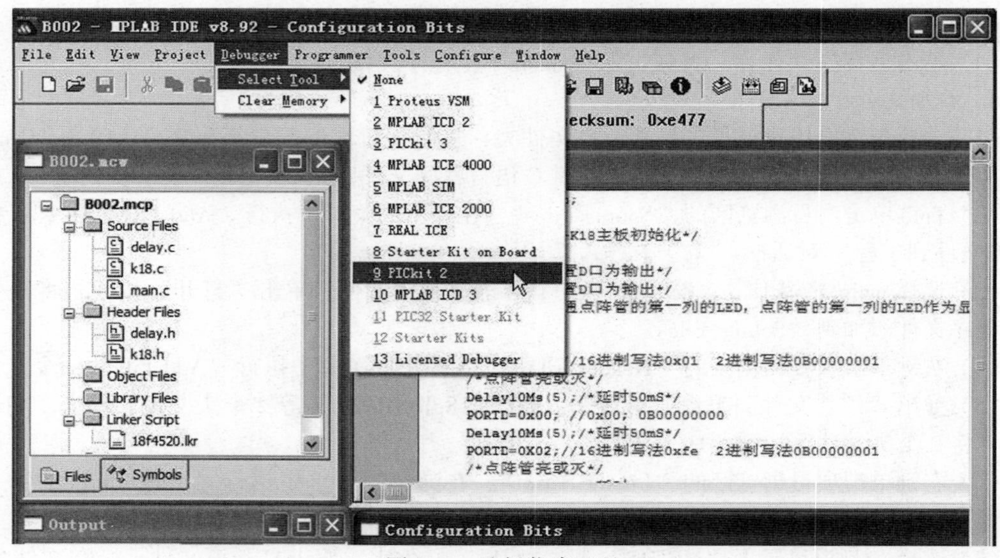

图2-2 选择仿真工具

PIC单片机仿真界面如图2-3所示。

2. 仿真调试操作

（1）创建仿真工程。

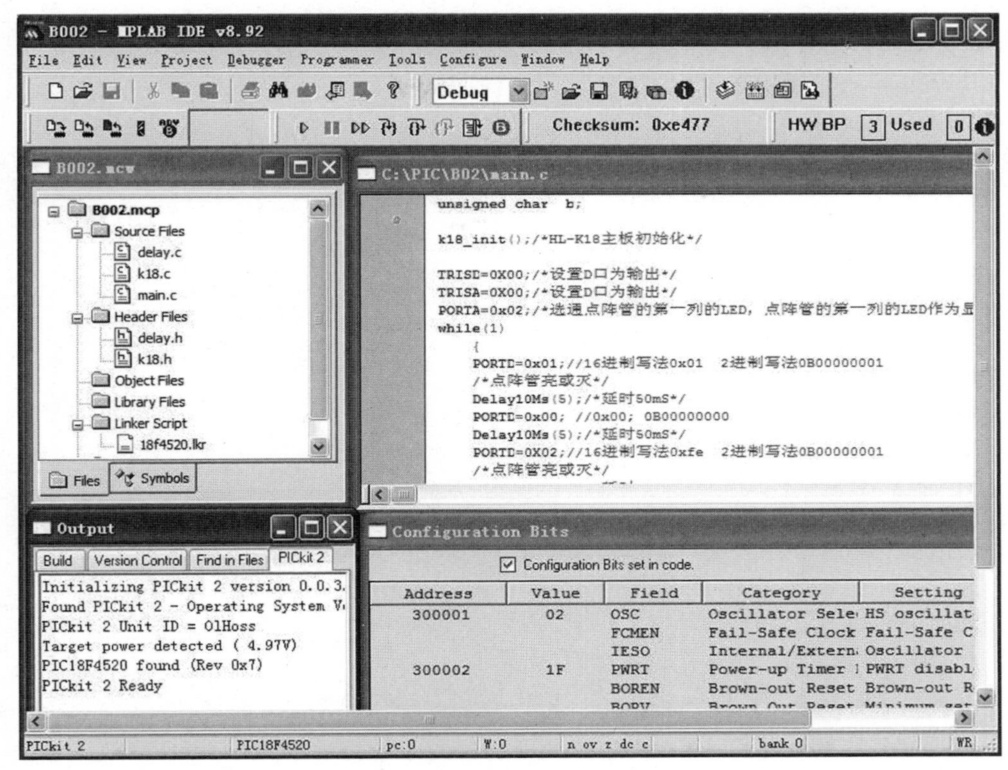

图 2-3　PIC 单片机仿真界面

(2) 新建仿真 C 语言程序。

(3) 编译程序。

(4) 下载程序。

(5) 仿真调试程序。

二、PIC 单片机仿真调试

1. 创建 PIC 仿真程序

(1) 在“C：\PIC\”下，新建一个文件夹 B02。

(2) 启动 MPLAB IDE 软件。

(3) 创建新工程 B002。

(4) 新建一个文件，命名为 main. c。

(5) 在 main 中输入下列“LED 循环点亮”仿真程序，单击工具栏“ ”（保存）按钮，并保存文件。

```
#include<p18cxxx.h>
#include "k18.h"
#include "Delay.h"
void main(void)
{
unsigned char a = 0x01;
```

```
unsigned char  b;
k18_init();/*HL-K18 主板初始化*/
TRISD=0X00;/*设置 D 口为输出*/
TRISA=0X00;/*设置 A 口为输出*/
PORTA=0x02;/*选通点阵管的第一列的 LED,点阵管的第一列的 LED 作为显示 LED*/
while(1)
  {
  /*点阵管由下至上 LED0~LED7 亮或灭*/
  PORTD=0x01;//十六进制写法 0x01 LED0 亮
  Delay10Ms(5);/*延时 50ms*/
  PORTD=0x00; //0x00; LED0 灭
  Delay10Ms(5);/*延时 50ms*/
  PORTD=0X02;//LED1 亮
  /*点阵管亮或灭*/
  Delay10Ms(5);/*延时 50ms*/
  PORTD=0x00; //LED1 灭
  Delay10Ms(5);/*延时 50ms*/
  PORTD=0x04;//LED2 亮
  /*点阵管亮或灭*/
  Delay10Ms(5);/*延时 50ms*/
  PORTD=0x00; //LED2 灭
  Delay10Ms(5);/*延时 50ms*/
  PORTD=0x08;//LED3 亮
  /*点阵管亮或灭*/
  Delay10Ms(5);/*延时 50ms*/
  PORTD=0x00;//LED3 灭
  Delay10Ms(5);/*延时 50ms*/
  PORTD=0x10;//LED4 亮
  /*点阵管亮或灭*/
  Delay10Ms(5);/*延时 50ms*/
  PORTD=0x00;//LED4 灭
  Delay10Ms(5);/*延时 50ms*/
  PORTD=0x20;//LED5 亮
  /*点阵管亮或灭*/
  Delay10Ms(5);/*延时 50ms*/
  PORTD=0x00;//LED5 灭
  Delay10Ms(5);/*延时 50ms*/

  PORTD=0x40;//LED6 亮
  /*点阵管亮或灭*/
  Delay10Ms(5);/*延时 50ms*/
  PORTD=0x00;//LED6 灭
  Delay10Ms(5);/*延时 50ms*/
  PORTD=0x80;//LED7 亮
```

```
    /*点阵管亮或灭*/
    Delay10Ms(5);/*延时 50ms*/
    PORTD=0x00;//LED6 灭
    Delay10Ms(5);/*延时 50ms*/
    }
  }
```

（6）复制开发板头文件 k18. h，C 语言程序文件 k18. c，延时头文件 delay. h，延时 C 语言程序文件 delay. c 到文件夹 B02 内。

（7）将 main. c、k18. c、delay. c 等 3 个 C 语言程序文件添加到“Source Files”文件夹。

（8）将 k18. h、delay. h 等 2 个头文件添加到“Header Files”。

（9）将“18f4520. lkr”文件添加到“Linker Script”。

2. 仿真调试

（1）执行“Debugger”→“Select tools”→“PIC kit2”命令，进入仿真界面。

（2）单击工具栏的 （编译程序）按钮，编译所有程序。

（3）单击工具栏的 （下载程序）按钮，下载程序到 K18 开发板。

（4）单击工具栏的 （全速运行）按钮，程序全速运行，观察 K18 开发板 8×8 LED 点阵状态变化。

（5）单击工具栏的 （暂停）按钮，程序暂停运行，如图 2-4 所示，观察 K18 开发板 8×8 LED点阵状态变化。

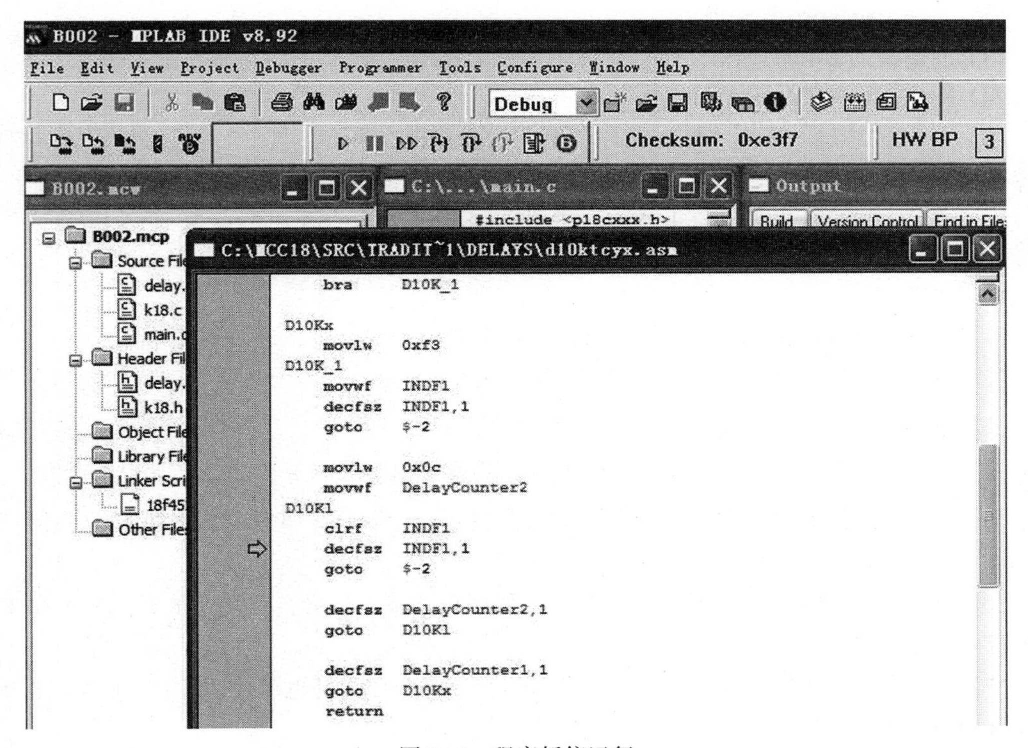

图 2-4　程序暂停运行

(6) 单击工具栏的 (自动单步) 按钮，程序自动单步运行，观察 K18 开发板 8×8 LED 点阵状态变化。

(7) 单击工具栏的 (单步) 按钮，程序单步运行 (子程序内部也单步运行)，观察 K18 开发板 8×8 LED 点阵状态变化。

(8) 单击工具栏的 (单步跳出运行) 按钮，程序单步跳出运行 (子程序内部代码被全速执行，整个子程序被作为单步运行中的一步来执行)，观察 K18 开发板 8×8 LED 点阵状态变化。

(9) 工具栏的 (跳出子循环) 图标有效时，单击该按钮，程序跳出子循环运行 (当程序运行在子程序中时，可以使用它直接运行完该子程序)。

技能训练

一、训练目标

(1) 学会仿真调试 C 语言程序。

(2) 学会用 PIC kit 2 进行 PIC 单片机仿真调试。

二、训练步骤与内容

1. 创建 PIC 仿真程序

(1) 在“C:\PIC\”下，新建一个文件夹 B02。

(2) 启动 MPLAB IDE 软件。

(3) 创建新工程 B002。

(4) 新建一个文件，命名为 main.c。

(5) 在 main 中输入下列“LED 循环点亮”仿真程序，单击工具栏“”(保存) 按钮，并保存文件。

2. 复制添加工程文件 k18.h、delay.h、k18.c、dealy.c，添加链接文件“18f4520”到工程。

3. 仿真调试

(1) 执行“Debugger”→“Select tools”→“PIC kit 2”命令，进入仿真界面。

(2) 单击工具栏的按钮，编译所有程序。

(3) 单击工具栏的按钮，下载程序到 K18 开发板。

(4) 单击工具栏的 按钮，程序全速运行，观察 K18 开发板 8×8 LED 点阵状态变化。

(5) 单击工具栏的 (暂停) 按钮，程序暂停运行，观察 K18 开发板 8×8 LED 点阵状态变化。

(6) 单击工具栏的 (自动单步) 按钮，程序自动单步运行，观察 K18 开发板 8×8 LED 点阵状态变化。

(7) 单击工具栏的单步按钮，程序单步运行 (子程序内部也单步运行)，观察 K18 开发板 8×8 LED 点阵状态变化。

(8) 单击工具栏的单步跳出运行按钮，程序单步跳出运行 (子程序内部代码被全速执行，整个子程序被作为单步运行中的一步来执行)，观察 K18 开发板 8×8 LED 点阵状态变化。

（9）工具栏的 （跳出子循环）图标有效时，单击该按钮，程序跳出子循环运行（当程序运行在子程序中时，可以使用它直接运行完该子程序）。

习题2

1. 使用基本赋值指令和用户延时函数，设计循环灯控制程序。
2. 使用右移位赋值指令，实现从高位依次向低位循环点亮的流水灯控制。

项目三 单片机的输入/输出控制

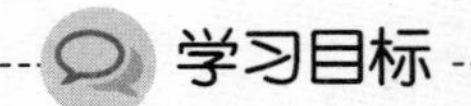

学习目标

（1）认识 PIC 单片机输入/输出口。

（2）学会设计输出控制程序。

（3）学会设计按键输入控制程序。

任务 5 LED 灯输出控制

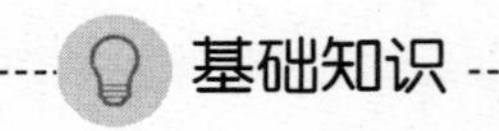

基础知识

一、PIC 单片机的输入/输出端口

PIC 单片机 PIC18F4520 有 36 个输入/输出端口，分别为 RA、RB、RC、RD、RE 等 5 组，其中 RA、RB、RC、RD 等 4 组为 8 位端口，RE 为 4 位端口。对应于芯片的 36 个 I/O 端口引脚，所有的 36 个 I/O 端口都是复用的，第一功能是数字通用 I/O 端口，复用功能可以是中断、定时/计数器、I2C、SPI、USART、模拟比较、输入捕捉等。

1. 输入/输出端口结构

PIC 单片机的 RA、RB、RC、RD、RE 端口，在不涉及第二、第三功能时，其基本 I/O 功能是相同的。根据选定的器件和使能的功能的不同，最多有 5 个端口可供使用。I/O 端口的一些引脚与器件上外设功能复用。

通常，当外设使能时，其复用的引脚就无法作为通用 I/O 引脚使用。

每个端口都有 3 个寄存器。它们是：

- TRIS 寄存器，数据方向寄存器。
- PORT 寄存器，数据寄存器，读取器件引脚的电平。
- LAT 寄存器，数据锁存器，输出锁存控制。在对 I/O 引脚驱动值进行读—修改—写操作时会用到数据锁存器（LAT 寄存器）。

通用 I/O 端口的简化模型见图 3-1。

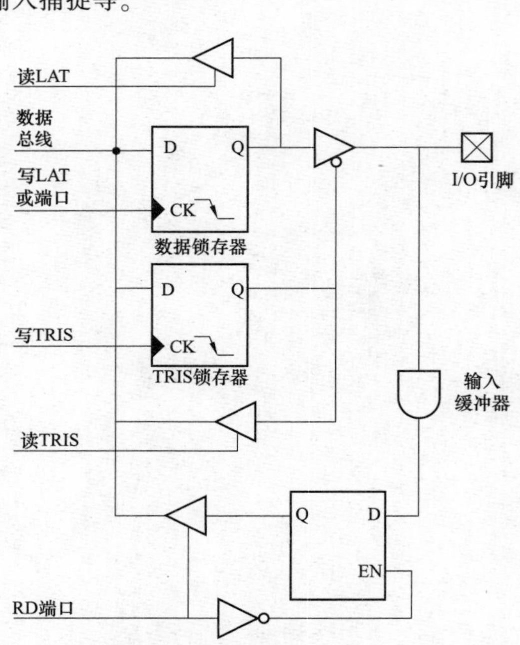

图 3-1　PIC 单片机 I/O 口的基本结构

注：I/O 引脚与 V_{DD} 和 V_{SS} 之间有保护二极管。

从图 3-1 中可以看出，每组 I/O 口配备 3 个 8 位寄存器，它们分别是数据方向寄存器

TRIS*x*，端口数据寄存器 PORT*x* 及端口锁存寄存器 LAT*x*（其中，x=A，B，C，D，E）。I/O 口的工作方式和表现特征由这 3 个 I/O 口寄存器控制。

置位 TRIS 位（=1）时，将对应的 PORT 引脚配置为输入引脚（即将对应的输出驱动器置于高阻态），清零 TRISA 位（=0）将使对应的 PORTA 引脚作为输出引脚（即将输出锁存器的数据从所选择的引脚上输出）。

读 PORT*x* 寄存器，读入的是引脚的状态，而写该寄存器是将数据写入端口锁存器。数据锁存器（LATA）也是存储器映射的。对 LAT*x* 寄存器执行读—修改—写操作将读写 PORT*x* 的输出锁存值。

2. PORTA、TRISA 和 LATA 寄存器

PORTA 是 8 位的双向端口。相应的数据方向寄存器为 TRISA。置位 TRISA（=1）可以将对应的 PORTA 引脚配置为输入引脚（即将对应的输出驱动器置于高阻态）。清零 TRISA 位（=0）将使对应的 PORTA 引脚作为输出引脚（即将输出锁存器的数据从所选择的引脚上输出）。读 PORTA 寄存器读入的是引脚的状态而写该寄存器是将数据写入端口锁存器。数据锁存器（LATA）也是存储器映射的。对 LATA 寄存器执行读—修改—写操作将读写 PORTA 的输出锁存值。

RA4 引脚与 Timer0 模块的时钟输入以及比较器的某个输出复用，成为 RA4/T0CKI/C1OUT 引脚。RA6 和 RA7 引脚与主振荡器引脚复用；通过在配置寄存器中对主振荡器进行配置可将这两个引脚使能为振荡器或 I/O 引脚。

当没有被用作端口引脚时，RA6 和 RA7 与它们相应的 TRIS 和 LAT 位读为 0。

其他 PORTA 引脚与模拟输入、模拟 VREF+和 VREF-输入引脚以及比较器参考电压输出复用。通过在 ADCON1 寄存器（A/D 控制寄存器 1）中清零或置位控制位，可选择 RA3：RA0 和 RA5 引脚作为 A/D 转换器输入。

通过在 CMCON 寄存器中设置相应的位还可以将 RA0~RA5 引脚用作比较器输入或输出。要将 RA3：RA0 用作数字输入，需要关闭比较器。

RA4/T0CKI/C1OUT 引脚是施密特触发器输入。而所有其他的 PORTA 引脚都是 TTL 电平输入和 CMOS 驱动输出。

即使在 PORTA 引脚被用作模拟输入的时候，TRISA 寄存器仍然控制 PORTA 引脚的方向。在将它们用作模拟输入时，用户必须确保 TRISA 寄存器中相应的位保持为置 1 状态。

与 PORTA 相关的寄存器见表 3-1。

表 3-1　与 PORTA 相关的寄存器

名称	Bit7	Bit6	Bit5	Bit4	Bit3	Bit2	Bit1	Bit0
PORTA	RA7①	RA6①	RA5	RA4	RA3	RA2	RA1	RA0
LATA	LATA7①	LATA6①	PORTA 数据锁存器（读取和写入数据锁存器）					
TRISA	TRISA7①	TRISA6①	PORTA 数据方向控制寄存器					
ADCON1			VCFG1	VCFG0	PCFG3	PCFG2	PCFG1	PCFG0
CMCON	C2OUT	C1OUT	C2INV	C1INV	CIS	CM2	CM1	CM0
CVRCON	CVREN	CVROE	CVRR	CVRSS	CVR3	CVR2	CVR1	CVR0

注　PORTA 不使用阴影单元。

① RA7：RA6 及其相关的锁存器和数据方向位根据振荡器配置使能为 I/O 引脚；否则，它们将被读为 0。

3. PORTB、TRISB 和 LATB 寄存器

PORTB 是 8 位的双向端口，对应的数据方向寄存器是 TRISB。置位 TRISB 位（=1）可以

使对应的 PORTB 引脚作为输入引脚（即将对应的输出驱动器置于高阻态）。清零 TRISB 位（=0）将使对应的 PORTB 引脚作为输出引脚（即将输出锁存器的数据从选定引脚输出）。

数据锁存器（LATB）也是存储器映射的。对 LATB 寄存器进行的读—修改—写操作将读写 PORTB 的输出锁存值。

PORTB 的每个引脚都有内部弱上拉电路。单个控制位可以接通所有上拉电路。可以通过清零 RBPU 位（INTCON2<7>）来启用上拉电路。当 PORTB 端口的引脚配置为输出时，其弱上拉电路会自动切断。此弱上拉电路在上电复位时被禁止。

4 个 PORTB 引脚（RB7：RB4）具有电平变化中断功能。只有配置为输入的引脚会导致此类中断发生（即当 RB7：RB4 中的任何一个引脚被配置为输出时，该引脚不再具有电平变化的中断功能）。当前 RB7：RB4 输入引脚上的电平与 PORTB 上次读入锁存值进行比较。RB7：RB4 输出的“不匹配”值一起做逻辑或运算，置位标志位 RBIF（INTCON<0>），产生 RB 端口电平变化中断。

此中断可将器件从休眠模式或任何空闲模式唤醒。用户可用以下方式在中断服务程序中清除该中断。

（1）读或写 PORTB（MOVFF（ANY）、PORTB 指令除外）。

（2）清零标志位 RBIF。

电平不匹配的状态将会持续地将 RBIF 标志位置 1。而读 PORTB 将结束不匹配状态，并且允许将 RBIF 标志位清零。

建议使用电平变化中断功能实现按键唤醒操作以及其他仅使用该中断功能的操作。在使用电平变化触发中断功能时，建议不要查询 PORTB 的状态。

通过配置位 CCP2MX 可将 RB3 配置为 CCP2 模块的备用外设引脚（CCP2MX=0）。

与 PORTB 相关的寄存器见表 3-2。

表 3-2　　与 PORTB 相关的寄存器

名称	Bit7	Bit6	Bit5	Bit4	Bit3	Bit2	Bit1	Bit0
PORTB	RB7	RB6	RB5	RB4	RB3	RB2	RB1	RB0
LATB	PORTB 数据锁存器（读取和写入数据锁存器）							
TRISB								
INTCON	GIE/GIEH	PEIE/GIEL	TMR0IE	INT0IE	RBIE	TMR0IF	INT0IF	RBIF
INTCON2	RBPU	INTEDG0	INTEDG1	INTEDG2	—	TMR0IP	—	RBIP
INTCON3	INT2IP	INT1IP	—	INT2IE	INT1IE	INT2IF	INT1IF	
ADCON1	—	—	VCFG1	VCFG0	PCFG3	PCFG2	PCFG1	PCFG0

注　—为未用，读为 0。PORTB 不使用阴影单元。

4. PORTC、TRISC 和 LATC 寄存器

PORTC 是 8 位的双向端口，对应的数据方向寄存器是 TRISC。置位 TRISC 位（=1）可以使对应的 PORTC 引脚作为输入引脚（即将对应的输出驱动为高阻态）。

清零 TRISC 位（=0）将使对应的 PORTC 引脚作为输出引脚（即将输出锁存器的数据从所选择的引脚上输出）。

数据锁存器（LATC）也是存储器映射的。对 LATC 寄存器进行的读—修改—写操作将读写 PORTC 的输出锁存值。

PORTC 与几种外设功能复用。这些引脚配有施密特触发输入缓冲器。RC1 一般由配置位 CCP2MX 配置为 CCP2 模块的默认外设引脚（默认/擦除的状态，CCP2MX=1）。

当使能外设功能时，应小心定义每个 PORTC 引脚的 TRIS 位。有些外设会无视 TRIS 位设置将引脚定义为输出引脚或输入引脚。

外设改写会影响 TRISC 寄存器的内容。尽管外设器件可能会改写一个或多个引脚，读 TRISC 总是会返回其当前的内容。

与 PORTC 相关的寄存器见表 3-3。

表 3-3　与 PORTC 相关的寄存器

名称	Bit7	Bit6	Bit5	Bit4	Bit3	Bit2	Bit1	Bit0
PORTC	RC7	RC6	RC5	RC4	RC3	RC2	RC1	RC0
LATC	PORTC 数据锁存器（读取和写入数据锁存器）							
TRISC	PORTC 数据方向控制寄存器							

5. PORTD、TRISD 和 LATD 寄存器

PORTD 是 8 位的双向端口，对应的数据方向寄存器是 TRISD。置位 TRISD 位（=1）将使对应的 PORTD 引脚作为输入引脚（即将对应的输出驱动器置于高阻态）。

清零 TRISD 位（=0）将使对应的 PORTD 引脚作为输出引脚（即将输出锁存器的数据从所选择的引脚上输出）。

数据锁存器（LATD）也是存储器映射的。对 LATD 寄存器进行的读—修改—写操作将读写 PORTD 的输出锁存值。

PORTD 上的所有引脚都配有施密特触发输入缓冲器。每个引脚都可被单独地设置为输入或输出。

三个 PORTD 引脚与增强型 CCP 模块的 P1B、P1C 和 P1D 输出引脚复用。

通过置位控制位 PSPMODE（TRISE<4>）还可将 PORTD 配置为 8 位的微处理器端口（并行从动端口）。在这种模式下，输入缓冲器是 TTL 型。

与 PORTD 相关的寄存器见表 3-4。

表 3-4　与 PORTD 相关的寄存器

名称	Bit7	Bit6	Bit5	Bit4	Bit3	Bit2	Bit1	Bit0
PORTD	RD7	RD6	RD5	RD4	RD3	RD2	RD1	RD0
LATD	PORTD 数据锁存器（读取和写入数据锁存器）							
TRISD	PORTD 数据方向控制寄存器							
TRISE	IBF	OBF	IBOV	PSPMODE	—	TRISE2	TRISE1	TRISE0
CCP1CON	P1M1	P1M0	DC1B1	DC1B0	CCP1M3	CCP1M2	CCP1M1	CCP1M0

注　—为未用，读为 0。PORTD 不使用阴影单元。

6. PORTE、TRISE 和 LATE 寄存器

根据所选择的特定的 PIC18F2420/2520/4420/4520 器件，PORTE 有两种实现方式。

对于 40/44 引脚器件，PORTE 是一个 4 位端口。三个引脚（RE0/RD/AN5、RE1/WR/AN6 和 RE2/CS/AN7）可被单独地配置为输入或输出。这些引脚配有施密特触发输入缓冲器。当作为模拟输入时，这些引脚将读为 0。PORTE 对应的数据方向寄存器是 TRISE。置位 TRISE 位（=1）可以使对应的 PORTE 引脚作为输入引脚（即将对应的输出驱动器置于高阻态）。清零 TRISE 位（=0）将使对应的 PORTE 引脚作为输出引脚（即输出锁存器的数据从选定引脚输出）。

即使在 RE 引脚被用作模拟输入的时候，TRISE 寄存器仍然控制其方向。当它们用作模拟输入的时候，用户必须确保引脚的方向被配置为输入。

PORTE 的第四引脚（MCLR/VPP/RE3）只能作为输入引脚。其操作由 MCLRE 配置位控制。当被配置为端口引脚（MCLRE=0）时，它只能作为数字输入的引脚；

因此，其操作与 TRIS 或 LAT 位的设置无关。否则，它充当器件的主清零输入。在任一配置中，RE3 在编程过程中还充当编程电压输入引脚。

7. I/O 端口的使用

（1）外部驱动。

1）三极管驱动电路。单片机 I/O 输入输出端口引脚本身的驱动能力有限，如果需要驱动较大功率的器件，可以采用单片机 I/O 引脚控制晶体管进行输出的方法。如图 3-2 所示，如果用弱上拉控制，建议加上拉电阻 R_1，阻值为 3.3～10kΩ。如果不加上拉电阻 R_1，建议 R_2 的取值在 15kΩ 以上，或用强推挽输出。

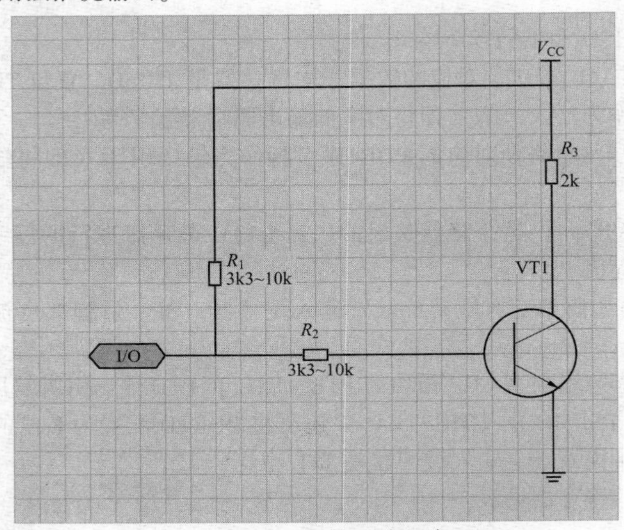

图 3-2　三极管驱动电路

2）二极管驱动电路。单片机 I/O 端口设置为弱上拉模式时，采用灌电流方式驱动发光二极管，如图 3-3（a）所示，I/O 端口设置为推挽输出驱动发光二极管，如图 3-3（b）所示。

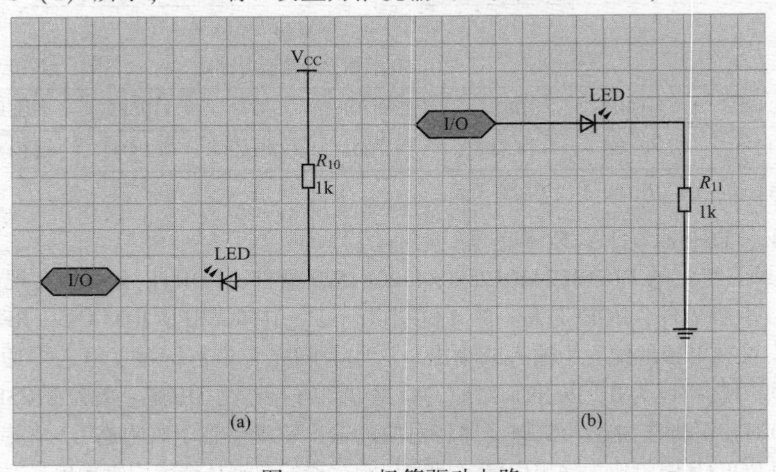

图 3-3　二极管驱动电路

（a）灌电流驱动发光二极管；（b）推挽输出驱动发光二极管

实际使用时，应尽量采用灌电流驱动方式，而不要采用拉电流驱动，这样可以提高系统的负载能力和可靠性，只有在要求供电线路比较简单时，才采用拉电流驱动。

将I/O端口用于矩阵按键扫描电路时，需要外加限流电阻。因为实际工作时可能出现2个I/O端口均输出低电平的情况，并且在按键按下时短接在一起，这种情况对于CMOS电路是不允许的。在按键扫描电路中，一个端口为了读取另一个端口的状态，必须先将端口置为高电平才能进行读取，而单片机I/O端口的弱上拉模式在由“0”变为“1”时，会有2个时钟强推挽输出电流，输出到另外一个输出低电平的I/O端口。这样可能造成I/O端口的损坏。因此建议在按键扫描电路中的两侧各串联一个300Ω的限流电阻。

3）混合供电I/O端口的互联。混合供电I/O端口互联时，可以采用电平移位方式转接。输出方采用开漏输出模式，连接一个470Ω保护电阻后，再通过连接一个10k的电平转移电阻到转移电平电源，两个电阻的连接点可以接后级的I/O。

单片机的典型工作电压为5V，当它与3V器件连接时，为了防止3V器件承受不了5V电压，可将5V器件的I/O端口设置成开漏模式，断开内部上拉电阻。一个470Ω的限流电阻与3V器件的I/O端口相连，3V器件的I/O端口外部加10kΩ电阻到3V器件的VCC，这样一来，高电平是3V，低电平是0V，可以保证正常的输入、输出。

（2）基本操作。PIC单片机的I/O端口作通用I/O使用时，首先进行I/O配置，由TRISxn确定是输入还是输出，若为输入，要读PORTxn的值。

端口设置实例如下。

1）设置I/O口为输出方式。

```
TRISC=0x00;  //RC 口设置为输出
PORTC=0x5A;//RC 口输出为 0x5A
```

2）设置I/O口为输入方式。

```
TRISD=0xFF;  //RD 口设置为输入
Y=PORTD;  //读取 RD 端口数据
```

3）设置I/O口为输入输出方式。

```
TRISD=0xF0;  //RD 口高 4 位设置为输入,低 4 位为输出
```

（3）位操作。位操作包括与、或、非、异或、移位等按位逻辑运算操作，也包括对I/O单独置位、复位、取反等操作。利用C语言的位操作运算符可实现上述操作。

对RA2单独置位、复位、取反操作实例如下。

1）RA2单独置位。

写法一：

```
PORTA|=(1<<2);
```

写法二：

```
PORTAbits.RA2=1;
```

写法三：

```
PORTA|=(1<<RA2);
```

需要在头文件中，写下列语句。

```
#define RA2 2
```

这样，(1<<RA2) 与 (1<<2) 的作用相同，当采用宏以后，可以更直观地反映出该语句作用的对象。

2）RA2 单独复位。

写法一：

```
PORTA&=~(1<<RA2);
```

写法二：

```
PORTAbits.RA2=0;
```

3）RA2 单独取反。

```
PORTA^=(1<<RA2);
```

(4) 宏定义的使用。宏定义在 C 语言中可以将某些需反复使用的程序书写变得简单，可以使反复进行的 I/O 操作变得容易。

例如：对 RA3 的高、低电平输出控制

```
#define RA3_h()PORTA|=(1<<RA3)
#define RA3_l()PORTA&=~(1<<RA3)
//…
TRISA |=(1<<RA3);
    for(i=0;i<6;i++)
    {if(y&0x80)
    RA3_h();
  else
    RA3_l();
    y<<=i;
  }
```

二、交叉闪烁 LED 灯输出控制

1. 程序框图

交叉闪烁 LED 灯输出控制程序框图如图 3-4 所示。

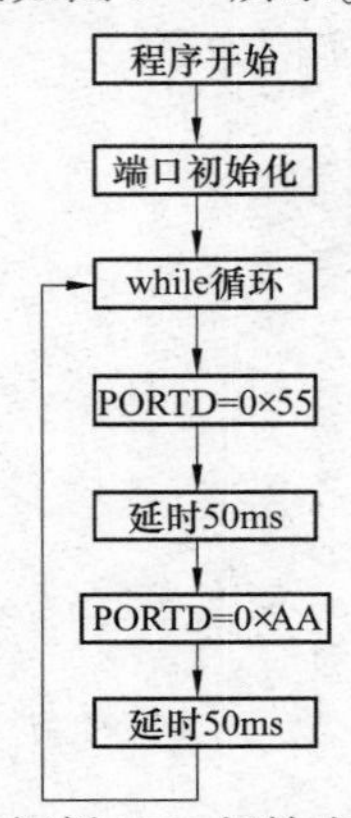

图 3-4　交叉闪烁 LED 灯输出控制程序框图

2. 8 只 LED 灯的交叉闪烁控制程序

```
#include<p18cxxx.h>
#include"k18.h"
#include"Delay.h"
#define RA1 1
void main(void)
{
k18_init();/*HL-K18 主板初始化*/
TRISD=0x00;/*设置 D 口为输出*/
PORTD=0x00;
TRISA=0X00;/*设置 A 口为输出*/
PORTA |=(1<<RA1);/* 选通点阵管的第 1 列的 LED 作为显示 LED*/

while(1)
  {
  PORTD=0x55;//16 进制写法 0x01  二进制写法 0B00000001
  /*点阵管亮或灭*/
  Delay10Ms(5);/*延时 50ms*/
  PORTD=0xAA;
  Delay10Ms(5);/*延时 50ms*/
  }
}         /*主函数结束*/
```

3. 程序分析

使用预处理命令，#include<p18cxxx.h>，包含了 p18cxxx.h 头文件。

使用宏定义，#define RA1 1 定义了 RA1。

在主函数中，使用赋值语句设置端口 RD、RA 为输出，设定 RA1=1；选通点阵管的第 1 列的 LED 作为显示 LED。PORTD 赋初始值 0x00，熄灭所有 LED 彩灯。

使用 While（1）语句构建循环。

使用 PORTD=0x55 语句，将 PORTD 端口赋值 0x55，即点亮 LED0、LED2、LED4、LED5。

使用 Delay10Ms（5）语句，调用延时函数，延时 50ms。

使用 PORTD = 0xAA 语句，将 PORTD 端口赋值 0xAA，即点亮 LED1、LED3、LED5、LED7。

使用 Delay10Ms（5）语句，调用延时函数，延时 50ms。

延时 50ms 后，继续 while 循环。

技能训练

一、训练目标

（1）学会 I/O 的配置方法。

（2）学会 8 只 LED 灯的交叉闪烁控制。

二、训练步骤与内容

1. 画出 8 只 LED 灯的交叉闪烁控制流程图

2. 建立一个工程

(1) 打开C盘下的文件夹PIC，在该文件夹下新建一个文件夹C01。

(2) 双击MPLAB IDE软件图标，启动MPLAB IDE软件。

(3) 执行“Project”→“Project Wizard”命令，弹出“欢迎使用工程向导”对话框。

(4) 单击“下一步”按钮，弹出“选择PIC单片机”对话框，单击“选择PIC单片机”的下列列表，选择“PIC 18F4520”。

(5) 单击“下一步”按钮，弹出“选择编译器”对话框，选择Microchip C18 toolsuite编译器。

(6) 单击“下一步”按钮，弹出“创建新工程文件”对话框，单击“创建新工程文件”栏右边的“Browse”按钮，打开“另存文件”对话框，选择PIC文件夹下的C01文件夹，在“文件名”栏中输入“C001”，单击“保存”按钮，返回创建新工程文件对话框。

(7) 单击“下一步”按钮，弹出“选择已存在文件”对话框，由于当前无添加文件，所以直接单击“下一步”按钮，弹出“工程配置信息”对话框，单击“完成”按钮，完成新工程的创建工作。

3. 新建C语言程序文件

(1) 执行“File”→“New”命令，新建一个文件，弹出“新项目文件”窗口。

(2) 执行“File”→“Save as”命令，弹出“另存文件”对话框，选择C01文件夹，在“文件名”文本框中输入“main. c”，单击“保存”按钮，保存文件main. c。

(3) 在文件main. c编辑区，输入8只LED灯的交叉闪烁程序。

(4) 单击工具栏“保存”按钮，保存main. c文件。

4. 添加文件

(1) 选择光盘中任意项目，打开项目文件夹，复制项目内的开发板头文件k18. h、C语言程序文件k18. c、延时头文件delay. h、延时C语言程序文件delay. c到文件夹C01内。

(2) 右键单击项目浏览区的“Source Files”选项，在弹出的菜单中执行“Add File”命令，弹出“添加文件到工程”对话框。

(3) 选择main. c、k18. c、delay. c等3个C语言程序文件，单击“打开”按钮，将3个C语言程序文件添加到“Source Files”中。

(4) 右键单击项目浏览区的“Header Files”选项，在弹出的菜单中执行“Add File”命令。

(5) 弹出“添加文件到工程”对话框，选择k18. h、delay. h等2个头文件，单击“打开”按钮，将2个头文件添加到“Header Files”。

(6) 右键单击项目浏览区的“Linker Script”选项，在弹出的菜单中选择执行“Add File”命令，弹出“添加文件到工程”对话框。

(7) 选择C盘根目录的MCC18下的“lkr”文件夹，双击打开该文件夹，在文件名栏输入“18f4520”，选择“18f4520. lkr”文件，单击“打开”按钮，将“18f4520. lkr”文件添加到“Linker Script”。

5. 下载调试

(1) 执行“Programmer”→“Select Programmer”→“PICkit 2”命令，链接PICkit2编译器。

(2) 执行“Configure”→“Configure Bits”命令，弹出“组态位”设置对话框。

(3) 去掉上部“Configuration Bits set in code”组态位设置的复选框对勾，重新设置组态位选项，单击“300001”选项右边的下拉列表，选择“HS oscillator”，设置参数为 02。

（4）单击“300003”选项右边的下拉列表，选择“WDT disable”，设置参数为 1E。

（5）单击“300006”选项右边的下拉列表，设置参数为 81。

（6）执行“Project”→“Build All”命令，编译程序。

（7）单击工具栏“下载程序”按钮，下载程序到 PIC 单片机。

（8）单击工具栏“ ”按钮，开发板的 8×8 LED 点阵右边列的 LED 闪烁。

（9）单击工具栏“ ”按钮，开发板的 8×8 LED 点阵右边列的 LED 熄灭。

任务 6　LED 数码管显示

基础知识

一、LED 数码管硬件基础知识

1. LED 数码管工作原理

LED 数码管是一种半导体发光器件，也称半导体数码管，是将若干发光二极管按一定图形排列并封装在一起的最常用的数码管显示器件之一。LED 数码管具有发光显示清晰、响应速度快、省电、体积小、寿命长、耐冲击、易于各种驱动电路连接等优点，在各种数显仪器仪表、数字控制设备中得到广泛应用。

数码管按段数可分为 7 段数码管和 8 段数码管，8 段数码管比 7 段数码管多了一个小数点显示；按能显示多少个“8”可分为 1 位、2 位、3 位、4 位等。按连接方式可分为共阳极数码管和共阴极数码管。共阳极数码管是指 LED 数码管应用时将公共极 COM 接到+5V，当某一字段发光二极管的阴极为低电平时，相应的字段就点亮。当某一字段的阴极为高电平时，相应字段就不亮。共阴极数码是指所有二极管的阴极接到一起，形成共阴极（COM）的数码管，共阴极数码管的 COM 接到地线 GND 上，当某一字段发光二极管的阳极为高电平时，相应的字段就点亮，当某一字段的阳极为低电平时，相应字段就不亮。

2. LED 数码管的结构特点

目前，常用的小型 LED 数码管多为“8”字形数码管，内部由 8 个发光二极管组成，其中 7 个发光二极管（a～g）作为 7 段笔画组成 8 字结构（故也称 7 段 LED 数码管），剩下的 1 个发光二极管（h 或 dp）组成小数点，如图 3-5 所示。各发光二极管按照共阴极或共阳极的方法连接，即把所有发光二极管的负极或正极连接在一起，作为公共引脚。而每个发光二极管对应的正极或负极分别作为独立引脚（称“笔段电极”），其引脚名称分别与图 3-5 中的发光二极管相对应。

3. 拉电流与灌电流

拉电流和灌电流是衡量电路输出驱动能力的参数，这种说法一般用在数字电路中。特别注意，拉、灌都是对输出端而言的，所以是驱动能力。这里首先要说明，芯片手册中的拉、灌电流是一个参数值，是芯片在实际电路中允许输出端拉、灌电流的上限值（所允许的最大值）。而下面要讲的这个概念是电路中的实际值。

由于数字电路的输出只有高、低（0、1）两种电平值，高电平输出时，一般是输出端对负载提供电流，其提供电流的数值叫“拉电流”；低电平输出时，一般是输出端要吸收负载的电流，其吸收电流的数值叫“灌（入）电流”。

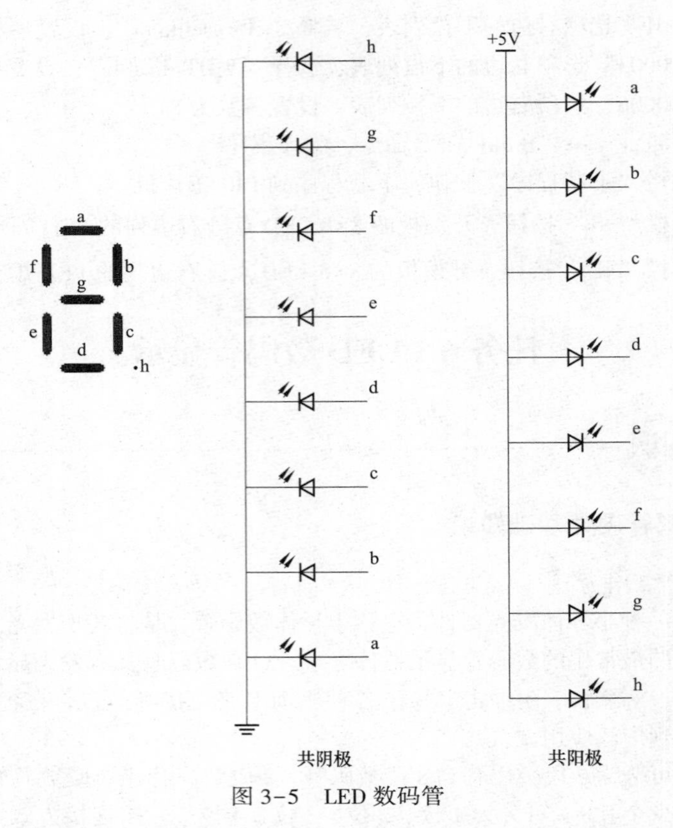

图 3-5 LED 数码管

对于输入电流的器件而言，灌入电流和吸收电流都是输入的，灌入电流是被动的，吸收电流是主动的。如果外部电流通过芯片引脚向芯片内流入称为灌电流（被灌入），反之，如果内部电流通过芯片引脚从芯片内流出称为拉电流（被拉出）。

4. 上拉电阻与下拉电阻

上拉电阻就是把不确定的信号通过一个电阻箝位在高电平，该电阻还起到限流器件的作用。同理，下拉电阻是把不确定的信号箝位在低电平上。

上拉就是将不确定的信号通过一个电阻箝位在高电平，以此来给芯片引脚一个确定的电平，以免使芯片引脚悬空发生逻辑错乱。上拉可以加大输出引脚的驱动能力。

下拉就是将不确定的信号通过一个电阻箝位在低电平，以此来给芯片引脚一个确定的电平，以免使芯片引脚悬空发生逻辑错乱。

上拉电阻与下拉电阻的应用如下。

（1）当 TTL 电路驱动 CMOS 电路时，如果 TTL 电路输出的高电平低于 CMOS 电路最低电平，这时就需要在 TTL 的输出端接上拉电阻，以提高输出高电平的值。

（2）OC 门电路必须加上拉电阻，以提高输出的高电平值。

（3）为加大输出引脚的驱动能力，有的单片机引脚上也常使用上拉电阻。

（4）在 CMOS 芯片上，为了防止静电造成损坏，不用的引脚不能悬空，一般接上拉电阻以降低输入阻抗，提供泄荷通路。

（5）芯片的引脚通过加上拉电阻来提高输出电平，从而提高芯片输入信号的噪声容限，以提高抗干扰能力。

（6）提高总线的抗电磁干扰能力，引脚悬空就比较容易抵抗外界的电磁干扰。

（7）长线传输中电阻不匹配容易引起反射波干扰，加下拉电阻是为了电阻匹配，从而有效抑制反射波干扰。

5. K18 数码管电路（见图 3-6）

RD 口连接数码管的段码，连接各个共阴数码管位驱动的是 COL_ 1～COL_ 8，而 COL_ 1～COL_ 8 前连接有反相器 ULM2003。

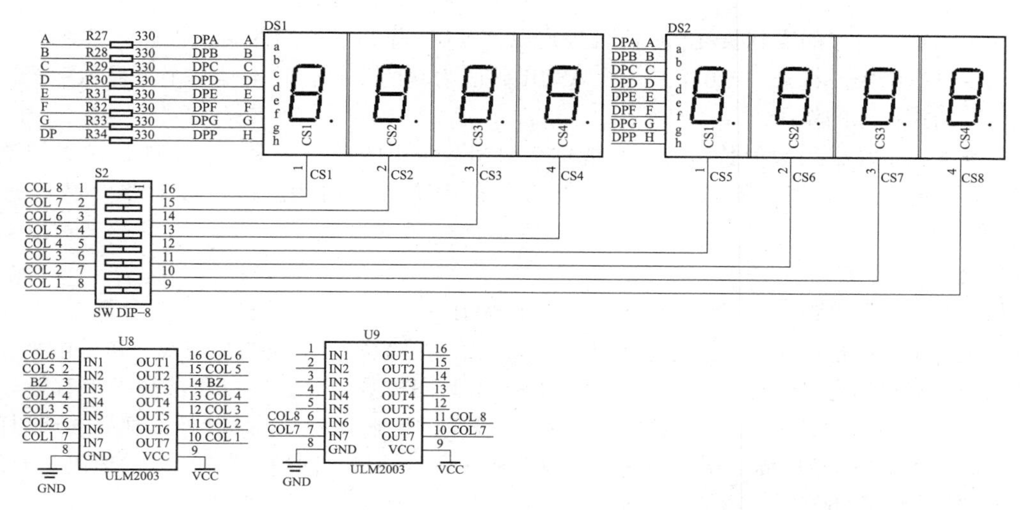

图 3-6　K18 数码管电路

二、LED 数码管软件驱动

1. 数组

数组是一组有序数据的集合，数组中的每一个数据都属于同一种数据类型。C 语言中数组必须先定义，然后才能使用。

一维数组的定义形式如下：

```
数据类型　数组名[常量表达式];
```

其中，“数据类型”说明了数组中各个元素的类型。

“数组名”是整个数组的标识符，它的命名方法与变量的命名方法相同。

“常量表达式”说明了该数组的长度，即数组中的元素个数。常量表达式必须用方括号“［］”括起来。

下面是几个定义一维数组的例子。

```
chary[4];     /*定义字符型数组 y,它具有 4 个元素*/
int  x[6];     /*定义整型数组 x,它具有 6 个元素*/
```

二维数组的定义形式如下。

```
数据类型　数组名[常量表达式 1][常量表达式 2];
```

例如 char z［3］［3］；/＊定义了一个 3×3 的字符型数组＊/

需要说明的是，C 语言中数组的下标是从 0 开始的，比如对于数组 char y［4］来说，其中 4 个元素是 y［0］～y［3］，不存在元素 y［4］，在引用数组元素应注意这一点。

用来存放字符数据的数组称为字符数组，字符数组中的每个元素都是一个字符。因此可用字符数组来存放不同长度的字符串，字符数组的定义方法与一般数组相同。

例如：

```
char str[7];/*定义最大长度为6个字符的字符数组*/
```

在定义字符数组时，应使数组长度大于程序中最长的字符串，如 str [7] 可存储一个长度≤6 的字符串。

为了测定字符串的实际长度，C 语言规定以“\0”作为字符串的结束标志，遇到“\0”就表示字符串结束。符号“\0”是一个 ASCII 码值为 0 的字符，它不是一个可显示字符，在这里仅起结束标志的作用。

C 语言规定在引用数值数组时，只能逐个引用数组中的各个元素，而不能一次引用整个数组。但对于字符数组，既可以通过数组的元素逐个进行引用，也可以对整个数组进行引用。

2. 数码管驱动

想让 8 个数码管都亮“1”，该如何操作呢？要让 8 个都亮，就意味着位选全部选中。K18 开发板用的是共阴极数码管，要选中哪一位，只需给每个数码管对应的位选线上送低电平。若是共阳极，则给高电平。那又如何亮“1”？由于是共阴极数码管，所以段选高电平有效（即发光二极管阳极为“1”，相应段点亮）；位 b、c 段亮，其他全灭，这时数码管显示 1。这样只需段码的输出端电平为 Ob0000 0110（注意段选数在后）即可。同理，亮“3”的编码是 Ox4f，亮“7”的编码是 Ox7f。

数码管驱动程序如下。

```
#include<p18cxxx.h>
#include"k18.h"
#include"Delay.h"
const unsigned char SEG[ ] = {0x3f,0x06,0x5b,0x4f,0x66,0x6d,0x7d,0x07,0x7f,
0x6f};//0~//9 数据
void main()
{
unsigned char i;
k18_init();/*HL-K18 主板初始化*/
TRISD=0x00;/*设置 D 口为输出*/
COL1=1;  //个位的位选 RA1
while(1)
  {
        PORTD=0x5b;//第 1 位数码管显示一个 2
        Delay10Ms(50);/*延时 500ms*/
  }
}
```

3. 数码管静态显示

数码管静态显示是相对于动态显示来说的，即所有数码管在同一时刻都显示数据。

(1) 下面程序为让 1 个数码管循环显示 0~9，间隔为 0.5s。

```
#include<p18cxxx.h>
#include"k18.h"
```

```
#include"Delay.h"
const unsigned char
SEG[ ]={0x3f,0x06,0x5b,0x4f,0x66,0x6d,0x7d,0x07,0x7f,0x6f};//0~9 数据
void main()
{
unsigned char i;
k18_init();/*HL-K18 主板初始化*/
TRISD=0X00;/*设置 D 口为输出*/
TRISA=0X00;
COL1=1;  //个位的位选 RA1
while(1)
  {
   for(i=0;i<10;i++)
  {
   PORTD=SEG[i];//显示数字 0~9
    Delay10Ms(50);/*延时 500ms*/
  }
}
}
```

（2）程序分析。第 4 行定义了一个数组，共 10 个元素，分别是 0~9 这 10 个数字。

在主函数中，首先定义内部变量，接着开位选信号。然后用 for 循环，循环开段选，送段选数据，关段选信号，延时 0.5s，完成 0~9 数码的显示。

4. 4 只数码管动态显示

所谓动态扫描，实际上是轮流点亮数码管，某一个时刻有且只有一个数码管是亮的，由于人眼的视觉暂留现象（余辉效应），当这 4 个数码管扫描的速度足够快时，给人的感觉是这 4 个数码管是同时亮了。例如要动态显示 0123，显示过程就是先让第一个数码管显示 0，过一会儿（小于某个时间），接着让第二个数码管显示 1，依次类推，让 4 个数码管分别显示 0~3，由于刷新的速度太快，给人感觉是都在亮，实际上，某个时刻只有 1 个数码管在显示，其他 3 个都是灭的。接下来以一个实例来演示动态扫描的过程，以下是常见的动态扫描程序代码。

```
#include<p18cxxx.h>
#include"k18.h"
#include"delay.h"
const unsigned char
SEG[ ]={0x3f,0x06,0x5b,0x4f,0x66,0x6d,0x7d,0x07,0x7f,0x6f};//0~9 数据
void main()
{
unsigned char j;
k18_init();/*HL-K18 主板初始化*/
TRISD=0X00;/*设置 D 口为输出*/
  while(1)
  {
```

```
        for(j=1;j<=3;j++)
          {
          COL4=0;
          PORTD=SEG[3];
          COL1=1;  //个位的位选
          DelayMs(1);/*延时1ms*/

          COL1=0;
          PORTD=SEG[2];
          COL2=1;  //十位的位选
          DelayMs(1);/*延时1ms*/

          COL2=0;
          PORTD=SEG[1];
          COL3=1;  //百位的位选
          DelayMs(1);/*延时1ms*/

          COL3=0;
          PORTD=SEG[0];
          COL4=1;  //千位的位选
          DelayMs(1);/*延时1ms*/
          }
        }
}
```

程序第5行定义了动态显示段选数组SEG [ ]，并将代码存储于程序存储区。

程序通过for语句循环控制4个数码管的显示，先是显示个位数3，延时1ms，显示十位数2，延时1ms，显示百位数1，延时1ms，显示千位数0。

技能训练

一、训练目标

(1) 学会数码管的静态驱动。

(2) 学会数码管的动态驱动。

二、训练步骤与内容

1. 建立一个工程

(1) 打开C盘下的文件夹PIC，在该文件夹下新建一个文件夹C02。

(2) 双击MPLAB IDE软件图标，启动MPLAB IDE软件。

(3) 新建一个工程，命名为C002。

2. 新建C语言程序文件

(1) 执行“File”→“New”命令，新建一个文件，弹出新项目文件窗口。

(2) 执行“File”→“Save as”命令，弹出“另存文件”对话框，选择C01文件夹，在“文件名”文本框中输入“main. c”，单击“保存”按钮，保存文件main. c。

（3）在文件 main. c 编辑区，输入静态显示数码管程序。

（4）单击工具栏“保存”按钮，保存 main. c 文件。

3. 添加文件

（1）选择光盘中任意项目，打开项目文件夹，复制项目内的开发板头文件 k18. h、C 语言程序文件 k18. c、延时头文件 delay. h、延时 C 语言程序文件 delay. c 到文件夹 C02 内。

（2）选择 main. c、k18. c、delay. c 等 3 个 C 语言程序文件，将 3 个 C 语言程序文件添加到“Source Files”。

（3）选择 k18. h、delay. h 等 2 个头文件，将 2 个头文件添加到“Header Files”。

（4）右键单击项目浏览区的“Linker Script”选项，在弹出的菜单中执行“Add File”命令，弹出“添加文件到工程”对话框。

（5）选择 C 盘根目录的 MCC18 下的“lkr”文件夹，双击打开该文件夹，在“文件名”栏输入“18f4520”，选择“18f4520. lkr”文件，单击“打开”按钮，将“18f4520. lkr”文件添加到“Linker Script”。

4. 下载调试

（1）执行“Programmer”→“Select Programmer”→“PICkit2”命令，链接 PICkit2 编译器。

（2）执行“Configure”→“Configure Bits”命令，弹出“组态位”设置对话框。

（3）重新设置组态位选项，单击“300001”选项右边的下拉列表，选择“HS oscillator”，设置参数为 02。单击“300003”选项右边的下拉列表，选择“WDT disable”，设置参数为 1E。单击“300006”选项右边的下拉列表，设置参数为 81。

（4）执行“Project”→“Build All”命令，编译程序。单击工具栏“下载程序”按钮，下载程序到 PIC 单片机。

（5）将 K18 开发板的 S2 最右边的开关拨动到“ON”。

（6）单击工具栏“ ”按钮，观察数码管的变化

（7）单击工具栏“ ”按钮，观察数码管的变化。

三、数码管动态显示

1. 新建工程

（1）打开 C 盘的文件夹 PIC，在其内部新建一个文件夹 C03。

（2）双击 MPLAB IDE 软件图标，启动 MPLAB IDE 软件。

（3）新建一个工程，命名为 C00003。

2. 新建 C 语言程序文件

（1）新建一个文件，另存为“main. c”。

（2）在文件 main. c 编辑区，输入动态显示数码管程序，文件保存于 C03。

3. 添加文件

（1）拷贝开发板头文件 k18. h、C 语言程序文件 k18. c 延时头文件 delay. h 延时 C 语言程序文件 delay. c 到文件夹 C03 内。

（2）选择 main. c、k18. c、delay. c 等 3 个 C 语言程序文件，将 3 个 C 语言程序文件添加到“Source Files”源程序文件夹。

（3）选择 k18. h、delay. h 等 2 个头文件，将 2 个头文件添加到“Header Files”头文件夹。

（4）右键单击项目浏览区的“Linker Script”链接文件夹选项，在弹出的菜单中选择执行

“Add File”添加文件命令，弹出添加文件到工程对话框。

（5）选择C盘根目录的MCC18下的“lkr”文件夹，双击打开该文件夹，在文件名栏输入“18f4520”，选择“18f4520.lkr”文件，单击“打开”按钮，将“18f4520.lkr”文件添加到“Linker Script”链接文件夹。

4. 下载调试

（1）单击“Programmer”菜单下的“Select Programmer”子菜单下的“PICkit2”命令，连接PICkit2编译器。

（2）单击“Configure”组态菜单下的“Configure Bits”组态位设置菜单命令，弹出组态位设置对话框。

（3）重新设置组态位选项，选择300001选项右边的下拉列表，选择“HS oscillator”，设置参数为02。选择300003选项右边的下拉列表，选择“WDT disable”，设置参数为1E。选择300006选项右边的下拉列表，设置参数为81。

（4）单击Project项目菜单下的“Build All”编译所有命令，编译程序。单击工具栏下载程序按钮，下载程序到PIC单片机。

（5）将K18开发板的S2右边4组开关拨动到ON。

（6）单击工具栏“ ”运行程序按钮，观察4只数码管的变化

（7）单击工具栏“ ”终止运行按钮，观察4只数码管的变化。

任务7　按键控制

基础知识

一、独立按键控制

1. 键盘分类

键盘按是否编码分为编码键盘和非编码键盘。非编码键盘又分为独立键盘和行列式（又称为矩阵式）键盘。键盘上闭合键的识别由专用的硬件编码实现，并产生键编码号或键值的称为编码键盘，如计算机键盘。靠软件编程来识别的键盘称为非编码键盘。单片机组成的各种系统中，用得最多的是非编码键盘，也有用到编码键盘的。

（1）独立键盘。独立键盘的每个按键单独占用一个I/O口，I/O口的高低电平反映了对应按键的状态。独立按键的状态：键未按下，对应端口为高电平；键按下，对应端口为低电平。

独立键盘识别流程：

1）查询是否有按键按下。

2）查询是哪个按键按下。

3）执行按下键的相应键处理。

现以K18开发板上的独立按键为例，如图3-7所示，简单介绍一下4个按键的检测流程。4个按键分别连接在单片机的RB0、RB2、RB4、RB5端口上，按流程检测是否有按键按下，就是读取这4个端口的状态值，若4个端口都为高电平，说明没有按键按下；若其中某个端口的状态值变为低电平（0V），说明此端口对应的按键被按下，然后就是处理该按键按下的具体操作。

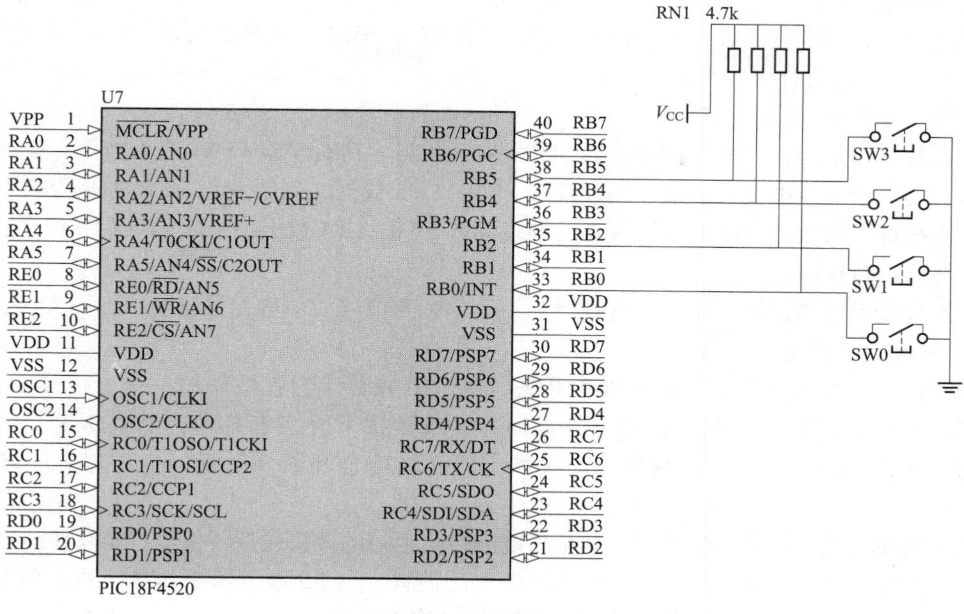

图 3-7　4 个按键电路

（2）矩阵按键。在键盘中按键数量较多时，为了减少 I/O 口的占用，通常将按键排列成矩阵形式，即每条水平线和垂直线在交叉处不直接连通，而是通过一个按键加以连接，这样的设计方法在硬件上节省 I/O 端口，但是在软件上会变得比较复杂。

矩阵按键电路如图 3-8 所示。

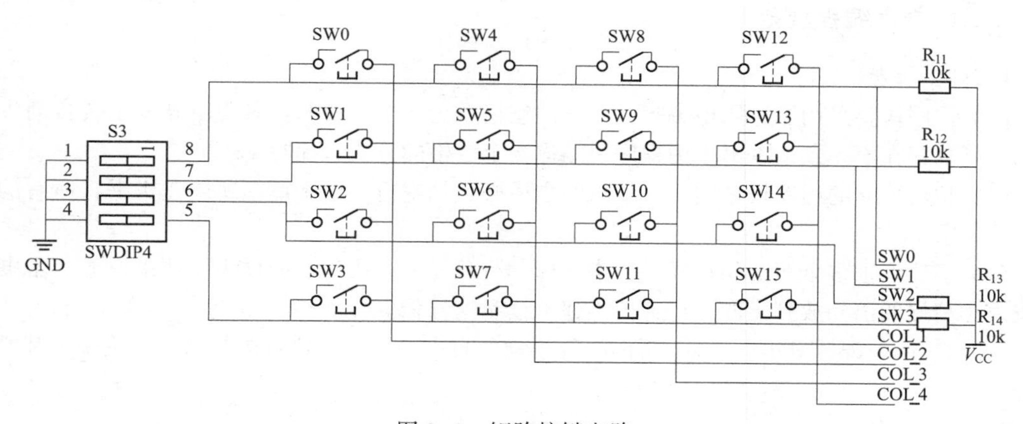

图 3-8　矩阵按键电路

K18 开发板上用的是 2 脚的轻触式按键，原理就是按下导通，松开则断开。矩阵按键与单片机的 RA 口、RB 口连接。

（3）矩阵按键的软件处理。矩阵按键一般有两种检测方法——行扫描法和高低电平翻转法。

行扫描法就是先给 4 行中的某一行低电平，其他全给高电平，之后检测列所对应的端口，若都为高，则没有按键按下；相反则有按键按下。也可以给 4 列中某一列低电平，其他为高电平，之后检测行所对应的端口，若都为高，则表明没有按键按下，反之则有按键按下。

具体检测如下，首先给 COL_1 端口赋值 0，其他列赋值为 1，这样第一行（COL_1）为低，别的全为高，之后读取 SW0～SW3 的状态，若 SW0～SW3 口电平还是 1，则没有按键按下，若值不为 1，则说明有按键按下。具体是哪个，由此时读取的值决定，SW0 值为 0，则表明是 SW0；SW1 值为 0；则表明是 SW1；SW2 值为 0，则表明是 SW2；SW3 值为 0，则表明是 SW3。这样第二行（COL_2）为低，同理读取 SW0～SW3 数据，判断 SW4～SW7 是否按下，检测第二行按键。第三行（COL_3）为低，同理读取 SW0～SW3 数据，判断 SW8～SW11 是否按下，检测第三行按键。第四行（COL_4）为低，同理读取 SW0～SW3 数据，判断 SW12～SW15 是否按下，检测第四行按键。

矩阵按键的检测过程：赋值（有规律）→读值→判值（由值确定按键）。

2. 键盘消抖的基本原理

通常的按键所用的开关为机械弹性开关，由于机械触点的弹性作用，一个按键闭合时，不会马上稳定地接通，断开时也不会立即断开。按键按下时会有抖动，也就是说，只按一次按键，可实际产生的按下次数却是多次的，因而在闭合和断开的瞬间，均伴有一连串的抖动。

为避免按键抖动而采取的措施，就是按键消抖。消抖的方法包括硬件消抖和软件消抖。

（1）硬件消抖。在键数较少时可采用硬件方法消抖，用 RS 触发器来消抖。通过两个与非门构成一个 RS 触发器，当按键未按下时，输出 1；当按键按下时，输出为 0。除了采用 RS 触发器消抖电路外，有时也可采用 RC 消抖电路。

（2）软件消抖。如果按键较多，常用软件方法消抖，即检测到有按键按下时执行一段延时程序，具体延时时间依机械性能而定，常用的延时时间是 5～20ms，即按键抖动这段时间不进行检测，等到按键稳定时再读取状态；若仍然为闭合状态电平，则认为有按键按下。

二、C 语言编程规范

1. 程序排版

（1）程序块要采用缩进风格编写，缩进的空格数为 4 个。说明：对于由开发工具自动生成的代码可以存在不一致。本书采用程序块缩进 4 个空格的方式来编写。

（2）相对独立的程序块之间、变量声明之后必须加空行。由于篇幅所限，本书将所有的空行省略掉了。

（3）不建议把多个短语句写在一行中，即一行只写一条语句。同样为了压缩篇幅，本书将一些短小精悍的语句放到了同一行，但不建议读者这样做。

（4）if、for、do、while、case、default 等语句各自占一行，且执行语句部分无论多少都要加括号 {}。

2. 程序注释

注释是程序可读性和可维护性的基石，如果不能在代码上做到见名知义，那么就需要在注释上下大功夫。

注释的基本要求，现总结为以下几点。

（1）一般情况下，源程序有效注释量必须在 20% 以上。注释的原则是有助于对程序的阅读理解，在该加的地方都必须加，注释不宜太多，但也不能太少，注释语言必须准确、易懂、简洁。

（2）注释的内容要清楚、明了，含义准确，防止注释的二义性。错误的注释不但无益反而有害。

（3）边写代码边注释，修改代码同时修改注释，以保证注释与代码的一致性。不再有用的注释要删除。

（4）对于所有具有物理含义的变量、常量，如果其命名起不到注释的作用，那么在声明时必须加以注释来说明其物理含义。变量、常量、宏的注释应放在其上方相邻位置或右方。

（5）一目了然的语句不用加注释。

（6）全局数据（变量、常量定义等）必须要加注释，并且要详细，包括对其功能、取值范围、哪些函数或过程存取它以及存取时应注意的事项等。

（7）在代码的功能、目的层次上进行注释，提供有用的信息。注释的目的是解释代码的功能和采用的方法，提供代码以外的信息，帮助读者理解代码，防止没必要的重复注释。

（8）对一系列的数字编号给出注释，尤其在编写底层驱动程序的时候（比如引脚编号）。

（9）注释格式尽量统一，建议使用“/ * …… * /”。

（10）注释应考虑程序易读性及外观排版的因素，注释中若中英文兼有，建议多使用中文，因为注释语言不统一，会影响程序易读性和外观排版。

3. 变量命名规则

变量的命名好坏与程序的好坏没有直接关系。变量命名规范，有助于写出简洁、易懂、结构严谨、功能强大的好程序。

（1）命名的分类。变量的命名方法主要有两大类——驼峰命名法、匈牙利命名法。

任何一个命名应该主要包括两层含义，望文生义、简单明了且信息丰富。

1）驼峰命名法。该方法是电脑程序编写时的一套命名规则（惯例）。程序员们为了使自己的代码能更容易地在同行之间交流，才采取统一的、可读性强的命名方式。例如，有些程序员喜欢全部小写，有些程序员喜欢用下划线，所以写一个 my name 的变量，一般写法有 myname、my_ name、MyName 或 myName。这样的命名规则不适合所有的程序员阅读，而利用驼峰命名法来表示则可以增加程序的可读性。

驼峰命名法就是当变量名或函数名由一个或多个单词连接在一起而构成识别字时，第一个单词采用小写，从第二个单词开始首字母大写，这种方法称为“小驼峰式命名法”，如 myFirstName；或每一个单词的首字母大写，这种命名方法称为“大驼峰式命名法”，如 My-FirstName。

这样命名，看上去就像驼峰一样此起彼伏，由此得名。驼峰命名法可以视为一种惯例，并无强制，只是为了增加可读性和可识别性。

2）匈牙利命名法。匈牙利命名法的基本规则：变量名＝属性+对象描述，其中每一个对象的名称都要有明确含义，可以取对象的全名或名字的一部分。命名要基于容易识别、记忆的原则，保证名字的连贯性是非常重要的。

全局变量用 g_ 开头，如一个全局长整型变量定义为 g_ lFirstName。

静态变量用 s_ 开头，如一个静态字符型变量定义为 s_ cSecondName。

成员变量用 m_ 开头，如一个长整型成员变量定义为 m_ lSixName。

对象描述采用英文单词或其组合，不允许使用拼音。程序中的英文单词不要太复杂，用词应准确。英文单词尽量不要缩写，特别是用得较少的单词。用缩写时，在同一项目中对同一单词必须使用相同的表示方法，并注明其含义。

（2）命名的补充规则。

1）变量命名使用名词性词组，函数使用动词性词组。

2）所有的宏定义、枚举常数、只读变量全用大写字母命名。

4. 宏定义

宏定义在单片机编程中经常用到，而且几乎是必然要用到的，C 语言中宏定义很重要，使用宏定义可以防止出错，提高代码可移植性，可读性，方便性等。

C 语言中常用宏定义来简化程序的书写，宏定义使用关键字 define，一般格式如下。

```
#define 宏定义名称   数据类型
```

其中，“宏定义名称”为代替后续的数据类型而设置的标识符，“数据类型”为宏定义将取代的数据标识。

例如：

```
#define  uChar8 unsigned char
```

在编写程序时，写 unsigned char 明显比写 uChar8 麻烦，所以用宏定义给 unsigned char 赋予一个简写的方法 uChar8，当程序运行中遇到 uChar8 时，则用 unsigned char 代替，这样就简化了程序编写。

5. 数据类型的重定义

数据类型的重定义使用关键字 typedef，定义方法如下。

```
typedef 已有的数据类型   新的数据类型名;
```

其中“已有的数据类型”是指 C 语言中所有的数据类型，包括结构、指针和数组等，“新的数据类型名”可按用户自已的习惯或根据任务需要决定。关键字 typedef 的作用只是将 C 语言中已有的数据类型做了名字上的替换，因此可用替换后的数据类型名来定义。例如：

```
typedef int word;  /*定义 word 为新的整型数据类型名*/
word i,j;     /*将 i,j 定义为 int 型变量*/
```

例子中，先用关键字 typedef 将 word 定义为新的整型数据类型，定义的过程实际上是用 word 置换了 int，因此下面就可以直接用 word 对变量 i、j 进行定义，而此时 word 等效于 int，所以 i、j 被定义成整型变量。

一般而言，用 typedef 定义的新的数据类型名用大写字母，以和原有的数据类型名相区别。另外还要注意，用 typedef 可以定义各种新的数据类型名，但不能直接用来定义变量，因为它只是对已有的数据类型做了一个名字上的替换，并没有创造出新的数据类型。

采用 typedef 来重新定义数据类型有利于程序的移植，同时还可以简化较长的数据类型定义，如结构数据类型。在采用多模块程序设计时，如果不同的模块程序的源文件中用到同一类型时（尤其是数组、指针、结构体、联合体等复杂数据类型），经常用 typedef 将这些数据类型重新定义，并放到一个单独的文件中，需要时再用预处理指令#include 将它们包含进来。

6. 枚举变量

枚举就是通过举例的方式将变量的可能值一一列举出来定义变量的方式，定义枚举型变量的格式如下。

```
enum 枚举名{枚举值列表}变量表列;
```

也可以将枚举定义和说明分两行写。

```
enum 枚举名{枚举值列表};
enum 枚举名变量表列;
```

例如：

```
enum day{Sun,Mon,Tue,Wed,Thu,Fri,Sat};d1,d2,d3;
```

在枚举列表中，每一项代表一个整数值。默认情况下，第一项取值 0，第二项取值 1，以此类推。也可以初始化指定某些项的符号值，某项符号值初始化以后，该项后续各项的符号值依次递增加 1。

三、按键处理程序

1. 独立按键控制数码管显示程序

（1）控制要求。按下 K18 开发板上的 SW0 键，则数码管显示 0，按 SW1 键，数码管显示 1，同理，按 SW2 键，数码管显示 2，按 SW3 键，显示 3。

（2）控制程序。

```
#include<p18cxxx.h>
#include"k18.h"
void main(void)
{
k18_init();
TRISD=0X00;/*设置 D 口为输出*/
PORTD=0X00;
COL1=1;/*将数码管设置成 1 位静态方式*/

while(1)
{
   if (SW0==0)
   {
   PORTD=0x3f;/* 显示 0,表示 SW0 曾经按下*/
   }
   if (SW1==0)
   {
   PORTD=0x06;/* 显示 1,表示 SW1 曾经按下*/
   }
   if (SW2==0)
   {
   PORTD=0x5b;/* 显示 2,表示 SW2 曾经按下*/
   }
   if (SW3==0)
   {
   PORTD=0x4f;/* 显示 3,表示 SW3 曾经按下*/
   }
}
}
```

为了了解程序中 SW0~SW3 的定义，可以查看 k18 头文件。

右键单击 k18. h，选择快捷菜单中的“打开方式”→“写字板”选项，打开 k18. h 文件，可以看到下列定义。

```
#define SW0  PORTBbits.RB0          /*SW0*/
#define TRIS_SW0  DDRBbits.RB0
#define IR  PORTBbits.RB1          /*IR */
#define TRIS_IR  DDRBbits.RB1
#define SW1  PORTBbits.RB2          /*SW1 */
#define TRIS_SW1  DDRBbits.RB2
#define SW2  PORTBbits.RB4          /*SW2*/
#define TRIS_SW2  DDRBbits.RB4
#define SW3  PORTBbits.RB5          /*SW3*/
#define TRIS_SW3  DDRBbits.RB5
```

(3) 程序分析。程序使用if语句对SW0按键是否按下进行判别，当SW0按下时，if (SW0 ==0) 语句满足条件，执行其下面的程序语句——PORTD=0x3f，将0x3f送数码管，显示数值0。

其他按键控制数码管显示的原理类似，读者可以自己分析。

2. 矩阵按键程序处理

(1) 矩阵按键控制要求。分别按下4行4列16个矩形阵列按键SW0~SW15时，LED点阵第6列LED依次显示0~9、A~F的编码。

(2) 矩阵按键控制程序及其分析。

```
#include<p18cxxx.h>
#include"k18.h"
#include"Delay.h"

const unsigned char
LEDdisp[16]={0x3f,0x06,0x5b,0x4f,0x66,0x6d,0x7d,0x07,0x7f,0x6f,0x77,0x7C,
0x39,0x5E,0x79,0x71,};

unsigned char key(void)
{
  COL1=1;          //第1行写为1,是为了扫描第1行是否有键按下
  COL2=0;          //第2行写为0
  COL3=0;          //第3行写为0
  COL4=0;          //第4行写为0

  if(SW0==0)          //如果第1列读出为0,说明K1键被按下,返回1
  {
    return 1;
  }
  else if(SW1==0)   //如果第2列读出为0,说明K2键被按下,返回2
  {
    return 2;
  }
  else if(SW2==0)   //如果第3列读出为0,说明K3键被按下,返回3
```

```
	{
	  return 3;
	}
	else if(SW3==0)  //如果第4列读出为0,说明K4键被按下,返回4
	{
	  return 4;
	}
	COL1=0;          //第1行写为0
	COL2=1;          //第2行写为1,是为了扫描第2行是否有键按下
	COL3=0;          //第3行写为0
	COL4=0;          //第4行写为0

	if(SW0==0)       //如果第1列读出为0,说明K5键被按下,返回5
	{
	  return 5;
	}
	else if(SW1==0)  //如果第2列读出为0,说明K6键被按下,返回6
	{
	  return 6;
	}
	else if(SW2==0)  //如果第3列读出为0,说明K7键被按下,返回7
	{
	  return 7;
	}
	else if(SW3==0)  //如果第4列读出为0,说明K8键被按下,返回8
	{
	  return 8;
	}
	COL1=0;          //第1行写为0
	COL2=0;          //第2行写为0
	COL3=1;          //第3行写为1,是为了扫描第3行是否有键按下
	COL4=0;          //第4行写为0

	if(SW0==0)       //如果第1列读出为0,说明K9键被按下,返回9
	{
	  return 9;
	}
	else if(SW1==0)  //如果第2列读出为0,说明K10键被按下,返回10
	{
	  return 10;
	}
	else if(SW2==0)  //如果第3列读出为0,说明K11键被按下,返回11
	{
	  return 11;
```

```
    }
    else if(SW3==0)  //如果第4列读出为0,说明K12键被按下,返回12
    {
      return 12;
    }
    COL1=0;          //第1行写为0
    COL2=0;          //第2行写为0
    COL3=0;          //第3行写为0
    COL4=1;          //第4行写为1,是为了扫描第4行是否有键按下

    if(SW0==0)       //如果第1列读出为0,说明K13键被按下,返回13
    {
      return 13;
    }
    else if(SW1==0)  //如果第2列读出为0,说明K14键被按下,返回14
    {
      return 14;
    }
    else if(SW2==0)  //如果第3列读出为0,说明K15键被按下,返回15
    {
      return 15;
    }
    else if(SW3==0)  //如果第4列读出为0,说明K16键被按下,返回16
    {
      return 16;
    }
    return 0;        //如果没有键被按下,返回0
}

void main(void)
{
    unsigned char keybuf;
    TRISD=0x00;      //RD设置为输出
    k18_init();/* K18主板初始化*/
    COL6=1;
    while(1)
    {
    keybuf=key();  //调用按键扫描函数以确定是否有按键按下,以及按下键的键值
    if(keybuf==1)       PORTD=LEDdisp[0];//如果K1键按下,1位数码管上显示0
    else if(keybuf==2)PORTD=LEDdisp[1];//如果K2键按下,1位数码管上显示1
    else if(keybuf==3)PORTD=LEDdisp[2];//如果K3键按下,1位数码管上显示2
    else if(keybuf==4)PORTD=LEDdisp[3];//如果K4键按下,1位数码管上显示3
    else if(keybuf==5)PORTD=LEDdisp[4];//如果K5键按下,1位数码管上显示4
    else if(keybuf==6)PORTD=LEDdisp[5];//如果K6键按下,1位数码管上显示5
```

```
  else if(keybuf==7)PORTD=LEDdisp[6];//如果 K7 键按下,1 位数码管上显示 6
  else if(keybuf==8)PORTD=LEDdisp[7];//如果 K8 键按下,1 位数码管上显示 7
  else if(keybuf==9)PORTD=LEDdisp[8];//如果 K9 键按下,1 位数码管上显示 8
  else if(keybuf==10)PORTD=LEDdisp[9];//如果 K10 键按下,1 位数码管上显示 9
else if(keybuf==11)PORTD=LEDdisp[10];//如果 K11 键按下,1 位数码管上显示 A
else if(keybuf==12)PORTD=LEDdisp[11];//如果 K12 键按下,1 位数码管上显示 B
else if(keybuf==13)PORTD=LEDdisp[12];//如果 K13 键按下,1 位数码管上显示 C
else if(keybuf==14)PORTD=LEDdisp[13];//如果 K14 键按下,1 位数码管上显示 D
else if(keybuf==15)PORTD=LEDdisp[14];//如果 K15 键按下,1 位数码管上显示 E
else if(keybuf==16)PORTD=LEDdisp[15];//如果 K16 键按下,1 位数码管上显示 F
else PORTD=0;                        //无按键按下,关显示
  }
}
```

程序定义了按键扫描检测用变量 keybuf，用以读取键盘值，以识别按键 Sn。

K18 主板初始化后，通过 COL6=1；选通 LED 点阵第 6 列。

通过将 keybuf=key（）语句将按键检测值送 keybuf。

技能训练

一、训练目标

（1）学会独立按键的处理控制。

（2）学会矩阵按键处理控制。

二、训练步骤与内容

1. 建立一个工程

（1）打开 C 盘下的文件夹 PIC，在该文件夹下新建一个文件夹 C04。

（2）双击 MPLAB IDE 软件图标，启动 MPLAB IDE 软件。

（3）新建一个工程，命名为 C004。

2. 新建 C 语言程序文件

（1）新建一个文件，另存为“main. c”。

（2）在文件 main. c 编辑区，输入独立按键控制数码管显示程序，文件保存在 C04 文件夹下。

3. 添加文件

（1）复制开发板头文件 k18. h、C 语言程序文件 k18. c、延时头文件 delay. h、延时 C 语言程序文件 delay. c 到文件夹 C04 内。

（2）选择 main. c、k18. c、delay. c 等 3 个 C 语言程序文件，将其添加到“Source Files”源程序文件夹。

（3）选择 k18. h、delay. h 等 2 个头文件，将其添加到“Header Files”。

（4）右键单击项目浏览区的“Linker Script”选项，在弹出的菜单中选择“Add File”，弹出“添加文件到工程”对话框。

（5）选择 C 盘根目录的“MCC18”下的“lkr”文件夹，双击打开，在“文件名”栏输入“18f4520”，选择“18f4520. lkr”文件，单击“打开”按钮，将“18f4520. lkr”文件添加到

"Linker Script"。

4. 下载调试

(1) 执行"Programmer"→"Select Programmer"→"PICkit2"命令，链接 PICkit2 编译器。

(2) 执行"Project"→"Build All"命令，编译程序。单击工具栏"下载程序"按钮，下载程序到 PIC 单片机。

(3) 将 K18 开发板的 S2 右边 4 组开关拨动到"ON"。

(4) 单击工具栏"⨍"按钮，按下 SW0 键，观察数码管的变化，按其他独立按键，观察数码管的显示变化。

(5) 单击工具栏"⌐"按钮，观察数码管的显示变化。

三、矩阵按键处理训练

1. 新建工程

(1) 打开 C 盘的文件夹 PIC，在其内部新建一个文件夹 C05。

(2) 双击 MPLAB IDE 软件图标，启动 MPLAB IDE 软件。

(3) 新建一个工程，命名为 C005。

2. 新建 C 语言程序文件

(1) 新建一个文件，另存为"main. c"。

(2) 在文件 main. c 编辑区，输入矩阵按键控制程序，文件保存于 C05。

3. 添加文件

(1) 拷贝开发板头文件 k18. h、C 语言程序文件 k18. c 延时头文件 delay. h 延时 C 语言程序文件 delay. c 到文件夹 C05 内。

(2) 选择 main. c、k18. c、delay. c 等 3 个 C 语言程序文件，将 3 个 C 语言程序文件添加到"Source Files"源程序文件夹。

(3) 选择 k18. h、delay. h 等 2 个头文件，将 2 个头文件添加到"Header Files"头文件夹。

(4) 右键单击项目浏览区的"Linker Script"链接文件夹选项，在弹出的菜单中选择执行"Add File"添加文件命令，弹出添加文件到工程对话框。

(5) 选择 C 盘根目录的 MCC18 下的"1kr"文件夹，双击打开该文件夹，在文件名栏输入"18f4520"，选择"18f4520. lkr"文件，单击"打开"按钮，将"18f4520. 1kr"文件添加到"Linker Script"链接文件夹。

4. 下载调试

(1) 单击"Programmer"菜单下的"Select Programmer"子菜单下的"PICkit2"命令，连接 PICkit2 编译器。

(2) 单击 Project 项目菜单下的"Build All"编译所有命令，编译程序。单击工具栏下载程序按钮，下载程序到 PIC 单片机。

(3) 单击工具栏"⨍"运行程序按钮，按下 SW0 键，观察 LED 点阵第 6 列发光二极管的状态变化，按其他独立按键，观察 LED 点阵第 6 列发光二极管的状态变化。

(4) 单击工具栏"⌐"终止运行按钮，观察 LED 点阵第 6 列发光二极管的状态变化。

习题 3

1. 双 LED 灯控制，根据控制要求设计程序，并下载到 K18 单片机开发板进行调试。

控制要求：

（1）按下 SW1 键，LED1 亮。

（2）按下 SW2 键，LED2 亮。

（3）按下 SW3 键，LED1、LED2 熄灭。

2. 设计按键矩阵扫描处理程序。要求：在按键矩阵扫描处理中，应采用给列赋值的方法，识别 SW0~SW15，并赋值给 KeyNum，然后根据 KeyNum 值显示对应的数值“0~9、A~F”。

项目四　突发事件的处理——中断

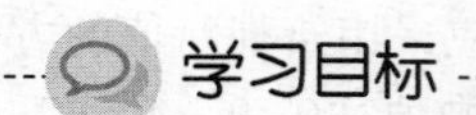

学习目标

（1）学习中断基础知识。

（2）学会设计外部中断控制程序。

任务 8　外部中断控制

基础知识

一、中断简介

1. 中断

对于单片机来讲，在程序的执行过程中，由于某种外界的原因，必须终止当前的程序而去执行相应的处理程序，待处理结束后再回来继续执行被终止的程序，这个过程叫中断。对于单片机来说，突发的事情实在太多了。例如用户通过按键给单片机输入数据时，这对单片机本身来说是无法估计的事情，这些外部来的突发信号一般就由单片机的外部中断来处理。外部中断其实就是一个由引脚的状态改变所引的中断。流程如图 4-1 所示。

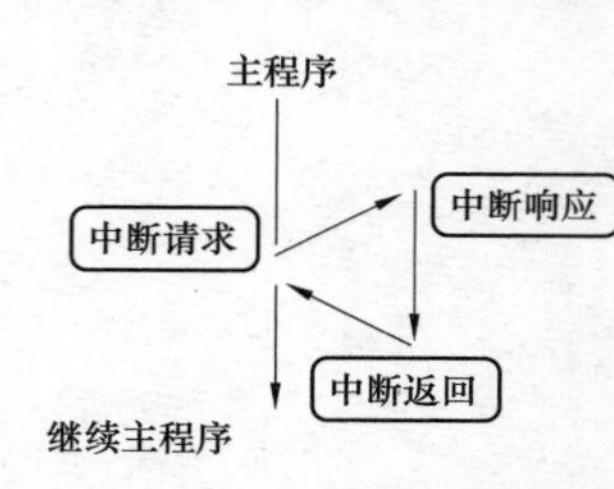

图 4-1　中断流程

2. 采用中断的优点

（1）实时控制。利用中断技术，各服务对象和功能模块可以根据需要，随时向 CPU 发出中断申请，并使 CPU 为其工作，以满足实时处理和控制需要。

（2）分时操作。提高 CPU 的效率，只有当服务对象或功能部件向单片机发出中断请求时，单片机才会转去为它服务。这样，利用中断功能，多个服务对象和部件就可以同时工作，从而提高了 CPU 的效率。

（3）故障处理。单片机系统在运行过程中突然发生硬件故障、运算错误及程序故障等，可以通过中断系统及时向 CPU 发出请求中断，CPU 进而转到相应的故障处理程序进行处理。

3. 中断的优先级

中断的优先级是针对有多个中断同时发出请求时，CPU 该如何响应中断，响应哪一个中断而提出的。

通常，一个单片机会有多个中断源，CPU 可以接收若干个中断源发出的中断请求。但在同一时刻，CPU 只能响应这些中断请求中的一个。为了避免 CPU 同时响应多个中断请求而带来的混乱，在单片机中为每一个中断源赋予一个特定的中断优先级。一旦有多个中断请求信号，CPU 先响应中断优先级较高的中断请求，然后再逐次响应优先级低一级的中断请求。中断优先级也反映了各个中断源的重要程度，同时也是分析中断嵌套的基础。

当低级别的中断服务程序正在执行的过程中，有高级别的中断发出请求时，则暂停当前低级别的中断，转而响应高级别的中断，待高级别的中断处理完毕后，再返回原来的低级别中断断点处继续执行，这个过程称为中断嵌套，其处理过程如图 4-2 所示。

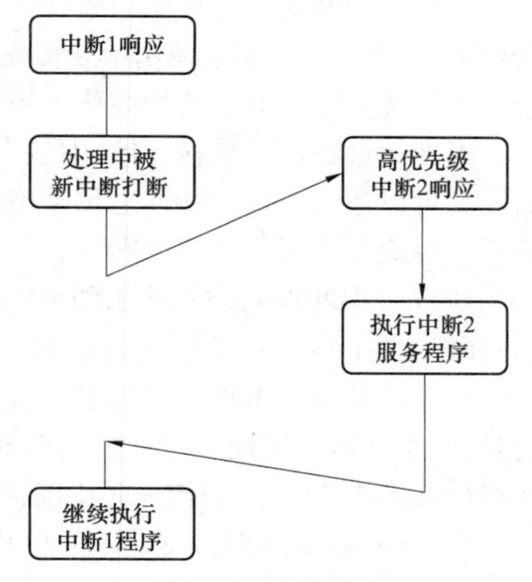

图 4-2　中断嵌套

PIC18F2420/2520/4420/4520 器件提供多个中断源及一个中断优先级功能，可以给大多数中断源分配高优先级或者低优先级。高优先级中断向量地址为 0008h，低优先级中断向量地址为 0018h。高优先级中断事件将中断所有可能正在进行的低优先级中断。

二、中断控制

中断源是指能够向单片机发出中断请求信号的部件和设备。中断源又可以分为外部中断和内部中断。

单片机内部的定时器、串行接口、TWI、ADC 等功能模块都可以工作在中断模式下，在特定的条件下产生中断请求，这些位于单片机内部的中断源称为内部中断源。外部设备也可以通过外部中断入口，向 CPU 发出中断请求，这类中断称为外部中断源。

PIC 单片机通过 10 个寄存器用于控制中断的操作。如下所示：

- RCON；
- INTCON；
- INTCON2；
- INTCON3；
- PIR1 和 PIR2；
- PIE1 和 PIE2；
- IPR1 和 IPR2。

建议使用由 MPLAB®IDE 提供的 Microchip 头文件命名这些寄存器中的位。这使得汇编器/编译器能够自动识别指定寄存器内这些位的位置。

通常，用 3 个位来控制中断源的操作：

- 标志位表明发生了中断事件；
- 使能位允许程序跳转到中断向量地址处执行（当标志位置 1 时）；
- 优先级位用于选择是高优先级还是低优先级。

通过将 IPEN 位（RCON<7>）置 1，可使能中断优先级功能。当使能中断优先级时，有 2 位可使能全局中断。

将 GIEH 位（INTCON<7>）置 1，可使能所有优先级位置 1（高优先级）的中断。将 GIEL 位（INTCON<6>）置 1，可使能所有优先级位清零（低优先级）的中断。

当中断标志位、使能位以及相应的全局中断使能位均被置 1 时，程序将立即跳转到中断地址 0008h 或 0018h，具体地址取决于优先级位的设置。通过设置相应的使能位可以禁止单个中断。

当 IPEN 位被清零（默认状态）时，便会禁止中断优先级功能，此时中断与 PICmicro® 中档器件相兼容。在兼容模式下，各个中断源的中断优先级位均不起作用。

INTCON<6> 是 PEIE 位，它可使能/禁止所有的外设中断源。INTCON<7> 是 GIE 位，它可使能/禁止所有的中断源。在兼容模式下，所有中断均跳转到地址 0008h。

当响应中断时，全局中断允许位被清零以禁止其他中断。如果清零 IPEN 位，全局中断使能位就是 GIE 位。如果使用中断优先级，这个位将是 GIEH 位或者 GIEL 位。高优先级中断源会中断低优先级中断。处理高优先级中断时，低优先级中断将不被响应。

返回地址被压入堆栈，PC 中装入中断向量地址（0008h 或 0018h）。进入中断服务程序之后，就可以通过查询中断标志位来确定中断源。在重新允许中断前，必须用软件将中断标志位清零，以避免重复响应该中断。

执行“中断返回”指令 RETFIE，退出中断程序并置位 GIE 位（若使用中断优先级，则为 GIEH 或 GIEL 位）以重新允许中断。

对于外部中断事件，诸如 INT 引脚中断或者 PORTB 输入电平变化中断，中断响应延时将会是 3~4 个指令周期。对于单周期或双周期指令，中断响应延时完全相同。不管对应的中断使能位和 GIE 位状态如何，各中断标志位均被置 1。

PIC18F2420/2520/4420/4520 单片机的中断控制逻辑如图 4-3 所示。

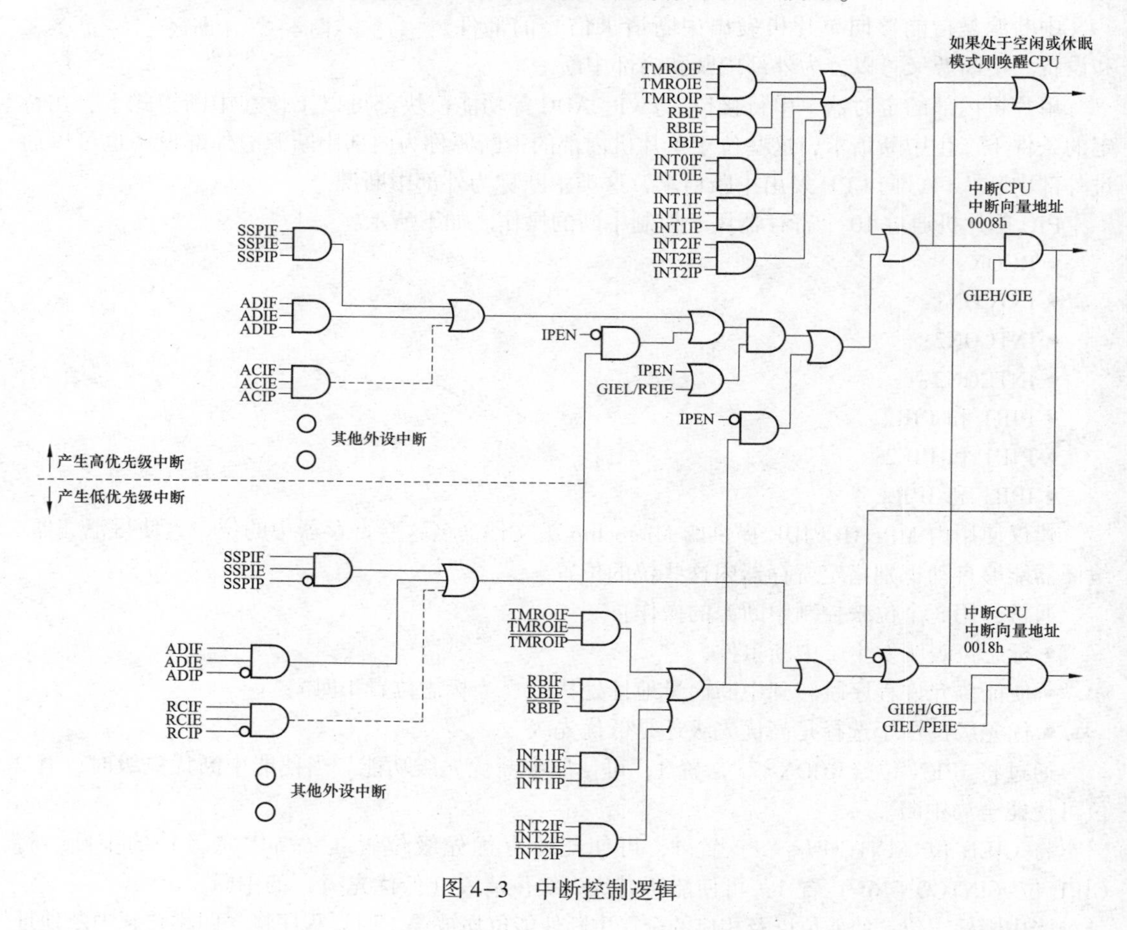

图 4-3　中断控制逻辑

三、与中断相关的寄存器

1. INTCON 中断控制寄存器

INTCON 中断控制寄存器是可读写的寄存器，包含多个使能位、优先级位和标志位。

要注意的是，当中断条件产生时，不管相应的中断使能位或全局使能位的状态如何，中断标志位都将置 1。用户软件应在使能一个中断之前，确保先将该中断标志位清零。故中断标志位可以用于软件查询。

INTCON 中断寄存器（见表 4-1）。

表 4-1　　INTCON 中断寄存器

位	B7	B6	B5	B4	B3	B2	B1	B0
符号	GIE/GIEH	PEIE/GIEL	TMR0IE	INT0IE	RBIE	TMR0IF	INT0IF	RBIF
复位值	0	0	0	0	0	0	0	x

- B7 GIE/GIEH：全局中断允许位。

当 IPEN=0 时：GIE/GIEH=1，允许所有未屏蔽的中断；GIE/GIEH=0，禁止所有中断。

当 IPEN=1 时：GIE/GIEH=1，允许所有高优先级中断；GIE/GIEH=0，禁止所有中断。

- B6 PEIE/GIEL：外设中断允许位。

当 IPEN=0 时：PEIE/GIEL=1，允许所有未屏蔽的外设中断；PEIE/GIEL=0，禁止所有外设中断。

当 IPEN=1 时：PEIE/GIEL=1，允许所有低优先级的外设中断；PEIE/GIEL=0，禁止所有低优先级外设中断。

- B5 TMR0IE：TMR0 溢出中断允许位。

TMR0IE=1，允许 TMR0 溢出中断；TMR0IE=0，禁止 TMR0 溢出中断。

- B4 INT0IE：INT0 外部中断允许位。

INT0IE=1，允许 INT0 外部中断；INT0IE=0，禁止 INT0 外部中断。

- B3 RBIE：RB 端口电平变化中断允许位。

RBIE=1，允许 RB 端口电平变化中断；RBIE=0，禁止 RB 端口电平变化中断。

- B2 TMR0IF：TMR0 溢出中断标志位。

TMR0IF=1，TMR0 寄存器已发生溢出（必须用软件清零）；TMR0IF=0，TMR0 寄存器未发生溢出。

- B1 INT0IF：INT0 外部中断标志位。

INT0IF=1，发生了 INT0 外部中断（必须用软件清零）；INT0IF=0，未发生 INT0 外部中断。

- B0 RBIF：RB 端口电平变化中断标志位。

RBIF=1，RB7~RB4 引脚中至少有一个引脚的电平状态发生了改变（必须用软件清零）。

RBIF=0，RB7~RB4 引脚的电平状态没有改变。

注：引脚上电平变化会一直不断地将此位置 1。读取 PORTB 可以结束这种情况，并将该位清零。

- B3、B2：ISC11，ISC10 控制外部中断 INT1 的中断触发方式。

2. INTCON2 中断控制寄存器 2

INTCON2 中断控制寄存器见表 4-2。

表 4-2　　INTCON2 中断控制寄存器 2

位	B7	B6	B5	B4	B3	B2	B1	B0
符号	RBPU	INTEDG0	INTEDG1	INTEDG2	—	TMR0IP	—	RBIP
复位值	1	1	1	1	0	1	0	1

● B7 RBPU：PORTB 上拉使能位。

$\overline{RBPU}$=1，禁止所有 PORTB 上拉。

$\overline{RBPU}$=0，按各个端口锁存值使能 PORTB 上拉。

● B6 INTEDG0：外部中断 0 边沿选择位。

INTEDG0=1，上升沿触发中断。

INTEDG0=0，下降沿触发中断。

● B5 INTEDG1：外部中断 1 边沿选择位。

INTEDG1=1，上升沿触发中断。

INTEDG1=0，下降沿触发中断。

● B4 INTEDG2：外部中断 2 边沿选择位。

INTEDG2=1，外部中断 2 上升沿触发中断。

INTEDG2=0，下降沿触发中断。

● B3 未用位：读为 0。

● B2 TMR0IP：TMR0 溢出中断优先级位。

TMR0IP=1 TMR0 溢出中断高优先级。

TMR0IP=0，TMR0 溢出中断低优先级。

● B1 未用位：读为 0。

● B0 RBIP：RB 端口电平变化中断优先级位。

RBIP=1，RB 端口电平变化中断高优先级。

RBIP=0，RB 端口电平变化中断低优先级。

3. INTCON3 中断控制寄存器 3

INTCON3 中断控制寄存器 3 见表 4-3。

表 4-3 INTCON3 中断控制寄存器 3

位	B7	B6	B5	B4	B3	B2	B1	B0
符号	INT2IP	INT1IP	—	INT2IE	INT1IE	—	INT2IF	INT1IF
复位值	1	1	0	0	0	0	0	0

● B7 INT2IP：INT2 外部中断优先级位。

INT2IP=1，INT2 外部中断高优先级。

INT2IP=0，INT2 外部中断低优先级。

● B6 INT1IP：INT1 外部中断优先级位。

INT1IP=1，INT1 外部中断高优先级。

INT1IP=0，INT1 外部中断低优先级。

● B5 未用位：读为 0。

● B4 INT2IE：INT2 外部中断使能位。

INT2IE=1，使能 INT2 外部中断。

INT2IE=0，禁止 INT2 外部中断。

● B3 INT1IE：INT1 外部中断使能位。

INT1IE=1，使能 INT1 外部中断。

INT1IE=0，禁止 INT1 外部中断。

● B2

未用位：读为 0

● B1 INT2IF：INT2 外部中断标志位。

INT2IF=1，发生了 INT2 外部中断（必须用软件清零）。

INT2IF=0，未发生 INT2 外部中断。

● B0 INT1IF：INT1 外部中断标志位。

INT1IF=1，发生了 INT1 外部中断（必须用软件清零）。

INT1IF=0，未发生 INT1 外部中断。

4. PIR 外设中断标志寄存器

PIR 寄存器包含各外设中断的标志位。根据外设中断源的数量，有两个外设中断请求标志寄存器（PIR1 和 PIR2）。

（1）PIR1 各外设中断标志寄存器 1（见表 4-4）。

表 4-4　PIR1 各外设中断标志寄存器 1

位	B7	B6	B5	B4	B3	B2	B1	B0
符号	PSPIF	ADIF	RCIF	TXIF	SSPIF	CCP1IF	TMR2IF	TMR1IF
复位值	0	0	0	0	0	0	0	0

● B7 PSPIF：并行从动端口读/写中断标志位。

PSPIF=1，发生了读/写操作。

PSPIF=0，未发生读/写操作。

注：此位在 28 引脚器件上不存在，并读为 0。

● B6 ADIF：A/D 转换器中断标志位。

ADIF=1，一次 A/D 转换已完成。

ADIF=0，A/D 转换未完成。

● B5 RCIF：EUSART 接收中断标志位。

RCIF=1，EUSART 接收缓冲器 RCREG 已满（当读取 RCREG 时清零）。

RCIF=0，EUSART 接收缓冲器为空。

● B4 TXIF：EUSART 发送中断标志位。

TXIF=1，EUSART 发送缓冲器 TXREG 为空（当写入 TXREG 时清零）。

TXIF=0，EUSART 发送缓冲器已满。

● B3 SSPIF：主控同步串行端口中断标志位。

SSPIF=1，SPI 发送/接收已完成。

SSPIF=0，SPI 等待发送/接收。

● B2 CCP1IF：CCP1 中断标志位。

捕捉模式：

CCP1IF=1，发生了 TMR1 寄存器捕捉。

CCP1IF=0，未发生 TMR1 寄存器捕捉。

比较模式：

CCP1IF=1，发生了 TMR1 寄存器的比较匹配。

CCP1IF=0，未发生 TMR1 寄存器的比较匹配。

PWM 模式：

在此模式下未使用。

● B1 TMR2IF：TMR2 与 PR2 匹配中断标志位。

TMR2IF=1，TMR2 与 PR2 发生匹配。

TMR2IF=0，TMR2 与 PR2 未发生匹配。

● B0 TMR1IF：TMR1 溢出中断标志位。

TMR1IF=1，TMR1 寄存器已发生溢出。

TMR1IF，0，TMR1 寄存器未发生溢出。

（2）PIR2 各外设中断标志寄存器 2（见表 4-5）。

表 4-5 PIR2 各外设中断标志寄存器 2

位	B7	B6	B5	B4	B3	B2	B1	B0
符号	OSCFIF	CMIF	—	EEIF	BCLIF	HLVDIF	TMR3IF	CCP2IF
复位值	0	0	0	0	0	0	0	0

● B7 OSCFIF：振荡器故障中断标志位：

OSCFIF=1，器件振荡器发生故障，改由 INTOSC 作为时钟输入；

OSCFIF=0，器件时钟正常运行。

● B6 CMIF：比较器中断标志位：

CMIF=1，比较器输入已改变；

CMIF=0，比较器输入未改变。

● B5

未用位：读为 0

● B4 EEIF：数据 EEPROM/ 闪存写操作中断标志位：

EEIF=1，写操作完成；

EEIF=0，写操作未完成或还未开始。

● B3 BCLIF：总线冲突中断标志位：

BCLIF=1，发生了总线冲突；

BCLIF=0，未发生总线冲突。

● B2 HLVDIF：高/低压检测中断标志位：

HLVDIF=1，出现了高/低压条件（方向由 VDIRMAG 位 HLVDCON<7> 决定）；

HLVDIF=0，未出现高/低压条件。

● B1 TMR3IF：TMR3 溢出中断标志位：

TMR3IF=1，TMR3 寄存器已溢出；

TMR3IF=0，TMR3 寄存器未溢出。

● B0 CCP2IF：CCPx 中断标志位：

捕捉模式：

CCP2IF=1，发生了 TMR1 寄存器捕捉；

CCP2IF=0，未发生 TMR1 寄存器捕捉。

比较模式：

CCP2IF=1，发生了 TMR1 寄存器比较匹配。

CCP2IF=0，未发生 TMR1 寄存器的比较匹配。

PWM 模式：

在此模式下未使用。

5. PIE 外设中断使能寄存器

（1）PIE1 外设中断使能寄存器 1（见表 4-6）。

表 4-6　**PIE1 外设中断使能寄存器 1**

位	B7	B6	B5	B4	B3	B2	B1	B0
符号	PSPIE	ADIE	RCIE	TXIE	SSPIE	CCP1IE	TMR2IE	TMR1IE
复位值	0	0	0	0	0	0	0	0

- B7 PSPIE：并行从动端口读/写中断允许位。

PSPIE=1，允许 PSP 读/写中断。

PSPIE=0，禁止 PSP 读/写中断。

注：此位在 28 引脚器件上不存在，并读为 0。

- B6 ADIE：A/D 转换器中断允许位。
- B5 RCIE：EUSART 接收中断允许位。
- B4 TXIE：EUSART 发送中断允许位。
- B3 SSPIE：主控同步串行端口中断允许位。
- B2 CCP1IE：CCP1 中断允许位。
- B1 TMR2IE：TMR2 与 PR2 匹配中断允许位。
- B0 TMR1IE：TMR1 溢出中断允许位。

相应的中断允许位为 1，允许中断，否则，禁止该中断。

（2）PIE2 外设中断使能寄存器 2（见表 4-7）。

表 4-7　**PIE2 外设中断使能寄存器 2**

位	B7	B6	B5	B4	B3	B2	B1	B0
符号	OSCFIE	CMIE	—	EEIE	BCLIE	HLVDIE	TMR3IE	CCP2IE
复位值	0	0	0	0	0	0	0	0

- B7 OSCFIE：振荡器失效中断允许位。

1=允许。

0=禁止。

- B6 CMIE：比较器中断允许位。
- B5

未用位：读为 0。

- B4 EEIE：数据 EEPROM/FLASH 写操作中断允许位。
- B3 BCLIE：总线冲突中断允许位。
- B2 HLVDIE：高/低压检测中断允许位。
- B1 TMR3IE：TMR3 溢出中断允许位。
- B0 CCP2IE：CCP2 中断允许位。

相应的中断允许位为 1，允许中断，否则，禁止该中断。

6. IPR 外设中断的优先级寄存器

IPR 寄存器包含各外设中断的优先级位。根据外设中断源的数量，有两个外设中断优先级寄存器（IPR1 和 IPR2）。使用优先级位时要求将中断优先级使能（IPEN）位置 1。

（1）IPR1 外设中断优先级寄存器 1（见表 4-8）。

表 4-8　　IPR1 外设中断优先级寄存器 1

位	B7	B6	B5	B4	B3	B2	B1	B0
符号	PSPIP	ADIP	RCIP	TXIP	SSPIP	CCP1IP	TMR2IP	TMR1IP
复位值	1	1	1	1	1	1	1	1

IPR1 外设中断优先级寄存器 1 对应的各个位为 1 时，该中断优先级为高优先级，为 0 则为低优先级。

（2）PIP 外设中断优先级寄存器 2（见表 4-9）。

表 4-9　　PIP 外设中断优先级寄存器 2

位	B7	B6	B5	B4	B3	B2	B1	B0
符号	OSCFIP	CMIP	—	EEIP	BCLIP	HLVDIP	TMR3IP	CCP2IP
复位值	1	1	1	1	1	1	1	1

IPR2 外设中断优先级寄存器 2 对应的各个位为 1 时，该中断优先级为高优先级，为 0 则为低优先级。

7. RCON 寄存器

RCON 寄存器（见表 4-10）包含几个标志位，可以用来确定器件上次复位或者从空闲或休眠模式被唤醒的原因。RCON 还包含 IPEN 位，该位可以使能中断优先级。

表 4-10　　RCON 寄存器

位	B7	B6	B5	B4	B3	B2	B1	B0
符号	IPEN	SBOREN	—	RI	TO	PD	POR	BOR
复位值	0	1	0	1	1	1	0	0

- B7 IPEN：中断优先级使能位。

1=使能中断优先级。

0=禁止中断优先级（PIC16CXXX 兼容模式）。

- B6 SBOREN：软件 BOR 使能位。
- B5 未用位：读为 0。
- B4 RI：RESET 指令标志位。
- B3 TO：看门狗定时器超时溢出标志位。
- B2 PD：掉电检测标志位。
- B1 POR：上电复位状态位。
- B0 BOR：欠压复位状态位。

注：实际的复位值由器件配置和器件复位的性质决定。

8. INTn 引脚中断

RB0/INT0、RB1/INT1 和 RB2/INT2 引脚的外部中断是边沿触发的。如果 INTCON2 寄存器中对应的 INTEDGx 位置位（=1），则该中断由上升沿触发；如果该位清零，则中断由下降沿触发。当 RBx/INTx 引脚上出现一个有效边沿时，对应的标志位 INTxF 被置 1。通过清零对应的使能位 INTxE，可禁止该中断。在重新使能该中断前，必须在中断服务程序中先用软件将 INTxF 标志位清零。

如果 INTxE 位在进入空闲或休眠模式前被置 1，则所有的外部中断（INT0、INT1 以及 INT2）均能把处理器从这些模式唤醒。如果全局中断使能位 GIE 被置 1，则处理器将在被唤醒之后跳转到中断向量处执行程序。

INT1 和 INT2 的中断优先级由中断优先级位 INT1IP（INTCON3<6>）和 INT2IP（INTCON3<7>）包含的值决定。没有与 INT0 相关的优先级位。INT0 始终是一个高优先级的中断源。

9. TMR0 中断

在 8 位模式下（默认设置），TMR0 寄存器的溢出（FFh→00h）将会使标志位 TMR0IF 置 1。在 16 位模式下，TMR0H：TMR0L 寄存器对的溢出（FFFFh →0000h）将使 TMR0IF 标志位置 1。通过将使能位 TMR0IE（INTCON<5>）置 1 或清零，可以使能/禁止该中断。Timer0 的中断优先级由中断优先级位 TMR0IP（INTCON2<2>）中的值决定。

10. PORTB 电平变化中断

PORTB<7：4> 上的输入电平变化会将标志位 RBIF（INTCON<0>）置 1。通过置 1/ 清零使能位 RBIE（INTCON<3>），可以使能/禁止该中断。PORTB 电平变化中断的优先级由中断优先级位 RBIP（INTCON2<0>）包含的值决定。

11. 中断的现场保护

在中断期间，返回的 PC 地址被压入堆栈。另外，将 WREG、Status 以及 BSR 寄存器的值压入快速返回堆栈。如果未使用中断快速返回功能，用户可能需要在进入中断服务程序时，保存 WREG、Status 以及 BSR 寄存器的值。根据用户的具体应用，可能还需要保存其他寄存器的值。

四、外部中断控制

1. 控制要求

利用连接在 INT1 的按键 SW2 下降沿产生低优先级中断，并发出低频“嗒”的声音，利用连接 INT0 的按键 SW0 下降沿产生高优先级中断，并发出高频“嘀”的声音，正常运行时，利用数码管循环显示 0~F。

2. 控制程序

```
#include <p18cxxx.h>/* 18F 系列单片机头文件*/
#include "k18.h"/* 开发板头文件*/
#include "delay.h"/* 延时头文件*/
#include "buzzer.h"/* 蜂鸣器头文件*/

/* 0~F 共阴数码管字形码表*/
const rom uchar Ledseg[17]={0x3f,0x06,0x5b,0x4f,0x66,
          0x6d,0x7d,0x07,0x7f,0x6f,0x77,0x7c,
          0x39,0x5e,0x79,0x71,0x00};

void PIC18F_High_isr(void);/* 中断服务函数声明*/
void PIC18F_Low_isr(void);

#pragma code high_vector_section=0x8
```

```
/* 高优先级中断响应时,会自动跳转到 0x8 处*/
/* 利用预处理指令#pragma code 来指定后面的程序在 ROM 中的起始地址为 0x08*/
/* 它是告诉连接器定位到特定的代码段,HIGH_INTERRUPT_VECTOR 是该特定代码段的段名*/
void high_vector(void)
{
    _asm goto PIC18F_High_isr_endasm/* 通过一条跳转指令(汇编指令),跳转到中断服务函
数(中断服务程序)处*/
}

#pragma code low_vector_section=0x18
/* 低优先级中断响应时,会自动跳转到 0x18 处*/
void low_vector(void)
{
    _asm goto PIC18F_Low_isr_endasm
}

#pragma code
/* 这条语句不是多余的,它是告诉连接器回到默认的代码段*/
/* 如果不加的话,连接器就会默认把后面的代码紧跟着上面的代码一直放下去*/
/* 而 18f4520.lkr 文件里定义了向量区地址最多到 0x29,所以如果没加此句通常会报错*/

/* ---高优先级中断服务程序---*/
#pragma interrupt PIC18F_High_isr
/* 利用预处理指令#pragma interrupt 来声明后面的函数是高优先级中断服务函数(中断服务程
序)*/
/* 注意:关键字是 interrupt,和低优先级中断时不同*/
/* 一旦指定后面的函数是低优先级中断服务程序,系统在进入该函数时,会自动保护现场,退出前自
动恢复现场*/
/* 同时中断服务程序执行完毕后,会自动返回断点*/
/* 中断服务函数前必须加该语句*/
void PIC18F_High_isr(void)
{
/* 如果只有一个同级中断源被使能:*/
/* 1.执行中断服务语句部分*/
/* 2.清除中断标记*/
PORTD=0X01;
delay(1);
di(40);/* 蜂鸣器发出高频"嘀"的一声*/
    INTCONbits.INT0IF=0;/* 清除中断标记*/


/* 如果有多个同级中断源被使能:*/
/* 1.用查询法确定是哪个中断源提出了中断请求*/
/* 2.确定是哪个中断源提出了中断请求后,执行中断服务语句部分*/
```

```
/* 3. 最后清除该中断源中断标志*/
}

/* ---低优先级中断服务程序---*/
#pragma interruptlow PIC18F_Low_isr
/* 注意:关键字是 interruptlow,和高优先级中断时不同*/
void PIC18F_Low_isr(void)
{
    da(40);/* 蜂鸣器发出低频"嗒"的一声*/
    INTCON3bits.INT2IF=0;/* 清除中断标记*/
}


void main(void)/* 主函数*/
{
    uchar i;/* 局部变量定义*/
    INTCONbits.GIE=0;/* 关全局中断*/

    k18_init();/* K18 主板初始化*/
    COL1=1;/* 选中 4 位数码管的最右边一位,并使 SW0~SW3 可作为独立按键使用*/
    PORTD=Ledseg[16];/* 开机后,4 位数码管的最右边一位无显示*/

    RCONbits.IPEN=1;/* 使能中断优先级*/

    INTCON2bits.INTEDG0=0;/* 设定外部中断触发边沿(下降沿)*/
    INTCONbits.INT0IF=0;/* 清除中断标志*/
    INTCONbits.INT0IE=1;/* 使能中断*/

    INTCON2bits.INTEDG2=0;/* 设定外部中断触发边沿(下降沿)*/
    INTCON3bits.INT2IF=0;/* 清除中断标志*/
    INTCON3bits.INT2IE=1;/* 使能中断*/
    INTCON3bits.INT2IP=0;/* 设置优先级*/

    INTCONbits.GIE=1;/* 开全局中断*/
    INTCONbits.GIEL=1;/* 开全局中断*/

    /* 这里写主程序语句*/
    while(1)
    {
        for(i=0;i<=16;i++)
        {
            PORTD=Ledseg[i];/* 送出欲显示数的字形码*/
            delay(1);/* 延时 1s*/
        }
```

```
    }
}
```

程序首先将需要的头文件包含进来，包含了 PIC 头文件、K18 板基本头文件、延时头文件、蜂鸣器头文件。

定义共阴数码管字形码表。

进行中断服务函数声明。

利用预处理器指令#pragma interrupt 来声明后面的函数是高优先级中断服务函数（中断服务程序），利用预处理器指令#pragma interruptlow 来声明后面的函数是低优先级中断服务函数（中断服务程序）。

在主程序中，首先进行局部变量定义，然后关全局中断，进行 K18 板初始化、数码管初始化。

在高优先级程序设置中，首先使能 IPE 中断优先级，设置 INT0 下降沿触发，清除 INT0 中断标志，设置 INT0 中断允许。

在高优先级程序设置中，首先设置 INT2 下降沿触发，清除 INT2 中断标志，设置 INT2 中断允许，由于系统默认所有中断均为高优先级中断，若要设置低优先级，必须进行设置，通过 INTCON3bits. INT2IP = 0；语句设置 INT2 为低优先级。

中断基本设置完成，开全局中断，开低优先级中断。

使用 while 循环设置主程序。

在主程序中，通过 for 循环设置数码管循环显示 0~F 数据，显示间隔通过延时程序设定。

技能训练

一、训练目标

（1）学会使用单片机的外部中断。

（2）通过单片机的外部中断 INT0、INT2 控制蜂鸣器发声，控制数码管显示数据。

二、训练步骤与内容

1. 新建工程

（1）打开 C 盘下的文件夹 PIC，在该文件夹下新建一个文件夹 D01。

（2）双击 MPLAB IDE 软件图标，启动 MPLAB IDE 软件。

（3）新建一个工程，命名为 D001。

2. 新建 C 语言程序文件

（1）新建一个文件，另存为“main. c”。

（2）在文件 main. c 编辑区，输入外部中断控制程序，文件保存在 D01 文件夹下。

3. 添加文件

（1）复制开发板头文件 K18. h、C 语言程序文件 K18. c、延时头文件 delay. h、延时 C 语言程序文件 delay. c、蜂鸣器头文件 buzzer. h、蜂鸣器 C 语言文件 buzzer. c 到文件夹 D01 内。

（2）选择 main. c、K18. c、delay. c、buzzer. c 等 4 个 C 语言程序文件，将其添加到“Source Files”。

（3）选择 K18. h、delay. h、buzzer. h 等 3 个头文件，将其添加到“Header Files”。

（4）右键单击项目浏览区的“Linker Script”选项，在弹出的菜单中选择“Add File”，弹出“添加文件到工程”对话框。

(5) 选择 C 盘根目录的 MCC18 下的“lkr”文件夹，双击打开，在“文件名”栏输入“18f4520”，选择“18f4520. lkr”文件，单击“打开”按钮，将“18f4520. lkr”文件添加到“Linker Script”。

4. 下载调试

(1) 执行“Programmer”→“Select Programmer”→“PICkit2”命令，链接 PICkit2 编译器。

(2) 执行“Configure”→“Configure Bits”命令，弹出“组态位”设置对话框。

(3) 重新设置组态位选项，单击“30001”选项右边的下拉列表，选择“HS oscillator”，设置参数为 02。单击“30003”选项右边的下拉列表，选择“WDT disable”，设置参数为 1E。单击“30006”选项右边的下拉列表，设置参数为 81。

(4) 执行“Project”→“Build All”命令，编译程序。单击工具栏“下载程序”按钮，下载程序到 PIC 单片机。

(5) 将 K18 开发板的 S2 右边 1 组开关拨动到“ON”。

(6) 单击工具栏“”按钮，观察数码管的变化。

(7) 按下 INT2 链接的 SW1，聆听蜂鸣器发出的声音，观察数码管的变化。

(8) 按下 INT0 链接的 SW0，聆听蜂鸣器发出的声音，观察数码管的变化。

(9) 注意高级中断 INT0 动作结束后，聆听蜂鸣器发出的声音，观察数码管的变化。

(10) 观察 INT2 中断结束后，观察数码管的变化。

(11) 单击工具栏“”按钮，观察数码管的变化。

任务 9　中断加减计数控制

基础知识

一、控制要求

(1) 利用 INT0 作加计数控制，即 INT0 中断发生时，计数值 num 加计数。

(2) 利用 INT2 作减计数控制，即 INT2 中断发生时，计数值 num 减计数。

(3) 通过数码管显示计数值 num。

二、控制程序

1. 程序清单

```
#include <p18cxxx.h>/* 18F 系列单片机头文件*/
#include "k18.h"/* 开发板头文件*/
#include "delay.h"/* 延时头文件*/

/* 0~F 共阴字形码表*/
const rom uchar Ledseg[17]={0x3f,0x06,0x5b,0x4f,0x66,
        0x6d,0x7d,0x07,0x7f,0x6f,0x77,0x7c,
        0x39,0x5e,0x79,0x71,0x00};
unsigned char i,num=0;
```

```
void PIC18F_High_isr(void);/* 中断服务函数声明*/
void PIC18F_Low_isr(void);

#pragma code high_vector_section=0x8
/* 高优先级中断响应时,会自动跳转到 0x8 处*/
void high_vector(void)
{
    _asm goto PIC18F_High_isr_endasm/* 通过一条跳转指令(汇编指令),跳转到中断服务函
数(中断服务程序)处*/
}

#pragma code low_vector_section=0x18
/* 低优先级中断响应时,会自动跳转到 0x18 处*/
void low_vector(void)
{
    _asm goto PIC18F_Low_isr_endasm
}

#pragma code


/* ---高优先级中断服务程序---*/
#pragma interrupt PIC18F_High_isr
void PIC18F_High_isr(void)
{
    num++;
    INTCONbits.INT0IF=0;/* 清除中断标记*/
    delayms(200);

}

/* ---低优先级中断服务程序---*/
#pragma interruptlow PIC18F_Low_isr
/* 注意:关键字是 interruptlow,和高优先级中断时不同*/
void PIC18F_Low_isr(void)
{INTCON3bits.INT2IF=0;/* 清除中断标记*/
num--;
delayms(200);
}

void main(void)/* 主函数*/
{
    uchar ge,shi,bai;/* 局部变量定义*/
    INTCONbits.GIE=0;/* 关全局中断*/
```

```
    k18_init();/* K18 主板初始化*/
    COL1=1;/* 选中 4 位数码管的最右边一位,并使 SW0~SW3 可作为独立按键使用*/
    TRISD=0x00;
    PORTD=Ledseg[16];/* 开机后,4 位数码管的最右边一位无显示*/

    RCONbits.IPEN=1;/* 使能中断优先级*/

    INTCON2bits.INTEDG0=1;/* 设定外部中断触发边沿(上升沿)*/
    INTCONbits.INT0IF=0;/* 清除中断标志*/
    INTCONbits.INT0IE=1;/* 使能中断*/

    INTCON2bits.INTEDG2=1;/* 设定外部中断触发边沿(上升沿)*/
    INTCON3bits.INT2IF=0;/* 清除中断标志*/
    INTCON3bits.INT2IE=1;/* 使能中断*/
    INTCON3bits.INT2IP=0;/* 设置优先级*/

    INTCONbits.GIE=1;/* 开全局中断*/
    INTCONbits.GIEL=1;/* 开全局中断*/

    /* 这里写主程序语句*/
    while(1)
    {

    ge=num% 10;
    shi=num/10% 10;
    bai=num/100% 10;
    COL1=1;COL3=0;
    PORTD=Ledseg[ge];
    delayms(1);
    COL1=0;COL2=1;
    PORTD=Ledseg[shi];
    delayms(1);
    COL3=1;COL2=0;
    PORTD=Ledseg[bai];
    delayms(1);
    }
}
```

2. 代码解析

程序中设置 INT0 为高优先级中断，INT2 为低优先级中断，INT0、INT2 设置为上升沿中断。在 INT0 中断程序里，通过 num++做计数值加计数，在 INT2 中断程序里，通过 num--做计数值减计数。

在显示控制主程序中，通过内部变量 ge、shi、bai 分别显示计数值 num 的个位、十位、百位数值，数码管作动态扫描显示。

技能训练

一、训练目标

(1) 学会使用单片机的外部中断。
(2) 通过单片机的外部中断 INT0，控制 LED 灯显示。

二、训练步骤与内容

1. 建立一个工程
(1) 打开 C 盘下的文件夹 PIC，在该文件下新建一个文件夹 D02。
(2) 双击 MPLAB IDE 软件图标，启动 MPLAB IDE 软件。
(3) 新建一个工程，命名为 D02。
2. 新建 C 语言程序文件
(1) 新建一个文件，另存为“main. c”。
(2) 在文件 main. c 编辑区，输入中断加减计数程序，文件保存在 D02 文件夹下。
3. 添加文件
(1) 复制开发板头文件 K18. h、C 语言程序文件 K18. c、延时头文件 delay. h、延时 C 语言程序文件 delay. c 到文件夹 D02 内。
(2) 选择 main. c、K18. c、delay. c 等 3 个 C 语言程序文件，将其添加到“Source Files”。
(3) 选择 K18. h、delay. h 等 2 个头文件，将其添加到“Header Files”。
(4) 右键单击项目浏览区的“Linker Script”选项，在弹出的菜单中选择“Add File”，弹出“添加文件到工程”对话框。
(5) 选择 C 盘根目录的“MCC18”下的“lkr”文件夹，双击打开，在“文件名”栏输入“18f4520”，选择“18f4520. lkr”文件，单击“打开”按钮，将“18f4520. lkr”文件添加到“Linker Script”。
4. 下载调试
(1) 执行“Programmer”→“Select Programmer”→“PICkit2”命令，链接 PICkit2 编译器。
(2) 执行“Project”→“Build All”命令，编译程序。单击工具栏“下载程序”按钮，下载程序到 PIC 单片机。
(3) 单击工具栏“ʃ”按钮，启动运行程序。
(4) 按下 SW0 键，观察数码管的数值变化。
(5) 按下 SW1 键，观察数码管的数值变化。
(6) 单击工具栏“ʅ”按钮，观察数码管的数值变化。

习题 4

1. 利用外部中断循环控制点阵 LED 的变化。
2. 利用外部中断进行计数控制，并通过数码管显示计数数据。

项目五 定时器、计数器及应用

学习目标

（1）学会使用单片机定时器。

（2）学会使用单片机计数器。

任务10 单片机的定时控制

基础知识

一、PIC 单片机的定时器/计数器

1. PIC 定时器/计数器

（1）定时器/计数器。定时器/计数器的基本功能是对脉冲信号进行自动计数。定时器/计数器是单片机中最基本的内部资源之一。在单片机内部，通过专门的硬件电路构成可编程的定时器/计数器，CPU 通过指令设置定时器/计数器的工作方式，以及根据定时器/计数器的计数值或工作状态进行必要的响应和处理。

定时器/计数器的用途非常广泛，主要用于计数，延时，测量周期、频率、脉宽，提供定时脉冲信号等。在实际应用中，对于转速、位移、速度、流量等物理量的测量，通常是由传感器转换成脉冲电信号，通过使用“T/C”来测量其周期或频率，再经过计算、处理获得。

PIC 单片机有 4 个定时器/计数器：T/C0、T/C1、T/C2 和 T/C3。其中 T/C0 和 T/C2 是 8 位的定时器/计数器，而 T/C1 和 T/C3 是 16 位的定时器/计数器。

（2）定时器/计数器种类。

1）定时器/计数器区分。脉冲信号源为内部时钟信号时，定时器/计数器为定时器（定时功能）。脉冲信号源为外部信号时，定时器/计数器为计数器（计数功能）。

2）计数器类型。计数器分为加 1 计数器、减 1 计数器、单向计数器、双向计数器。

（3）定时器/计数器长度。计数单元的长度，PIC 单片机有 2 个 8 位的定时器/计数器，计数范围是 0~255（2^8-1），2 个 16 位的定时器/计数器，计数范围是 0~65535（$2^{16}-1$）。

（4）定时器/计数器初始值、溢出值。定时器/计数器初始值，简称定时器/计数器初值，表示定时器/计数器开始的计数值。

定时器/计数器溢出值就是给 CPU 发出计数到信号对应的数值。

定时器/计数器初值、溢出值可以通过定时器/计数器的配置寄存器设定。

2. 定时器/计数器的工作与使用

软件定时是通过 CPU 对执行指令数的计数来实现的，这种定时占用 CPU，使 CPU 在延时期间无法处理其他事务，不利于实时控制。通过定时器/计数器专用模块硬件来定时、计数，

可以在程序运行时同时进行，不占用 CPU 资源，单片机可以执行其他任务。当定时/计数到，通过中断告诉单片机 CPU，单片机在接收到中断信号后，就知道定时、计数到了，再进行相应的处理。

通过调整初值进行定时器/计数。对于 8 位的定时器/计数器，计数长度是一个字节，最大值是 255。计数到最大值后，计数器的值会循环至 0，并重新开始计数，这个过程称为“溢出”。溢出信号会产生中断，通知单片机定时/计数到。

如果单片机分频后的脉冲周期是 1μs，对于初值为 0 的定时器/计数器，每隔 256μs 产生一个定时中断信号。而定时器/计数器采用这种固定时间间隔工作，使用不方便。在实践中，常常需要使用不同时间间隔的定时器，这就需要通过调整初值来实现。

对于脉冲周期是 1μs 的定时器，如果我们需要 100μs 的定时，它的计数次数是 100，初值可以设置为 156（256-100）。定时器/计数器每次从 156 开始计数，计数 99 次到 255，再计数一个脉冲，第 100 个脉冲计数时就产生中断，告诉单片机，100μs 的定时到。

（1）PIC 单片机的指令周期。指令周期就是单片机执行一个指令所花费的时间。这也是定时器定时的最小时间单位。指令频率=时钟频率/4，指令周期=1/指令频率。

假设现在的时钟是 4MHz，4MHz 的时钟经过 4 分频后变成了 1MHz。其周期为 0.000001s，也就是 1μs，这个 1μs 就是指令周期，也就是定时器定时的最小单位。

（2）定时器 T0 不使用分频器时初值的计算。

计数值=定时时间/指令周期

初值=256-计数值

定时时间=指令周期×(256-初值)

最大定时时间=指令周期×256=256μs

由于进入中断时需要一些时间，TMROL 重新赋值后，要延时 2 个指令周期才开始计数，考虑这些因素后，上述公式要进行必要的修正。

定时时间=指令周期×(256-初值+14)

初值=256-定时时间/指令周期+14

（3）定时器 T0 使用分频器时初值的计算。

定时时间=指令周期×分频比（256-初值+14/分频比）

初值=256-定时时间/(指令周期×分频比）+14/分频比

分频比大于 16 时，就不必进行修正了。

3. 定时器/计数器 T/C0

（1）Timer0 模块的特征。

1）通过软件选择，可作为 8 位或 16 位定时器/计数器。

2）可读写的寄存器。

3）专用的 8 位软件可编程预分频器。

4）可选的时钟源（内部或外部）。

5）外部时钟的边沿选择。

6）溢出中断。、

（2）T0CON 寄存器。（见表 5-1）。T0CON 寄存器控制该模块的工作方式，包括预分频比值的选择。该寄存器是可读写的。

表 5-1　　　　T0CON 寄存器

位	B7	B6	B5	B4	B3	B2	B1	B0
符号	TMR0ON	T08B	T0CS	T0SE	PSA	T0PS2	T0PS1	T0PS0
复位值	1	1	1	1	1	1	1	1

B7 TMR0ON：Timer0 开关控制位。

1=使能 Timer0。

0=禁止 Timer0。

B6 T08B：Timer0 8 位 /16 位模式控制位。

1=Timer0 被配置为 8 位定时器/计数器。

0=Timer0 被配置为 16 位定时器/计数器。

B5 T0CS：Timer0 时钟源选择位。

1=T0CKI 引脚上的传输信号作为时钟源。

0=内部指令周期时钟（CLKO）作为时钟源。

B4 T0SE：Timer0 时钟源边沿选择位。

1=在 T0CKI 引脚上电平的下降沿递增。

0=在 T0CKI 引脚上电平的上升沿递增。

B3 PSA：Timer0 预分频器分配位。

1=未分配 Timer0 预分频器，Timer0 时钟输入不经过预分频器。

0=已分配 Timer0 预分频器。Timer0 时钟输入信号来自预分频器的输出。

B2～B0 T0PS2：T0PS0：Timer0 预分频值选择位。

111=1：256 预分频值；

110=1：128 预分频值；

101=1：64 预分频值；

100=1：32 预分频值；

011=1：16 预分频值；

010=1：8 预分频值；

001=1：4 预分频值；

000=1：2 预分频值。

（3）Timer0 工作原理。Timer0 既可用作定时器也可用作计数器。具体的模式由 T0CS 位（T0CON<5>）决定。在定时器模式下（T0CS=0），除非选择了不同的预分频值，否则默认情况下在每个时钟周期该模块的计时都会递增。如果写入 TMR0 寄存器，那么在随后的两个指令周期内，计时将不再递增。用户可通过将校正后的值写入 TMR0 寄存器来解决上述问题。

通过将 T0CS 位置 1 选择计数器模式。在计数器模式下，Timer0 可在 RA4/T0CKI 引脚信号的每个上升沿或下降沿递增。触发递增的边沿由 Timer0 时钟源边沿选择位 T0SE（T0CON<4>）决定。清零此位选择上升沿递增。

外部时钟输入的限制条件：可以使用外部时钟源来驱动 Timer0，但是必须确保外部时钟与内部时钟（TOSC）相位同步。在同步之后，定时器/计数器仍需要一定的延时才会引发递增操作。

T/C0 的时钟分频器逻辑结构如图 5-1 所示。

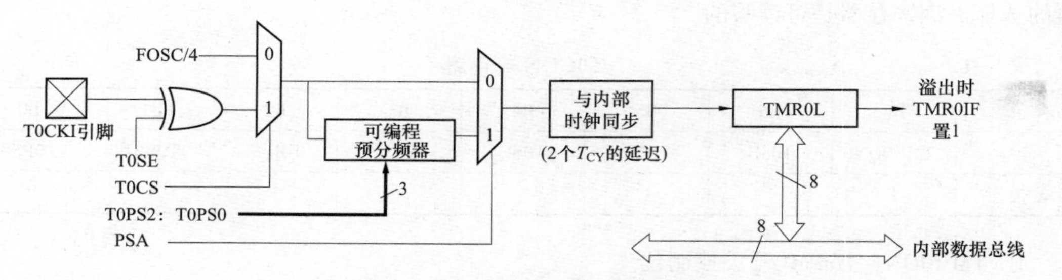

图 5-1 T/CO 的时钟分频器逻辑结构

（4）Timer0 的 16 位读写模式。TMR0H 并不是 16 位模式下 Timer0 的高字节，而是 Timer0 高字节的缓冲寄存器，且不可以被直接读写（16 位模式 T/CO 逻辑结构见图 5-2）。在读 TMR0L 时使用 Timer0 高字节的内容更新 TMR0H。这样可以一次读取 Timer0 的全部 16 位，而无须验证读到的高字节和低字节的有效性（在高、低字节分两次连续读取的情况下，由于可能存在进位，因此需要验证读到字节的有效性）。

同样，写入 Timer0 的高字节也是通过 TMR0H 缓冲寄存器来操作的。在写入 TMR0L 的同时，使用 TMR0H 的内容更新 Timer0 的高字节。这样一次就可以完成 Timer0 全部 16 位的更新。

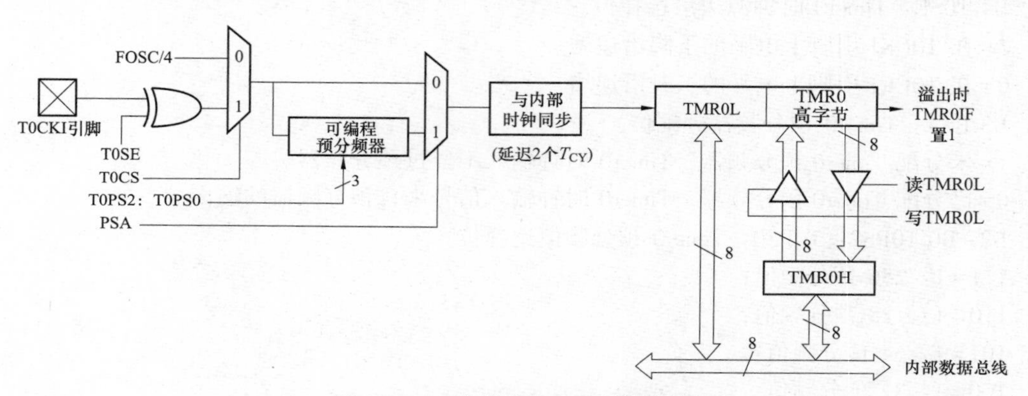

图 5-2 16 位模式 T/CO 逻辑结构

（5）预分频器。Timer0 模块的预分频器为一个 8 位计数器。此预分频器不可直接读写。其值通过 PSA 和 T0PS2：T0PS0 位（T0CON<3：0>）来设置，此位决定预分频器的分配和预分频比值。

将 PSA 位清零可将预分频器分配给 Timer0 模块。预分频比值可以在 1：2~1：256 进行选择，该比值以 2 的整数次幂递增。

若将预分频器分配给 Timer0 模块，所有以 TMR0 寄存器为写入对象的指令（如 CLRF TMR0、MOVWF TMR0 和 BSF TMR0 等）都将使预分频器的计数值清零。

切换预分频器，预分频器的分配完全由软件控制，并且在程序执行期间可以随时更改。

（6）Timer0 中断。当 TMR0 寄存器发生溢出时（8 位模式下，FFh~00h，或 16 位模式下，FFFFh~0000h），将产生 TMR0 中断。这种溢出会将标志位 TMR0IF 置 1。可以通过清零 TMR0IE 位（INTCON<5>）来屏蔽此中断。

在重新允许该中断前，必须在中断服务程序中用软件清零 TMR0IF 位。

由于 Timer0 在休眠模式下是关闭的，所以 TMR0 中断无法将处理器从休眠状态唤醒。

（7）与 TIMER0 相关的寄存器（见表 5-2）。

表 5-2　**TIMER0 相关的寄存器**

名称	B7	B6	B5	B4	B3	B2	B1	B0
TMR0L	Timer0 寄存器的低字节							
TMR0H	Timer0 寄存器的高字节							
INTCON	GIE/GIEH	PEIE/GIEL	TMR0IE	INT0IE	RBIE	TMR0IF	INT0IF	RBIF
T0CON	TMR0ON	T08B	T0CS	T0SE	PSA	T0PS2	T0PS1	T0PS0
TRISA	RA7	RA6	RA5	RA4	RA3	RA2	RA1	RA0

4. Timer1

（1）Timer1 定时器/计数器模块具有以下特征。

1）可通过软件选择，作为 16 位定时器或计数器。

2）可读写的 8 位寄存器（TMR1H 和 TMR1L）。

3）可选择使用器件时钟或 Timer1 内部振荡器作为时钟源。

4）溢出中断。

5）CCP 特殊事件触发复位。

6）器件时钟状态标志位（T1RUN）。

（2）T1CON 寄存器（见表 5-3）。Timer1 的工作由 T1CON 控制寄存器控制，该寄存器包含 Timer1 振荡器使能位（T1OSCEN）。可以通过将控制位 TMR1ON（T1CON<0>）置 1 或清零来使能或禁止 Timer1。

表 5-3　**T1CON 寄存器**

位	B7	B6	B5	B4	B3	B2	B1	B0
符号	RD16	T1RUN	T1CKPS1	T1CKPS0	T1OSCEN	T1SYNC	TMR1CS	TMR1ON
复位	0	0	0	0	0	0	0	0

B7 RD16：16 位读/写模式使能位。

1=使能通过一次 16 位操作对 Timer1 寄存器进行读写。

0=使能通过两次 8 位操作对 Timer1 寄存器进行读写。

B6 T1RUN：Timer1 系统时钟状态位。

1=器件时钟由 Timer1 振荡器产生。

0=器件时钟由另一个时钟源产生。

B5~B4 T1CKPS1：T1CKPS0：Timer1 输入时钟预分频值选择位。

11=1：8 预分频值。

10=1：4 预分频值。

01=1：2 预分频值。

00=1：1 预分频值。

B3 T1OSCEN：Timer1 振荡器使能位。

1=使能 Timer1 振荡器。

0=关闭 Timer1 振荡器。

为了消除功率泄漏，关断了振荡器反相器和反馈电阻。

B2 T1SYNC：低电平有效，Timer1 外部时钟输入同步选择位。

当 TMR1CS=1 时，

1=不与外部时钟输入同步。

0=与外部时钟输入同步。

当 TMR1CS=0 时，

忽略此位。当 TMR1CS=0 时，Timer1 使用内部时钟。

B1 TMR1CS：Timer1 时钟源选择位。

1=使用 RC0/T1OSO/T13CKI 引脚上的外部时钟（上升沿触发计数）。

0=内部时钟（FOSC/4）。

B0 TMR1ON：Timer1 使能位。

1=使能 Timer1。

0=禁止 Timer1。

（3）Timer1 模块的简化框图（见图 5-3）。该模块自身具有低功耗振荡器，可提供额外的时钟。Timer1 振荡器也可作为单片机处于功耗管理模式下的低功耗时钟源。

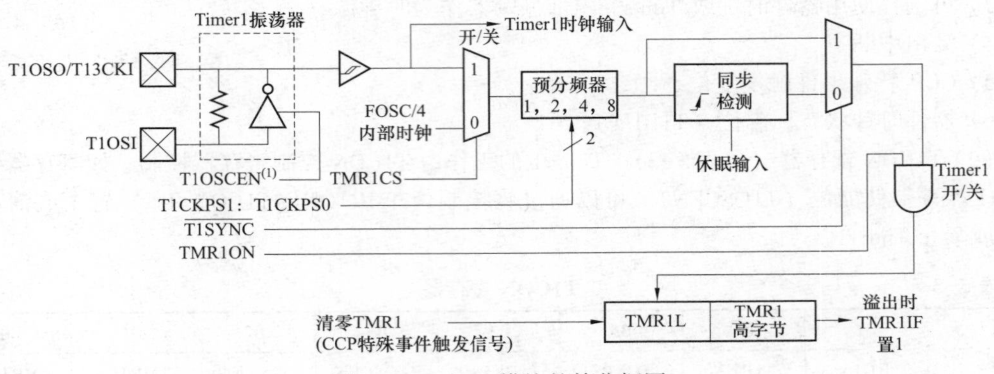

图 5-3 Timer1 模块的简化框图

在对外部元件数量和代码开销要求苛刻的应用中，可使用 Timer1 为其提供实时时钟（RTC）。

Timer1 的工作由 T1CON 控制寄存器控制，该寄存器包含 Timer1 振荡器使能位（T1OSCEN）。

可以通过将控制位 TMR1ON（T1CON<0>）置 1 或清零来使能或禁止 Timer1。

（4）Timer1 的 16 位读/写模式（见图 5-4）。可将 Timer1 配置为 16 位读/写模式。

当 RD16 控制位（T1CON<7>）置 1 时，TMR1H 的地址被映射到 Timer1 的高字节缓冲寄存器。对 TMR1L 的读操作将把 Timer1 的高位字节内容装入 Timer1 高字节缓冲器。这种方式使用户可以精确地读取 Time1 的全部 16 位，而不需要像先读高字节再读低字节那样由于两次读取之间可能存在进位，而不得不验证读取的有效性。

对 Timer1 的高字节进行写操作也必须通过 TMR1H 缓冲器进行。在写入 TMR1L 的同时，使用 TMR1H 的内容更新 Timer1 的高字节。这样允许用户将 16 位值一次写入 Timer1 的高字节和低字节。

在该模式下不能直接读/写 Timer1 的高字节，所有读/写都必须通过 Timer1 高字节缓冲器进行。写入 TMR1H 不会清零 Timer1 预分频器，只有在写 TMR1L 时才会清零该预分频器。

（5）Timer1 振荡器。片上晶体振荡器电路连接在 T1OSI（输入）引脚和 T1OSO（放大器输出）引脚之间。通过将 Timer1 振荡器使能位 T1OSCEN（T1CON<3>）置 1 可使能该振荡电路。此振荡电路是一种低功耗电路，它采用了额定振荡频率为 32kHz 的晶振，在所有的功耗管理模

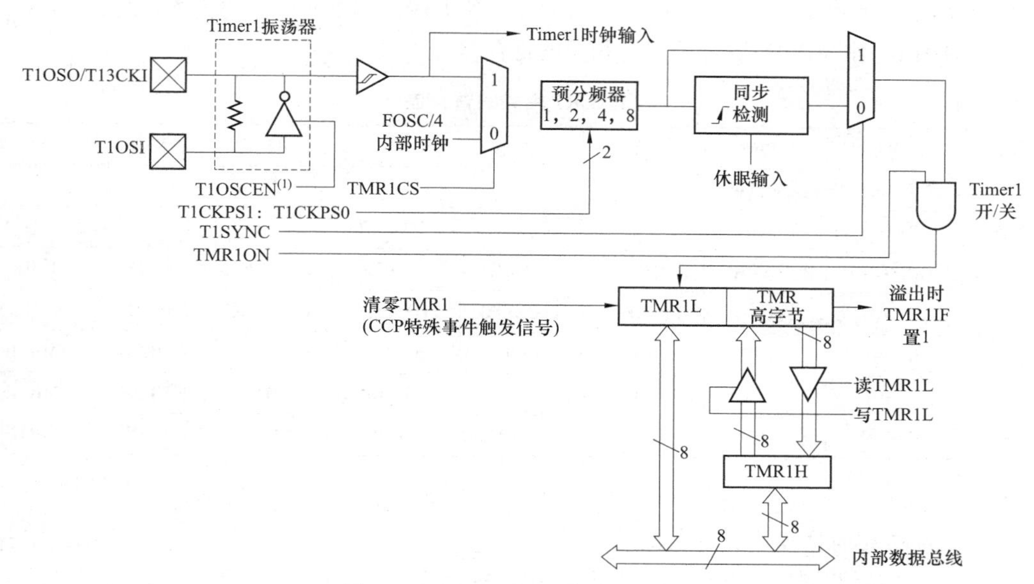

图 5-4　Timer1 的 16 位读/写模式

式下都可以继续运行。如图 5-5 所示为典型的 LP 振荡电路。

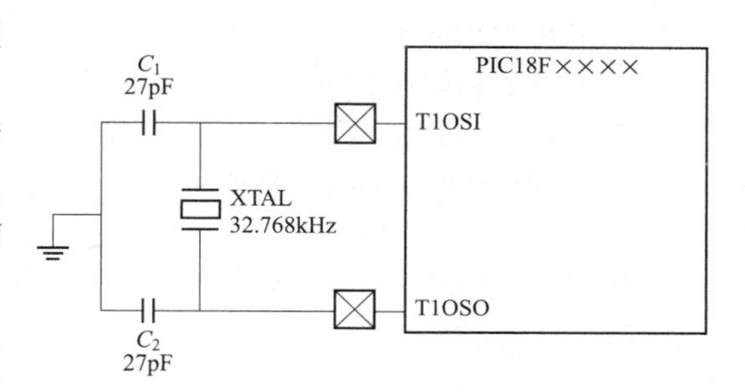

图 5-5　LP 振荡电路

（6）使用 Timer1 作为时钟源。在功耗管理模式中也可以将 Timer1 振荡器用作时钟源。

通过将时钟选择位 SCS1：SCS0（OSCC ON<1：0>）设置为 01，器件可以切换到 SEC_ RUN 模式，此时 CPU 和外设都可以用 Timer1 振荡器作为时钟源。如果 IDLEN 位（OSCCON<7>）被清零并且执行了 SLEEP 指令，器件将进入 SEC_ IDLE 模式。

只要 Timer1 振荡器提供器件时钟，Timer1 系统时钟状态标志位 T1RUN（T1CON<6>）就会置 1。这可用于确定控制器的当前时钟模式。该位也可指示故障保护时钟监视器当前正使用的时钟源。如果使能了故障保护时钟监视器并且 Timer1 振荡器在提供时钟信号时发生了故障，轮询 T1RUN 位可以确定时钟源是 Timer1 振荡器还是其他时钟源。

（7）使用 CCP 特殊事件触发信号来复位。如果 CCP 模块被配置为使用 Timer1 并产生特殊事件触发信号（CCP1M3：CCP1M0 或 CCP2M3：CCP2M0 = 1011）的比较模式，该触发信号将复位 Timer1。如果使能了 A/D 模块，来自 CCP2 的触发信号还将启动 A/D 转换。

要使用这一功能，必须将 Timer1 配置为定时器或同步计数器。在这种情况下，CCPRH：CCPRL 这对寄存器实际上变成了 Timer1 的周期寄存器。

如果 Timer1 工作在异步计数器模式下，复位操作将不起作用。

如果对 Timer1 的写操作和特殊事件触发信号同时发生，则写操作优先。

（8）Timer1 中断。TMR1 寄存器对（TMR1H：TMR1L）从 0000h 开始递增，一直到 FFFFh，然后溢出从 0000h 重新开始计数。

如果使能了 Timer1 中断，该中断就会在溢出时产生，并置位中断标志位 TMR1IF（PIR1<0>）。

可以通过 Timer1 中断使能位 TMR1IE（PIE1<0>）置 1 或清零来使能或禁止该中断。

（9）TIMER1 作为定时器/计数器时相关的寄存器（见表 5-4）。

表 5-4　TIMER1 相关的寄存器

名称	B7	B6	B5	B4	B3	B2	B1	B0
TMR1L	Timer1 寄存器的低字节							
TMR1H	Timer1 寄存器的高字节							
INTCON	GIE/GIEH	PEIE/GIEL	TMR0IE	INT0IE	RBIE	TMR0IF	INT0IF	RBIF
T1CON	RD16	T1RUN	T1CKPS1	T1CKPS0	T1OSCEN	T1SYNC	TMR1CS	TMR1ON
PIR1	PSPIF	ADIF	RCIF	TXIF	SSPIF	CCP1IF	TMR2IF	TMR1IF
PIE1	PSPIE	ADIE	RCIE	TXIE	SSPIE	CCP1IE	TMR2IE	TMR1IE
IPR1	PSPIP	ADIP	RCIP	TXIP	SSPIP	CCP1IP	TMR2IP	TMR1IP

5. Timer2 模块（见图 5-6）

（1）Timer2 定时器模块具有的特征。

1）8 位定时器和周期寄存器（分别为 TMR2 和 PR2）。

2）可读写（TMR2 和 PR2）。

3）可软件编程的预分频器（分频比为 1：1、1：4 和 1：16）。

4）可软件编程的后分频器（分频比为 1：1~1：16）。

5）当 TMR2 与 PR2 匹配时产生中断。

6）作为 MSSP 模块的可选移位时钟。

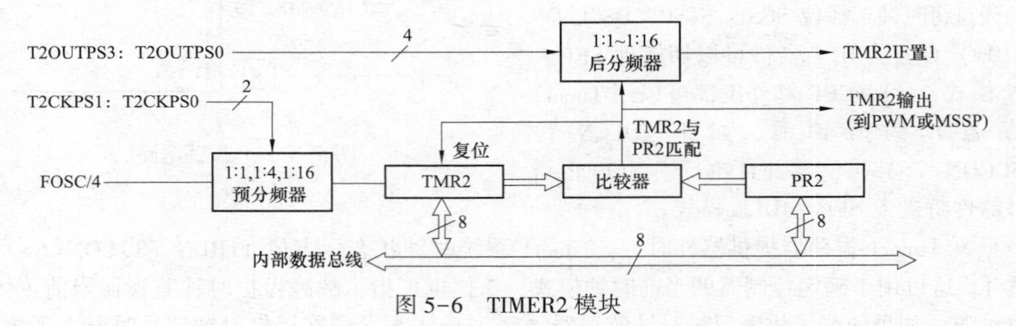

图 5-6　TIMER2 模块

（2）Timer2 工作原理。在正常操作中，TMR2 从 00h 开始，每个时钟周期（FOSC /4）计数一次。4 位的计数器/预分频器提供了对时钟输入不分频、4 分频和 16 分频 3 种预分频选项，并可通过预分频控制位 T2CKPS1：T2CKPS0（T2CON<1：0>）进行选择。在每个时钟周期，TMR2 的值都会与周期寄存器 PR2 中的值进行比较。当两个值匹配时，由比较器产生匹配信号作为定时器的输出。此信号也会使 TMR2 的值在下一个周期复位到 00h，并驱动输出计数器/后分频器。

（3）Timer2 中断。Timer2 也可以产生可选的器件中断。Timer2 输出信号（TMR2 和 PR2 匹配时）可作为 4 位输出计数器/预分频器的输入信号。此计数器产生的 TMR2 匹配中断，由其标志位 TMR2IF（PIR1<1>）表示。可以通过将 TMR2 匹配中断使能位 TMR2IE（PIE1<1>）置 1 来使能此中断。

可以通过后分频比值选择位 T2OUTPS3：T2OUTPS0（T2CON<6：3>）在 16 个后分频比值

选项（从 1：1~1：16）中进行选择。

（4）Timer2 作为定时器/计数器时相关的寄存器（见表 5-5）。

表 5-5　　Timer2 相关的寄存器

名称	B7	B6	B5	B4	B3	B2	B1	B0
TMR2	Timer2 寄存器							
PR2	Timer2 周期寄存器							
INTCON	GIE/GIEH	PEIE/GIEL	TMR0IE	INT0IE	RBIE	TMR0IF	INT0IF	RBIF
T2CON		T2OUTPS3	T2OUTPS2	T2OUTPS1	T2OUTPS0	TMR2ON	T2CKPS1	T2CKPS0
PIR1	PSPIF	ADIF	RCIF	TXIF	SSPIF	CCP1IF	TMR2IF	TMR1IF
PIE1	PSPIE	ADIE	RCIE	TXIE	SSPIE	CCP1IE	TMR2IE	TMR1IE
IPR1	PSPIP	ADIP	RCIP	TXIP	SSPIP	CCP1IP	TMR2IP	TMR1IP

（5）Timer2 输出。TMR2 的不经分频的输出主要用于 CCP 模块，它用作 CCP 模块在 PWM 模式下工作时的时基。

还可将 Timer2 用作 MSSP 模块在 SPI 模式下的移位时钟源。

6. Timer3 模块

（1）Timer3 定时器/计数器模块具有的特征。

1）可通过软件选择，作为 16 位定时器或计数器。

2）可读写的 8 位寄存器（TMR3H 和 TMR3L）。

3）可选择使用器件时钟或 Timer1 内部振荡器作为时钟源。

4）溢出中断。

5）CCP 特殊事件触发模块复位。

（2）Timer3 模块的简化框图（见图 5-7）。

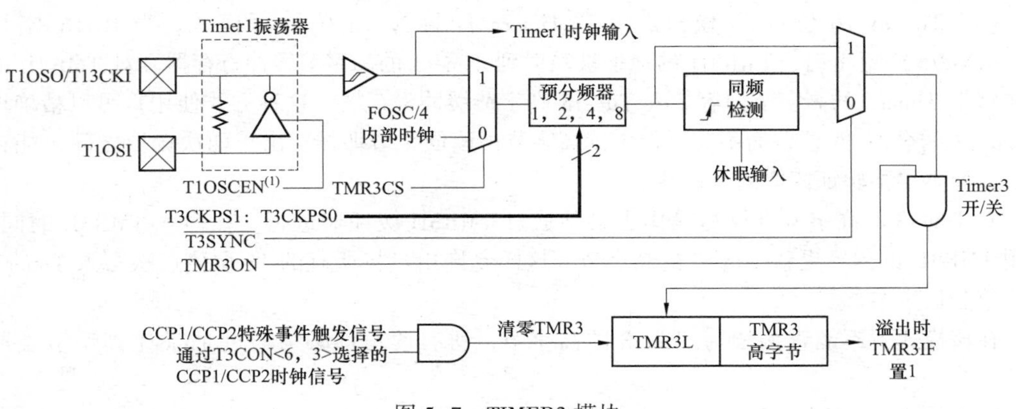

图 5-7　TIMER3 模块

（3）Timer3 模块工作原理框图（见图 5-8）。

Timer3 模块由 T3CON 寄存器控制。该控制寄存器还用于为 CCP 模块选择时钟源。

Timer3 有三种工作模式：

- 定时器；
- 同步计数器；

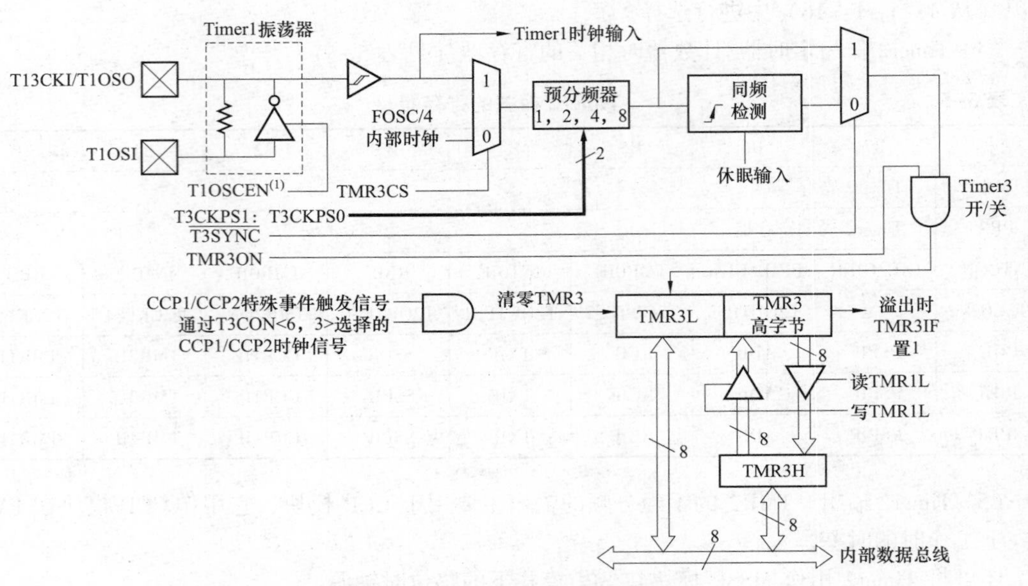

图 5-8 Timer3 模块工作原理框图

- 异步计数器。

工作模式由时钟选择位 TMR3CS（T3CON<1>）决定。

当 TMR3CS 清零（=0）时，Timer3 在每个内部指令周期（FOSC /4）递增。当 TMR3CS 置 1 时，Timer3 在 Timer1 外部时钟输入信号或 Timer1 振荡器（如果使能）输出信号的每个上升沿递增。

当使能 Timer1 时，RC1/T1OSI 和 RC0/T1OSO/T13CKI 引脚变为输入引脚。这意味着 TRISC<1：0> 的值被忽略并且这些引脚的读取值为 0。

（4）Timer3 16 位读/写模式。可将 Timer3 配置为 16 位读写模式。当 RD16 控制位（T3CON<7>）置 1 时，TMR3H 的地址被映射到 Timer3 的高字节缓冲寄存器。对 TMR3L 的读操作将把 Timer3 的高字节内容装入 Timer3 高字节缓冲寄存器。这种方式使用户可以精确地读取 Time3 的全部 16 位，而不需要像先读高字节再读低字节那样，由于两次读取之间可能存在进位，而不得不验证读取的有效性。

对 Timer3 的高字节进行写操作也必须通过 TMR3H 缓冲器进行。在写入 TMR3L 的同时，使用 TMR3H 的内容更新 Timer3 的高字节。这样允许用户将所有的 16 位值一次写入 Timer3 的高字节和低字节。

在该模式下不能直接读写 Timer3 的高字节，所有读写都必须通过 Timer3 高字节缓冲器进行。

写入 TMR3H 不会清零 Timer3 预分频器，只有在写入 TMR3L 时才会清零该预分频器。

使用 Timer1 振荡器作为 Timer3 的时钟源的时钟源。Timer1 内部振荡器可用作 Timer3 的时钟源。通过将 T1OSCEN（T1CON<3>）位置 1，可使能 Timer1 振荡器。要将它用作 Timer3 的时钟源还必须将 TMR3CS 位置 1，这样做也会将 Timer3 配置为在振荡器时钟源的每个上升沿递增。

（5）Timer3 中断。TMR3 寄存器对（TMR3H：TMR3L）从 0000h 开始递增至 FFFFh，然后溢出返回 0000h。如果使能了 Timer3 中断，该中断就会在溢出时产生，并置位中断标志位

TMR3IF（PIR2<1>）。可以通过对 Timer3 中断使能位 TMR3IE（PIE2<1>）置 1 或清零来使能或禁止该中断。

（6）使用 CCP 特殊事件触发信号来复位 Timer3。如果 CCP 模块被配置为使用 Timer3 并产生特殊事件触发信号（CCP1M3：CCP1M0 或 CCP2M3：CCP2M0＝1011）的比较模式，该触发信号将复位 Timer3。如果使能了 A/D 模块，触发信号还将启动 A/D 转换。

要使用这一功能，必须将 Timer3 配置为定时器或同步计数器。在这种情况下，CCPR2H：CCPR2L 这对寄存器实际上变成了 Timer3 的周期寄存器。

如果 Timer3 在异步计数器模式下运行，复位操作将不起作用。

如果对 Timer3 的写操作和特殊事件触发信号同时发生，则写操作优先。

（7）Timer3 作为定时器/计数器时相关的寄存器（见表 5-6）。

表 5-6　　Timer3 相关的寄存器

名称	B7	B6	B5	B4	B3	B2	B1	B0
TMR3L	Timer3 寄存器的低字节							
TMR3H	Timer3 寄存器的高字节							
INTCON	GIE/GIEH	PEIE/GIEL	TMR0IE	INT0IE	RBIE	TMR0IF	INT0IF	RBIF
T1CON	RD16	T1RUN	T1CKPS1	T1CKPS0	T1OSCEN	T1SYNC	TMR1CS	TMR1ON
T3CON	RD16	T3CCP2	T3CKPS1	T3CKPS0	T3CCP1	T3SYNC	TMR3CS	TMR3ON
PIR2	OSCFIF	CMIF	—	EEIF	BCLIF	HLVDIF	TMR3IF	CCP2IF
PIE2	OSCFIE	CMIE	—	EEIE	BCLIE	HLVDIE	TMR3IE	CCP2IE
IPR2	OSCFIP	CMIP	—	EEIP	BCLIP	HLVDIP	TMR3IP	CCP2IP

二、PIC 单片机的定时器应用

1. 用定时器实现流水灯控制

流水灯控制过程中只有一盏 LED 灯是灭的，其他是亮的；依次熄灭各个 LED 灯，8 盏灯循环熄灭。

灯闪烁可以通过变量移位赋值的方式实现，即 PORTD＝0x00 |（1<<i），通过定时器控制闪烁时间间隔。

2. 定时器流水灯控制程序

（1）流水灯控制，使用中断方式的控制流程，如图 5-9 所示。

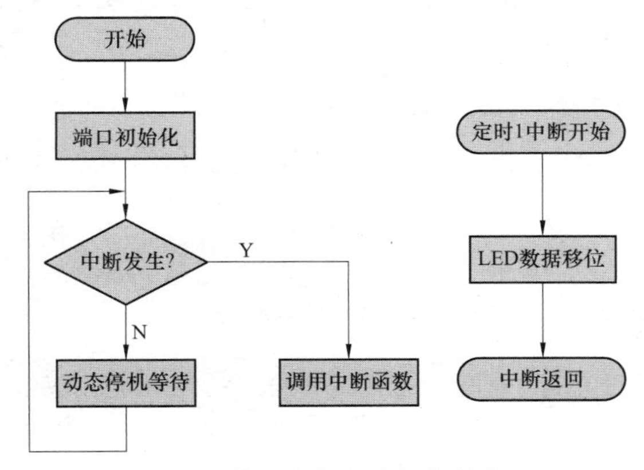

图 5-9　使用中断方式的控制流程

（2）使用中断方式的流水灯控制程序。

```
#include <p18cxxx.h>/* 18F 系列单片机头文件*/
#include "k18.h"/* HL-K18 开发板头文件*/
unsigned int i,j;

void PIC18F_High_isr(void);/* 中断服务函数声明*/
void PIC18F_Low_isr(void);

#pragma code high_vector_section=0x8
/* 高优先级中断响应时,会自动跳转到 0x8 处*/
void high_vector(void)
{
    _asm goto PIC18F_High_isr_endasm/* 通过一条跳转指令(汇编指令),跳转到中断服务函
数(中断服务程序)处*/
}

#pragma code low_vector_section=0x18
/* 低优先级中断响应时,会自动跳转到 0x18 处*/
void low_vector(void)
{
    _asm goto PIC18F_Low_isr_endasm
}

#pragma code
/* 这条语句不是多余的,它是告诉连接器回到默认的代码段*/

/* ---高优先级中断服务程序---*/
#pragma interrupt PIC18F_High_isr
/* 利用预处理器指令#pragma interrupt 来声明后面的函数是高优先级中断服务函数(中断服务程
序)*/

void PIC18F_High_isr(void)
{
    TMR0L=20;/* TMR0 重新置初值*/
    if(i++>5000)/* 5000 次,对应为 500ms*/
    {i=0;
    if(j++>8)
    j=0;
    }
    INTCONBs.TMR0IF=0;/* TMR0 溢出标志清零*/
}

/* ---低优先级中断服务程序---*/
#pragma interruptlow PIC18F_Low_isr
```

```
/* 注意:关键字是 interruptlow,和高优先级中断时不同*/
void PIC18F_Low_isr(void)
{

}

void main(void)/* 主函数*/
{
    INTCONBs.GIE=0;/* 关全局中断*/
    RCONBs.IPEN=1; /* 使能中断优先级*/
    k18_init();/* K18 主板初始化*/
    TRISD=0x00; /* 设置 RD 口为输出*/
    COL1=1;     //开启 LED 点阵的 COL_1 列
    PORTD=0x00;

    T0CON=0x48;/* TMR0 设置:停止运行、8 位定时,F=Fosc,无预分频*/
    TMR0L=20;/* TMR0 置初值*/
    INTCONBs.TMR0IF=0;/* Timer0 溢出标志清零*/
    INTCONBs.TMR0IE=1;/* 允许 Timer0 溢出中断*/
    INTCON2Bs.TMR0IP=1;/* Timer0 中断为高优先级*/

    T0CONBs.TMR0ON=1;/* 启动 TMR0*/
    INTCONBs.GIE=1;/* 开全局中断*/

    while(1)
    {
    PORTD=(1<<j); //COL_1 列 LED 循环点亮
    }
}
```

程序开头包含 PIC18F 系列单片机头文件，包含 K18 板头文件。定义全局变量 i、j。

接着进行中断函数声明，中断高优先级程序、中断低优先级程序地址定位。

编辑高优先级中断服务程序、低优先级中断服务程序。

在高优先级中断服务程序中，重新设置初值 TMR0L 为 20（K18 板使用的是 10MHz 晶振，按初值计算公式：初值=256-定时时间/指令周期+14，可以计算出 100μs 定时时间对应的初值为 20），5000 次中断对应时间是 500ms，改变这个参数，可以控制流水灯的变化速度。

主程序首先关全局中断，使能中断优先级，进行 K18 板初始化，控制 LED 灯的 I/O 端口初始化，然后进行定时器 0 初始化。

在定时器 0 初始化时，首先设置定时器 0 的工作模式，定时器 0 赋初值，清除定时器 0 标志，定时器 0 中断允许，启动定时器 0，然后再开总中断。

在定时器 0 中断处理函数中，首先重新赋定时初值，然后用 i 进行 0.1ms 计数，记录到 5000 次，即 500ms 到，复位 i，并更新 500ms 计数值 j，如果 j 记录超过 7，复位 j。最后在 wihle 循环中，通过 j 控制 LED 循环点亮。

技能训练

一、训练目标

（1）学会 LED 灯的定时驱动。

（2）学会用定时中断控制 8 只 LED 灯的循环点亮。

二、训练步骤与内容

1. 建立一个工程

（1）打开 C 盘下的文件夹 PIC，在该文件夹下新建一个文件夹 E01。

（2）双击 MPLAB IDE 软件图标，启动 MPLAB IDE 软件。

（3）新建一个工程，命名为 E001。

2. 新建 C 语言程序文件

（1）新建一个文件，另存为“main. c”。

（2）在文件 main. c 编辑区，输入使用中断方式的流水灯控制程序，文件保存在 E01 文件夹下。

3. 添加文件

（1）复制开发板头文件 K18. h、C 语言程序文件 K18. c 到文件夹 E01 内。

（2）选择 main. c、K18. c 等 2 个 C 语言程序文件，将其添加到“Source Files”。

（3）选择 K18. h 头文件，将其添加到“Header Files”。

（4）右键单击项目浏览区的“Linker Script”选项，在弹出的菜单中执行“Add File”命令，弹出“添加文件到工程”对话框。

（5）选择 C 盘根目录的 MCC18 下的“lkr”文件夹，双击打开，在文件名栏输入“18f4520”，选择“18f4520. lkr”文件，单击“打开”按钮，将“18f4520. lkr”文件添加到“Linker Script”。

4. 下载调试

（1）执行“Programmer”→“Select Programmer”→“PICkit2”命令，链接 PICkit2 编译器。

（2）执行“Project”→“Build All”命令，编译程序。单击工具栏“下载程序”按钮，下载程序到 PIC 单片机。

（3）单击工具栏“ ”按钮，启动运行程序，观察 LED 点阵最右列的 LED 的变化。

（4）单击工具栏“ ”按钮，观察 LED 点阵最右列的 LED 的变化。

（5）改变 main. c 文件中的 i 值，重新编译、下载、运行程序，观察 LED 点阵最右列的 LED 的运行速度变化。

任务 11 单片机的电子跑表设计

基础知识

一、C 语言的数据

程序离不开数据，无论是简单 LED 驱动，还是响个不停的蜂鸣器，之后到数码管，再到定时器、计数器，都在与数据打交道。

1. 变量与常量数据

变量是相对常量来说的。前面写过的程序中用过的常量太多了，例如：1、10 、0x3B 等，这些数据从程序开始执行到程序结束，一直没有发生变化，这种数据称为常量。相反，随程序执行而变化的数据就是变量了，例如 for 循环中 i、j 等，第 1 次是 0，之后++变为 1，然后变为其他自然数等。

既然是变量，那么就得有个范围，否则会越界。接下来看看 C51 中变量的范围，C51 与 C 语言在其他编译器中有些区别。C51 常用数据类型见表 5-30。

表 5-7　　C51 常用数据类型

数据类型	定义	范围
字符型	unsigned char	0~255
	signed char	-128~127
整型	unsigned int	0~65535
	signed int	-32768~32767
长整型	unsigned long int	0~4294967295
	signed long int	-2147483648~2147483647
浮点型	float	$-3.4\times10^{38}\sim3.4\times10^{38}$
	double	$-1.79\times10^{308}\sim1.79\times10^{308}$

注意：读者以后编写程序使用变量时注意“只用小，不用大”——变量能用 char 的，就不用 int 型，更不必用 long int 型，否则既浪费资源，又会使程序运行比较慢，但一定不要越界，注意上下限。例如，“unsigned char i；for（i=0；i<1000；i++）”，这样程序会一直在 for 循环里执行，因为 i 怎么加也超不过 1000。

2. 变量的作用域

C 语言中的每一个变量都有自己的生存周期和作用域，作用域是指可以引用该变量的代码区域，生命周期指该变量在存储空间存在的时间。根据作用域来分，C 语言变量可分为两类：全量变量和局部变量。根据生存周期又分为动态存储变量和静态存储变量。

（1）全局变量。全局变量也称为外部变量，是在函数外部定义的变量，作用域为当前源程序文件，即从定义该变量的当前行开始，直到该变量源程序文件的结束。在这个区间的所有的函数都可以引用该变量。

读者以后在使用全局变量时需要注意以下几点。

1）对于局部变量的定义和声明，可以不加区分，而对于全局变量则不然，全局变量的定义和全局变量的声明并不是一回事。全局变量定义必须在所有的函数之外，且只能定义一次。而全局变量的声明出现在使用该全局变量的各个函数内，在整个程序中可能出现多次。全局变量在定义时就已分配了内存单元，全局变量定义可赋初值，全局变量声明不能再赋初值，只能表明在函数内部要使用某全局变量。

2）全局变量可加强函数模块之间的数据联系，但是又使函数要依赖这些变量，因而使得函数的独立性降低。从模块化程序设计的观点来看，这是不利的。能不用全局变量的地方，就一定不要用。

3）在同一源文件中，允许全局变量与局部变量同名。在局部变量作用的区域，全局变量不起作用。

（2）局部变量。局部变量也称为内部变量，是定义在函数内部的变量，其作用域仅仅限于函数或复合语句内，离开该函数或复合语句后将无法再引用该变量。注意：这里说的复合语句指包含在“{}”内的语句，例如“if（条件）{int a=0;}”，在该复合语句中变量作用域为定义 a 的那一行开始到大括号结束。

注意：

● 主函数中定义的变量只能在主函数中使用，不能在其他函数中使用。同时，主函数中也不能使用其他函数定义的变量，因为主函数也是一个函数。与其他函数是平行关系。

● 形参变量是属于被调函数的局部变量，实参变量是属于主调函数的局部变量。

● 允许在不同的函数中使用相同的变量名。虽然允许，但为了使程序简单明了，不建议在不同函数中使用相同的变量名。

3. 变量的存储类别

根据生存周期又分为动态存储变量和静态存储变量。

（1）auto（自动变量）。自动变量是默认的存储类别。根据变量的定义位置决定变量的生命周期和作用域，如果定义在函数外，则为全局变量；定义在函数或复合语句内，则为局部变量。C 语言中如果忽略变量的存储类别，则编译器自动将其存储类型定义为自动变量。自动变量用关键字 auto 做存储类别的声明。关键字 auto 可以省略，此时则默认定义为自动变量，属于动态存储方式。

（2）static（静态变量）。静态变量用于限定作用域，无论该变量是全局还是局部的，都存储在数据段上。静态全局变量的作用域仅仅限于该文件，静态局部变量的作用域限于定义该变量的复合语句内。静态局部变量可以延长变量的生命周期，其作用域没有改变，而静态全局变量的生命周期没有改变，但其作用域却减少到该文件内。有时希望函数中的局部变量的值在函数调用结束后不消失而保留原值，这时就应该指定局部变量为静态局部变量，用关键字 static 进行声明。

最后对静态局部变量做几点小结，读者以后多加注意。

1）静态局部变量属于静态存储类别，在静态存储区内分配存储单元，在程序整个运行期间都不释放。而自动变量（即动态局部变量）属于动态存储类别，占用动态存储空间，函数调用结束后立即释放。

2）静态局部变量在编译时赋初值，即只赋初值一次。而对自动变量赋初值是在函数调用时进行，每调用一次函数重新赋一次初值，相当于执行一次赋值语句。

3）如果在定义局部变量时不赋初值，则对静态变量来说，编译时自动赋初值 0（对于数值型）或空字符（对于字符型）。而对自动变量来说，如果不赋初值，则它的值是一个不确定的值。

4）在 C51（即 Keil uVision4 编译器）中，无论全局变量还是局部变量，在定义时即使未初始化，编译器也会自动将其初始化为 0，因此在使用这两种变量时，不用再考虑初始化问题。但为了防止在别的编译器中出现不确定值或为了规范编程，建议无论是全局变量还是局部变量，定义之后应赋初值 0，这样或许能在以后的编程中少遇点麻烦。

（3）extern（外部变量，或全局变量）。extern 关键字扩展了全局变量的作用域，让其他文件中的程序也可以引用该变量，并不会改变该变量的生命周期。它的作用域为从定义处开始，到本程序文件的末尾。如果在定义点之前的函数想引用外部变量，则应在引用之前用关键字 extern 对该变量做外部变量声明，表示该变量是一个已经定义的外部变量。有了此声明，就可以从声明处开始，合法地使用该外部变量。

如果在一个程序中需要引用另外一个文件中已经定义的外部变量，就需要使用 extern 来声明。正确的做法是在另一个文件中定义外部变量，而在该文件中使用 extern 对该变量作外部变量声明。

4. 变量的存储位置

（1）存储在 RAM。如果变量在定义时不加限制，则编译器默认将该变量放置在 RAM 中，例如“char i，j;”，变量 i 和 j 存放在 RAM 中。

（2）存储在 Flash。对于在程序中不需要改变的字符、数据表格等，可以存储在 Flash 中，编译器对标准 C 语言进行了扩展，在变量前加关键字“const”进行限制，表示该数据存放在 Flash 中。例如 const char string1 [ ] = {" abc " }。

二、电子跑表设计

1. 控制要求

（1）按下连接在 INT0 端的按钮 SW0 时，电子跑表启动计时，记录 10ms 递增的次数，数码管显示计时值。

（2）按下连接在 INT2 端的按钮 SW1 时，电子跑表停止计时。

（3）按下单片机的复位按钮，计时值复位。

2. 控制程序

电子跑表的控制程序如下。

```
#include <p18cxxx.h>/* 18F系列单片机头文件*/
#include "k18.h"/* 开发板头文件*/



char flag1,i;
unsigned int cnt;
/* 0~F共阴字形码表*/
const rom uchar SEG7[17]={0x3f,0x06,0x5b,0x4f,0x66,
        0x6d,0x7d,0x07,0x7f,0x6f };
void Key2(void)
{if(0==SW2) cnt=0;
}

void PIC18F_High_isr(void);/* 中断服务函数声明*/
void PIC18F_Low_isr(void);

#pragma code high_vector_section=0x8
/* 高优先级中断响应时,会自动跳转到0x8处*/
/* 利用预处理器指令#pragma code来指定后面的程序在ROM中的起始地址为0x08*/

void high_vector(void)
{
    _asm goto PIC18F_High_isr_endasm/* 通过一条跳转指令(汇编指令),跳转到中断服务函
```

```
数(中断服务程序)处*/
    }

    #pragma code low_vector_section=0x18
    /* 低优先级中断响应时,会自动跳转到 0x18 处*/
    void low_vector(void)
    {
        _asm goto PIC18F_Low_isr_endasm
    }

    #pragma code
    /* 这条语句不是多余的,它是告诉连接器回到默认的代码段*/
    /* 如果不加的话,连接器就会默认把后面的代码紧跟着上面的代码一直放下去*/
    /* 而 18f4520.lkr 文件里定义了向量区地址最多到 0x29,所以如果没加此句,通常会报错*/

    /* ---高优先级中断服务程序---*/
    #pragma interrupt PIC18F_High_isr

    void PIC18F_High_isr(void)
    {
    /* 如果只有一个同级中断源被使能:*/
    /* 1. 执行中断服务语句部分*/
    /* 2. 清除中断标记*/
    if(INTCONbits.TMR0IE && INTCONbits.TMR0IF)
        {
        TMR0L=0x4A;
        TMR0H=0xF6;
        if(i++>4)i=0;
        switch(i)
        {
        case 0:
        {COL4=0;
        COL1=1;
        PORTD=SEG7[cnt% 10];//送入十毫秒位的段选数据
        break;}
    case 1:
        {
        COL1=0;
        COL2=1;
        PORTD=SEG7[(cnt/10)% 10];  //送入百毫秒位的段选数据
        break;}
    case 2:
    {
        COL2=0;
```

```
    COL3=1;
    PORTD=SEG7[(cnt/100)%10];//送入百毫秒位的段选数据
    break;}
case 3:
    {
    COL3=0;
    COL4=1;
    PORTD=SEG7[(cnt/1000)%10];//送入秒十位的段选数据
    break;}
default:break;
    }

INTCONbits.TMR0IF=0;/* Timer0 溢出标志清零*/
    }
if(PIE1bits.TMR1IE && PIR1bits.TMR1IF)
    {
    TMR1L=0x66;//TMR1L 置初值
    TMR1H=0x9E;//TMR1H 置初值
if(++cnt>9999)cnt=0; //超过 9999,计数值复位
PIR1bits.TMR1IF=0;//Timer1 溢出标志清零
    }
/* 如果有多个同级中断源被使能:*/
/* 1. 用查询法确定是哪个中断源提出了中断请求*/
/* 2. 确定是哪个中断源提出了中断请求后,执行中断服务语句部分*/
/* 3. 最后清除该中断源中断标志*/
}

/* ---低优先级中断服务程序---*/
#pragma interruptlow PIC18F_Low_isr
/* 注意:关键字是 interruptlow,和高优先级中断时不同*/
void PIC18F_Low_isr(void)
{
}

void main(void)/* 主函数*/
{
      uchar i;/* 局部变量定义*/
      INTCONbits.GIE=0;/* 关全局中断*/

      k18_init();/* K18 主板初始化*/

      RCONbits.IPEN=1;/* 使能中断优先级*/

T0CON=0x08;/* TMR0 设置:停止运行、16 位定时,F=Fosc,无预分频*/
```

```
      TMR0L=0x4A;
      TMR0H=0xF6;
      INTCONbits.TMR0IF=0;/* Timer0 溢出标志清零*/
      INTCONbits.TMR0IE=1;/* 允许 Timer0 溢出中断*/
      INTCON2bits.TMR0IP=1;/* Timer0 中断为优先级*/
      T0CONbits.TMR0ON=1;/* 启动 TMR0*/
   T1CON=0x00;
      TMR1L=0x66;//TMR1L 置初值
      TMR1H=0x9E;//TMR1H 置初值
      PIR1bits.TMR1IF=0;//Timer1 溢出标志清零
      PIE1bits.TMR1IE=1;//允许 Timer1 溢出中断
      IPR1bits.TMR1IP=1;//Timer1 中断为低优先级
      T1CONbits.TMR1ON=0;//tingTMR1

      INTCONbits.GIE=1;//开全局中断
      INTCONbits.GIEL=1;//开全局中断
      /* 这里写主程序语句*/
      while(1)
      {
      if(SW0==0)T1CONbits.TMR1ON=1;;  //启动定时器 1
      if(SW1==0){T1CONbits.TMR1ON=0; }  //停止定时器 1
      if(SW2==0){T1CONbits.TMR1ON=0;Key2();} //停止定时器 1,cnt 复位
      }
   }
```

程序开头包含 PIC18F 系列单片机头文件，包含 K18 板头文件。定义全局变量 i，cnt。

接着进行中断函数声明，中断高优先级程序、中断低优先级程序地址定位。编辑高优先级中断服务程序、低优先级中断服务程序。

在高优先级中断服务程序中，由于有多个中断处理，所以第一步用查询法确定是哪个中断源提出了中断请求，使用 if 语句对两个定时中断进行判断，if（INTCONbits. TMR0IE && INTCONbits. TMR0IF）条件成立，确定是定时器 0 中断源提出了中断请求，执行中断服务语句部分，重新给定时器 0 寄存器赋 1ms 对应的初值，然后进行数码管动态扫描显示处理，最后清除该中断源中断标志 INTCONbits. TMR0IF。接着使用 if 语句 if（PIE1bits. TMR1IE && PIR1bits. TMR1IF）对定时器 1 进行中断请求判断，条件成立时，确定是定时器 1 中断源提出了中断请求，执行定时器 1 中断服务语句部分，重新给定时器 1 寄存器赋 10ms 对应的初值，然后进行定时器 1 中断次数计数处理，最后清除定时器 1 中断源中断标志 PIR1bits. TMR1IF。

主程序首先关全局中断，使能中断优先级，进行 K18 板初始化，然后进行定时器 0、定时器 1 初始化。

在定时器 0 初始化时，首先设置定时器 0 的工作模式、定时器 0 的初值，清除定时器 0 标志，定时器 0 中断允许，启动定时器 0。

接着进行定时器 1 初始化时，首先设置定时器 1 初值，清除定时器 1 标志，定时器 1 中断允许，关闭定时器 1，然后再开总中断。

在 while 循环中，对按键进行扫描处理。按下 SW0 按键，启动定时器 1。按下 SW1 按键，停止定时器 1。按下 SW2 按键，停止定时器 1，并复位计数变量 cnt。

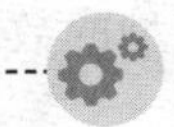

技能训练

一、训练目标

（1）学会使用定时器1。

（2）学会电子跑表控制。

二、训练步骤与内容

1. 建立一个工程

（1）打开C盘下的文件夹PIC，在该文件下新建一个文件夹E02。

（2）双击MPLAB IDE软件图标，启动MPLAB IDE软件。

（3）新建一个工程，命名为E002。

2. 新建C语言程序文件

（1）新建一个文件，另存为“main.c”。

（2）在文件main.c编辑区，输入使用电子跑表控制程序，文件保存在E02文件夹下。

3. 添加文件

（1）复制开发板头文件K18.h、C语言程序文件K18.c到文件夹E02内。

（2）选择main.c、K18.c等2个C语言程序文件，将其添加到“Source Files”。

（3）选择K18.h头文件，将其添加到“Header Files”。

（4）右键单击项目浏览区的“Linker Script”选项，在弹出的菜单中选择“Add File”，弹出“添加文件到工程”对话框。

（5）选择C盘根目录的“MCC18”下的“lkr”文件夹，双击打开，在“文件名”栏输入“18f4520”，选择“18f4520.lkr”文件，单击“打开”按钮，将“18f4520.lkr”文件添加到“Linker Script”。

4. 下载调试

（1）执行“Programmer”→“Select Programmer”→“PICkit2”命令，链接PICkit2编译器。

（2）执行“Project”→“Build All”命令，编译程序。单击工具栏下载程序按钮，下载程序到PIC单片机。

（3）将K18板S2开关右边4个拨至ON。单击工具栏“ ”按钮，启动运行程序，观察数码管的数据显示。

（4）按下SW0按键，启动定时器1，观察数码管的数据显示。

（5）按下SW1按键，停止定时器1，观察数码管的数据显示。

（6）按下SW2按键，停止定时器1，并复位计数变量cnt，观察数码管的数据显示。

（7）单击工具栏“ ”按钮，观察数码管的数据显示。

任务12　简易可调时钟控制

基础知识

一、结构体与联合体

C语言程序设计中有时需要将一批基本类型的数据放在一起使用，从而引入了所谓的构造类型数据。数组就是一种构造类型数据，一个数组实际上是一批顺序存放的相同类型的数据。下面介绍 C 语言中另外几种常用的构造类型数据：结构体、联合体。

1. 结构体

结构体（struct）是一系列由相同类型或不同类型的数据构成的数据集合，也称结构。

（1）结构体的声明。结构体的声明是描述结构如何组合的主要方法。一般情况下，结构体的声明方法有两种，如下所示。

```
 第一种：
struct 结构体名
{结构体元素表};
struct 结构体名 结构变量名表;
第二种：
Struct 结构体名
{结构体元素表
}结构变量表;
```

其中，“结构体元素表”是该结构体中的各个成员（又称为结构体的域），由于结构体可以由不同类型的数据组成，因此应对结构体中的各个成员进行类型说明。定义好结构体类型后，就可以用结构体类型来定义结构变量了。

第一种方法是先定义结构体类型，再定义结构变量。第二种方法是在定义结构体类型的同时，定义结构变量。

例如：

```
struct data
{int year;
 char month,day;
}
struct data data1,data2;
```

首先使用关键字 struct 表示所定义的是一个结构。后面是一个可选的结构类型名标记（data），是用来引用该结构的快速标记。例如后面定义的 struct data data1，意思是把 data1 声明为一个使用 data 结构设计的结构变量。在结构声明中，接下来是用一对花括号括起来的结构成员列表。每个成员都用它自己的声明来描述，用一个分号来结束描述。每个成员可以是任何一种 C 语言的数据类型，甚至可以是其他结构。

结构类型名标记是可选的，但是用第一种方式（在一个地方定义结构设计，而在其他地方定义实际的结构变量）建立结构时，必须使用标记。若没有结构类型标记名，则称为无名结构体。

结合上面两种方式，我们可以得出这里的“结构”有两个意思：一个意思是“结构设计”，例如对变量 year、month、day 的设计就是一种结构设计；另一层意思是创建一个“结构变量”，例如定义的 data1 就是创建一个结构变量的很好的举证。其实这里的 struct data 所起的作用就像 int、float 等在简单声明中的作用一样。

（2）结构体变量的初始化。结构体是一种新的数据类型，因此它也可以像其他变量一样赋值、运算。不同的是结构变量以成员作为基本变量。

结构成员的表示方法：

结构变量.结构成员名

这里的“.”是成员（分量）运算符，它在所有的运算符中优先级最高，因此“结构变量.结构成员名”可以看作一个整体，这个整体的数据类型与结构体中该成员的数据类型相同，这样就可以像使用其他变量那样使用了。

例如：

```
data1.year=2014
```

（3）结构体数组。结构体数组就是相同结构类型数据的变量集合。结构体变量可以存放一组数据（如学生的学号、姓名、年龄等）。如果有20个学生的数据参与运算，显然应该用数组，这就是结构体数组的由来。结构体数组与数值型数组的不同之处在于结构体数组每个数组元素都是一个结构体类型数据，它们包括各个成员项。

例如：

```
struct student
{unsigned char num;
unsigned char name[10];
unsigned char old;
};
struct student stud[20];
```

先用struct定义一个具有3个成员的结构体数据类型student，再用“struct student stud[20]”定义一个结构体数组，其中的每个元素都具有student结构体数据类型。

2. 联合体

联合体也是C语言的一种构造型数据结构，一个联合体中可以包含多个不同数据类型的数据元素，例如一个int型数据变量、一个char型数据变量放在从同一个地址开始的内存单元中。这两个数据变量在内存中的字节数不同，却从同一个地址处开始存放，这种技术可以使不同的变量分时使用同一个内存空间，提高内存的使用效率。

联合体定义的一般格式：

```
unin 联合体类型名
{成员列表}变量表列;
```

也可以像结构体定义那样，将类型定义和变量定义分开，先定义联合体类型，再定义联合体变量。

联合体类型定义与结构体类型定义方法类似，只是将struct换成了unin，但在内存空间分配上不同，结构体变量在内存中占用内存的长度是其中各个成员所占内存长度之和，而联合体变量占用内存长度是字节数最长的成员的长度。

联合体变量的引用是通过联合体成员引用来实现的，引用方法是“联合体类型名.联合体成员名”或“联合体类型名->联合体成员名”。

在引用联合体成员时，要注意联合体变量使用的一致性。联合体在定义时各个不同的成员可以分时赋值，读取时所读取的变量是最近放入联合体的某一成员的数据，因此在赋值时，必须注意其类型与表达式所要求的类型保持一致，且必须是联合体的成员，不能将联合体变量直接赋值给其他变量。

联合体类型数据可以采用同一内存段保存不同类型的数据，但在每一瞬间，只能保存其中一种类型的数据，而不能同时存放几种。每一瞬间只有一个成员数据起作用，起作用的是最后一次存放的成员数据，如果存放了新类型成员数据，原先的成员数据就丢弃了。

联合体可以出现在结构体和数组中，结构体和数组也可以出现在联合体中。当需要存取结构体中的联合体或联合体中的结构体时，其存取方法与存取嵌套的结构体相同。

二、简易可调时钟控制

1. 控制要求

(1) 时钟显示格式为“小时-分钟-秒”，如“13-46-25”表示13时46分25秒。

(2) 按K1按键，停止时钟。

(3) 按K2按键，启动时钟。

(4) 按K3按键，调整小时显示值，每按一次，小时数加1。

(5) 按K4按键，调整分钟显示值，每按一次，分钟数加1。

2. 控制程序设计

```
#include <p18cxxx.h>/* 18F系列单片机头文件*/
#include "k18.h"/* 开发板头文件*/
#include "delay.h"//包含延时头文件

char flag1,i;
unsigned int cnt;
struct TIME{
unsigned char Sec;
unsigned char Minu;
unsigned char Hour;
}Time;
/* 0~F共阴字形码表*/
const rom uchar SEG7[17]={0x3f,0x06,0x5b,0x4f,0x66,
        0x6d,0x7d,0x07,0x7f,0x6f };

void PIC18F_High_isr(void);/* 中断服务函数声明*/
void PIC18F_Low_isr(void);

#pragma code high_vector_section=0x8
/* 高优先级中断响应时,会自动跳转到0x8处*/
/* 利用预处理器指令#pragma code来指定后面的程序在ROM中的起始地址为0x08*/

void high_vector(void)
{
    _asm goto PIC18F_High_isr_endasm/* 通过一条跳转指令(汇编指令),跳转到中断服务函数(中断服务程序)处*/
}

#pragma code low_vector_section=0x18
/* 低优先级中断响应时,会自动跳转到0x18处*/
```

```
void low_vector(void)
{
    _asm goto PIC18F_Low_isr_endasm
}

#pragma code
/* 这条语句不是多余的,它是告诉连接器回到默认的代码段*/
/* 如果不加的话,连接器就会默认把后面的代码紧跟着上面的代码一直放下去*/
/* 而18f4520.lkr文件里定义了向量区地址最多到0x29,所以如果没加此句通常会报错*/

/* ---高优先级中断服务程序---*/
#pragma interrupt PIC18F_High_isr

void PIC18F_High_isr(void)
{
if(INTCONbits.TMR0IE && INTCONbits.TMR0IF)
    {
    TMR0L=0x4A;
    TMR0H=0xF6;
    if(i++>8) i=0;
    switch(i)
    {
    case 0:
    {COL8=0;
    COL1=1;
    PORTD=SEG7[Time.Sec% 10];   //送入秒个位的段选数据
    break;}
case 1:
    {
    COL1=0;
    COL2=1;
    PORTD=SEG7[(Time.Sec/10)% 10];   //送入秒十位的段选数据
    break;}
case 2:
    {
    COL2=0;
    COL3=1;
    PORTD=0x40;   //送入百毫秒位的段选数据
    break;}
case 3:
    {
    COL3=0;
    COL4=1;
    PORTD=SEG7[Time.Minu% 10];   //送入分个位的段选数据
```

```
    break; }
 case 4:
    { COL4=0;
    COL5=1;
    PORTD=SEG7[(Time.Minu/10)%10];//送入分十位的段选数据
    break;}
 case 5:
    {
    COL5=0;
    COL6=1;
    PORTD=0X40;  //送入"_"段选数据
    break;}
 case 6:
    {
    COL6=0;
    COL7=1;
    PORTD=SEG7[Time.Hour%10];  //送入小时个位的段选数据
    break;}
 case 7:
    {
    COL7=0;
    COL8=1;
    PORTD=SEG7[(Time.Hour/10)%10];//送入小时十位的段选数据
    break;}
    default:break;
    }

INTCONbits.TMR0IF=0;  /* Timer0 溢出标志清零*/
    }
if(PIE1bits.TMR1IE&&PIR1bits.TMR1IF)
    {
    TMR1L=0x66;  //TMR1L 置初值
    TMR1H=0x9E;  //TMR1H 置初值
    if(cnt++>100)
    {
    cnt=0;
    if(Time.Sec++>59)
        {
            Time.Sec=0;
        if(Time.Minu++>59)
            {
            Time.Minu=0;
            if(Time.Hour++>23)
                {
```

```
                    Time.Hour=0;
                    }
                }
            }
    }

    PIR1bits.TMR1IF=0;   //Timer1 溢出标志清
    }

}

/* ---低优先级中断服务程序---*/
#pragma interruptlow PIC18F_Low_isr
/* 注意:关键字是 interruptlow,和高优先级中断时不同*/
void PIC18F_Low_isr(void)
{

}

void main(void)   /* 主函数*/
{
    INTCONbits.GIE=0;   /* 关全局中断*/
      k18_init();   /* K18 主板初始化*/
      RCONbits.IPEN=1;   /* 使能中断优先级*/

T0CON=0x08;   /* TMR0 设置:停止运行、16 位定时,F=FOSC,无预分频*/
    TMR0L=0x4A;
    TMR0H=0xF6;
    INTCONbits.TMR0IF=0;   /* Timer0 溢出标志清零*/
    INTCONbits.TMR0IE=1;   /* 允许 Timer0 溢出中断*/
    INTCON2bits.TMR0IP=1;   /* Timer0 中断为优先级*/
    T0CONbits.TMR0ON=1;   /* 启动 TMR0*/
T1CON=0x00;
    TMR1L=0x66;   //TMR1L 置初值
    TMR1H=0x9E;   //TMR1H 置初值
    PIR1bits.TMR1IF=0;   //Timer1 溢出标志清零
    PIE1bits.TMR1IE=1;   //允许 Timer1 溢出中断
    IPR1bits.TMR1IP=1;   //Timer1 中断为低优先级
    T1CONbits.TMR1ON=0;   //tingTMR1

    INTCONbits.GIE=1;   //开全局中断
    INTCONbits.GIEL=1;   //开全局中断
    /* 这里写主程序语句*/
    while(1)
```

```
    {
    if(SW0==0){T1CONbits.TMR1ON=1;}  //启动定时器1
    if(SW1==0){T1CONbits.TMR1ON=0; }  //停止定时器1
    if((T1CONbits.TMR1ON==0)&&(SW2==0))
    {
    Time.Hour++;
    if(Time.Hour>23) Time.Hour=0;
    delayms(500);
    }
if((T1CONbits.TMR1ON==0)&&(SW3==0))
    {
    Time.Minu++;
    if(Time.Minu>59) Time.Minu=0;
    delayms(500);
    }
    }
}
```

定时器0中断程序完成数码管动态扫描显示控制。

定时器1中断程序完成秒、分、时计时时间控制功能。

在主程序中，首先运行K18板、定时器0、定时器1初始化程序，运行完毕，进入while循环。在while循环中，运行按键检测、处理程序。

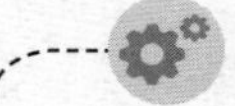

技能训练

一、训练目标

(1) 学会使用单片机的定时中断。

(2) 通过单片机的定时器1中断控制数码管显示时间。

二、训练步骤与内容

1. 建立一个工程

(1) 打开C盘下的文件夹PIC，在该文件下新建一个文件夹E03。

(2) 双击MPLAB IDE软件图标，启动MPLAB IDE软件。

(3) 新建一个工程，命名为E003。

2. 新建C语言程序文件

(1) 新建一个文件，另存为“main.c”。

(2) 在文件main.c编辑区，输入可调时钟控制程序，文件保存在E03文件夹下。

3. 添加文件

(1) 复制开发板头文件K18.h、delay.h，C语言程序文件K18.c、delay.c到文件夹E03内。

(2) 选择main.c、K18.c、delay.c等3个C语言程序文件，将其添加到“Source Files”。

(3) 选择K18.h、delay.h头文件，将其添加到“Header Files”。

(4) 右键单击项目浏览区的“Linker Script”选项，在弹出的菜单中选择“Add File”，弹出“添加文件到工程”对话框。

(5) 选择 C 盘根目录的“MCC18”下的“lkr”文件夹，双击打开，在“文件名”栏输入“18f4520”，选择“18f4520. lkr”文件，单击“打开”按钮，将“18f4520. lkr”文件添加到“Linker Script”。

4. 下载调试

(1) 执行“Programmer”→“Select Programmer”→“PICkit2”命令，连接 PICkit2 编译器。

(2) 执行“Project”→“Build All”命令，编译程序。单击工具栏“下载程序”按钮，下载程序到 PIC 单片机。

(3) 将 K18 板 S2 开关右边 4 个拨至“ON”。单击工具栏“ ”按钮，启动运行程序，观察数码管的数据显示。

(4) 按下 SW0 按键，启动定时器 1，观察数码管的数据显示。

(5) 按下 SW1 按键，停止定时器 1，观察数码管的数据显示。

(6) 按下 SW2 按键，增加小时数值，观察数码管的数据显示。

(7) 按下 SW3 按键，增加分钟数值，观察数码管的数据显示。

(8) 按下 SW0 按键，重新启动定时器 1，观察数码管的数据显示。

(9) 单击工具栏“ ”按钮，观察数码管的数据显示。

习题 5

1. 设计控制程序，用连接在 INT0 的按键 K1 控制连接在点阵的第一列下部的 LED 灯亮，用连接在 INT1 的按键 K2 控制连接在点阵的第一列下部的 LED 灯灭。

2. 在可调时钟控制中，设置 4 个按键，K1 控制时钟的启动。K2 控制小时数的增加，每按一次 K2，小时数加 1，小时数大于 23 时，复位为 0。K3 控制分钟数的增加，每按一次 K3，分钟数加 1，分钟数大于 59 时，复位为 0。K4 控制时钟的停止。

3. 在可调时钟控制中，设置 4 个按键，K1 控制时钟的启动与停止。K2 控制调试模式，在时钟为停止状态时，第 1 次按下时调试小时数，第 2 次按下时调试分钟数，第 3 次按下时清零，第 4 次按下时回到初始状态，无任何操作。K3 控制数值加，K4 控制数值减。

项目六 单片机的串行通信

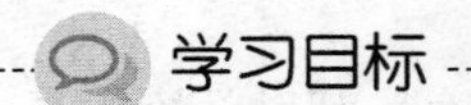

(1) 学习串口中断基础知识。

(2) 学会设计串口中断控制程序。

(3) 实现单片机与 PC 间的串行通信。

任务 13 单片机与 PC 间的串行通信

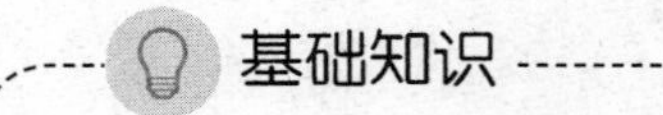

一、串口通信

串行接口（Serial Interface）简称串口，串口通信是指数据按顺序一位一位地传送，实现两个串口设备的通信。例如单片机与别的设备就是通过该方式来传送数据的。其特点是通信线路简单，只要一对传输线就可以实现双向通信，从而降低了成本，特别适用于远距离通信，但传送速度较慢。

1. 通信的基本方式

(1) 并行通信。数据的每位同时在多根数据线上发送或接收。其示意图如图 6-1 所示。

并行通信的特点：各数据位同时传送，传送速度快，效率高，但是有多少数据位就需要多少根数据线，传送成本高。在集成电路芯片的内部，同一插件板上的各部件之间，同一机箱内部插件之间等的数据传送是并行的，并行数据传送的距离通常小于 30m。

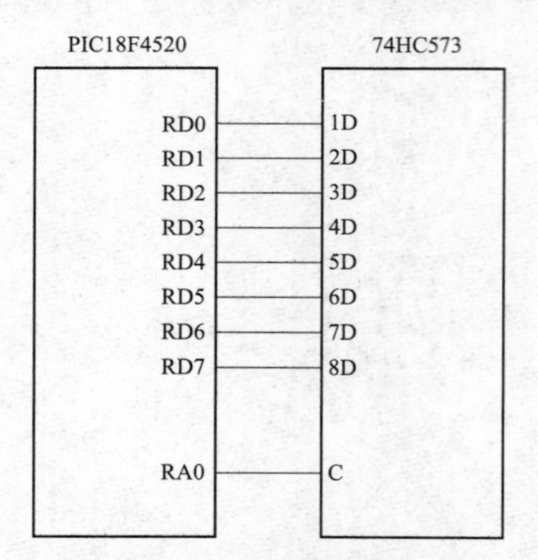

图 6-1 并行通信方式示意图

(2) 串行通信。数据的每一位在同一根数据线上按顺序逐位发送或者接收。其通信示意图如图 6-2 所示。

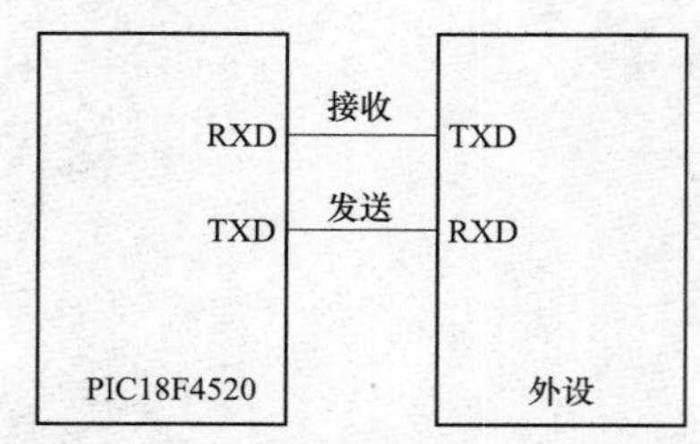

图 6-2 串行通信方式示意图

串行通信的特点：数据传输按位顺序进行，只需两根传输线即可完成，成本低，速度慢。计算机与远程终端，远程终端与远程终端之间的数据传输通常都是串行的。与并行通信相比，串行通信还有较为显著的特点：

1）传输距离较长，可以从几米到几千米；

2）串行通信的通信时钟频率较易提高；

3）串行通信的抗干扰能力十分强，其信号间的互相干扰完全可以忽略。

但是串行通信传送速度比并行通信慢得多。

正是基于以上各个特点的综合考虑，串行通信在数据采集和控制系统中得到了广泛的应用，产品种类也是多种多样的。

2. 串行通信的工作模式

通过单线传输信息是串行数据通信的基础。数据通常是在两个站（点对点）之间进行传输，按照数据流的方向可分为3种传输模式（制式）。

（1）单工模式。单工模式的数据传输是单向的。通信双方中，一方为发送端，另一方则固定为接收端。信息只能沿一个方向传输，使用一根数据线，如图6-3所示。

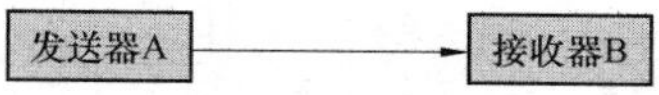

发送器A → 接收器B

图6-3　单工模式

单工模式一般用在只向一个方向传输数据的场合。例如收音机，它只能接收发射塔给它的数据，而并不能给发射塔数据。

（2）半双工模式。半双工模式是指通信双方都具有发送器和接收器，双方既可发送也可接收，但接收和发送不能同时进行，即发送时就不能接收，接收时就不能发送。如图6-4所示。

半双工一般用在数据能在两个方向传输的场合。例如对讲机就是很典型的半双工通信实例，读者有机会可以自己购买套件，之后焊接、调试，亲自体验一下半双工的魅力。

（3）全双工模式。全双工数据通信分别由两根可以在两个不同的站点同时发送和接收的传输线进行传输，通信双方都能在同一时刻进行发送和接收操作，如图6-5所示。

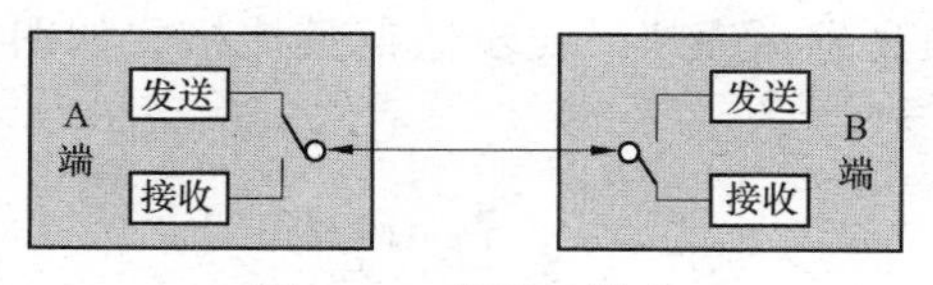

图6-4　半双工模式

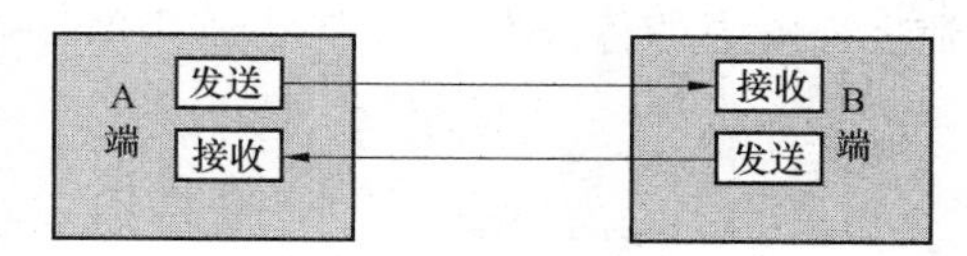

图6-5　全双工模式

在全双工模式下，每一端都有发送器和接收器，有两条传输线，可在交互式应用和远程监控系统中使用，信息传输效率较高。例如手机就是全双工模式。

3. 异步传输和同步传输

在串行传输中，数据是一位一位地按照到达的顺序依次进行传输的，每位数据的发送和接收都需要时钟来控制。发送端通过发送时钟确定数据位的开始和结束，接收端需在适当的时间间隔对数据流进行采样来正确地识别数据。接收端和发送端必须保持步调一致，否则就会在数据传输中出现差错。为了解决以上问题，串行传输可采用以下两种方式：异步传输和同步传输。

（1）异步传输。在异步传输方式中，字符是数据传输单位。在通信的数据流中，字符之间异步，字符内部各位间同步。异步通信方式的“异步”主要体现在字符与字符之间的通信没有严格的定时要求。在异步传输中，字符可以是连续地、一个一个地发送，也可以是不连续地、随机地单独发送。在一个字符格式的停止位之后，立即发送下一个字符的起始位，开始一个新的字符的传输，这叫作连续的串行数据发送，即帧与帧之间是连续的。断续的串行数据传输是指在一帧结束之后维持数据线的“空闲”状态，新的起始位可在任何时刻开始。一旦传输开始，组成这个字符的各个数据位将被连续发送，并且每个数据位持续时间是相等的。接收端根据这个特点与数据发送端保持同步，从而正确地恢复数据。收发双方则以预先约定的传输速度，在时钟的作用下，传输这个字符中的每一位。

（2）同步传输。同步通信是一种连续传送数据的通信方式，一次通信传送多个字符数据，称为一帧信息。数据传输速率较高，通常可达 56000bps 或更高。其缺点是要求发送时钟和接收时钟严格保持同步。例如，可以在发送器和接收器之间提供一条独立的时钟线路，由线路的一端（发送器或者接收器）定期地在每个比特时间中向线路发送一个短脉冲信号，另一端则将这些有规律的脉冲作为时钟。这种方法在短距离传输时表现良好，但在长距离传输中，定时脉冲可能会和信息信号一样受到破坏，从而出现定时误差。另一种方法是通过采用嵌有时钟信息的数据编码位向接收端提供同步信息。同步传输格式如图 6-6 所示。

同步字符	数据字符1	数据字符2	…	数据字符n-1	数据字符n	校验字符	(校验字符)

图 6-6　同步通信数据

4. 串口通信的格式

在异步通信中，数据通常以字符（char）或者字节（byte）为单位组成字符帧传送的。既然双方要以字符传输，一定要遵循一些规则，否则双方肯定不能正确传输数据。或者什么时候开始采样数据，什么时候结束数据采样，这些都必须事先预定好，即规定数据的通信协议。

（1）字符帧。由发送端一帧一帧地发送，通过传输线被接收设备一帧一帧地接收。发送端和接收端可以由各自的时钟来控制数据的发送和接收，这两个时钟源彼此独立。

（2）在异步通信中，接收端靠字符帧格式判断发送端何时开始发送，何时结束发送。每当接收端检测到传输线上发送过来的低电平逻辑 0 时，就知道发送端开始发送数据，每当接收端接收到字符帧中的停止位时，就知道一帧字符信息发送完毕。异步通信具体格式如图 6-7 所示。

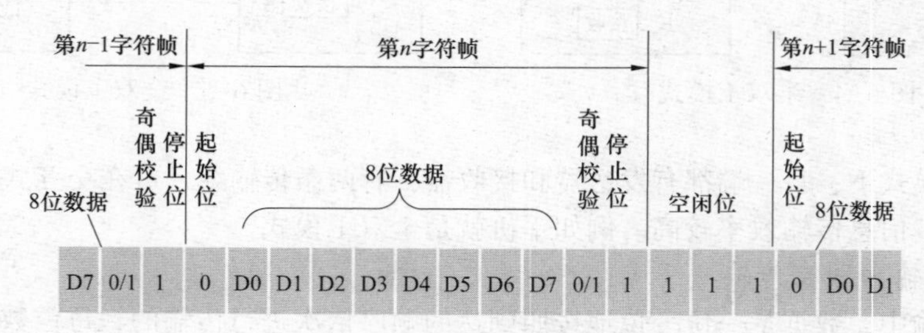

图 6-7　异步通信格式帧

1）起始位。在没有数据传输时，通信线上处于逻辑“1”状态。当发送端要发送 1 个字符数据时，首先发送 1 个逻辑“0”信号，这个低电平便是帧格式的起始位。其作用是向接收端表达发送端开始发送一帧数据。接收端检测到这个低电平后，就准备接收数据。

2）数据位。在起始位之后，发送端发出（或接收端接收）的是数据位，数据的位数没有严格的限制，5~8 位均可，由低位到高位逐位发送。

3）奇偶校验位。数据位发送完（接收完）之后，可发送一位用来验证数据在传送过程中是否出错的奇偶校验位。奇偶校验是收发双发预先约定的有限差错校验方法之一，有时也可不用奇偶校验。

4）停止位。字符帧格式的最后部分是停止位，逻辑“高（1）”电平有效，它可占 1/2 位、1 位或 2 位。停止位表示传送一帧信息的结束，也为发送下一帧信息做好准备。

5. 串行通信的校验

串行通信的目的不只是传送数据信息，更重要的是应确保准确无误地传送。因此必须考虑在通信过程中对数据差错进行校验，差错校验是保证准确无误通信的关键。常用的差错校验方法有奇偶校验、累加和校验以及循环冗余码校验（CRC）等。

（1）奇偶校验。奇偶校验的特点是按字符校验，即在发送每个字符数据之后都附加一位奇偶校验位（1 或 0），当设置为奇校验时，数据中“1”的个数与校验位“1”的个数之和应为奇数；反之则为偶校验。收发双方应具有一致的差错校验设置，当接收一帧字符时，对“1”的个数进行校验，若奇偶性（收、发双方）一致则说明传输正确。奇偶校验只能检测到那些影响奇偶位数的错误，比低级且速度慢，一般只用在异步通信中。

（2）累加和校验。累加和校验是指发送方将所发送的数据块求和，并将“校验和”附加到数据块末尾。接收方接收数据时也是先对数据块求和，将所得结果与发送方的“校验和”进行比较，若两者相同，表示传送正确，若不同则表示传送出了差错。“校验和”的加法运算可用逻辑加，也可用算术加。累加和校验的缺点是无法校验出字节或位序的错误。

（3）循环冗余码校验。循环冗余码校验的基本原理是将一个数据块看成一个位数很长的二进制数，然后用一个特定的数去除它，将余数作为校验码附在数据块之后一起发送。接收端接收到数据块和校验码后，进行同样的运算来校验传输是否出错。

6. 波特率

波特率是表示串行通信传输数据速率的物理参数，其定义为在单位时间内传输的二进制位数，用 bit/s（位/秒）表示，其单位量纲为 bps。例如串行通信中的数据传输波特率为 9600bps，意即每秒钟传输 9600 个 bit，也即 1200 个字节，则传输一个比特所需要的时间为：

$$1/9600\text{bps}=0.000104\text{s}=0.104\text{ms}$$

传输一个字节的时间为：$0.104\text{ms}\times8=0.832\text{ms}$

在异步通信中，常见的波特率通常有 1200、2400、4800、9600 等，其单位都是 bps。高速的可以达到 19200bps。异步通信中允许的收发端的时钟（波特率）误差不超过 5%。

7. 串行通信接口规范

由于串行通信方式能实现较远距离的数据传输，因此在远距离控制时或在工业控制现场通常使用串行通信方式来传输数据。由于在远距离数据传输时，普通的 TTL 或 CMOS 电平无法满足工业现场的抗干扰要求和各种电气性能要求，因此不能直接用于远距离的数据传输。国际电气工业协会 EIA 推进了 RS-232、RS-485 等接口标准。

（1）RS-232 接口规范。RS-232C 是 1969 年 EIA 制定的在数据终端设备（DTE）和数据通信设备（DCE）之间的二进制数据交换的串行接口，全称是 EIA-RS-232C 协议，实际中常称 RS-232，也称 EIA-232，最初采用 DB-25 作为连接器，包含双通道，但是现在也有采用 DB-9 的单通道接口连接，RS-232C 串行端口定义见表 6-1。

表 6-1　　RS-232C 串行端口定义

DB 9	信号名称	数据方向	说明
2	RXD	输入	数据接收端

续表

DB 9	信号名称	数据方向	说明
3	TXD	输出	数据发送端
5	GND	—	地
7	RTS	输出	请求发送
8	CTS	输入	清除发送
9	DSR	输入	数据设备就绪

在实际中，DB 9 由于结构简单，仅需要 3 根线就可以完成全双工通信，所以在实际中应用广泛。表 6-1 中串行端口定义 RS-232 采用负逻辑电平，用负电压表示数字信号逻辑“1”，用正电平表示数字信号的逻辑“0”。规定逻辑“1”的电压范围为-15~-5V，逻辑“0”的电压范围为+5~+15V。RS-232C 标准规定，驱动器允许有 2500pF 的电容负载，通信距离将受此电容限制，例如，采用 150pF/m 的通信电缆时，最大通信距离为 15m；若每米电缆的电容量减小，通信距离可以增加。传输距离短的另一原因是 RS-232 属单端信号传送，存在共地噪声和不能抑制共模干扰等问题，因此一般用于 20m 以内的通信。

（2）RS-485 接口规范。RS-485 标准最初由 EIA 于 1983 年制定并发布，后由通信工业协会修订后命名为 TIA/EIA-485-A，在实际中习惯上称之为 RS-485。RS-485 是为弥补 RS-232 的不足而提出的。为改进 RS-232 通信距离短、速率低的缺点，RS-485 定义了一种平衡通信接口，将传输速率提高到 10Mbps，传输距离延长到 4000 英尺（速率低于 100kbps 时），并允许在一条平衡线上连接最多 10 个接收器。RS-485 是一种单机发送、多机接收的单向、平衡传输规范，为扩展应用范围，随后又增加了多点、双向通信功能，即允许多个发送器连接到同一条总线上，同时增加了发送器的驱动能力和冲突保护特性，扩展了总线共模范围，其特点如下。

1）差分平衡传输。

2）多点通信。

3）驱动器输出电压（带载）：≥| 1.5V|。

4）接收器输入门限：±200mV。

5）-7~+12V 总线共模范围。

6）最大输入电流：1.0mA/-0.8mA（12Vin/-7Vin）。

7）最大总线负载：32 个单位负载（UL）。

8）最大传输速率：10Mbps。

9）最大电缆长度：4000 英尺（1291.2m）。

RS-485 接口是采用平衡驱动器和差分接收器的组合，抗共模干能力更强，即抗噪声干扰性更好。RS-485 的电气特性用传输线之间的电压差表示逻辑信号，逻辑“1”以两线间的电压差为+2~+6V 表示；逻辑“0”以两线间的电压差为-6~-2V 表示。

RS-232C 接口在总线上只允许连接 1 个收发器，即一对一的通信方式。而 RS-485 接口在总线上允许最多 128 个收发器存在，具备多站能力，基于 RS-485 接口，可以方便地组建设备通信网络，实现组网传输和控制。

由于 RS-485 接口具有良好的抗噪声干扰性，使之成为远距离传输、多机通信的首选串行接口。RS-485 接口使用简单，可以用于半双工网络（只需 2 条线），也可以用于全双工通信（需 4 条线）。RS-485 总线对于特定的传输线径，从发送端到接收端的数据信号传输所允许的最大电缆长度是数据信号速率的函数，这个长度数据主要受信号失真及噪声等的影响，所以实际中 RS-485 接口均采用屏蔽双绞线作为传输线。

RS-485 允许总线存在多主机负载，其仅仅是一个电气接口规范，只规定了平衡驱动器和接收器的物理层电特性，而对于保证数据可靠传输和通信的连接层、应用层等协议并没有定义，需要用户在实际使用中予以定义。Modbus、RTU 等是基于 RS-485 物理链路的常见的通信协议。

(3) 串行通信接口电平转换。

1) TTL/CMOS 电平与 RS-232 电平转换。TTL/CMOS 电平采用的是 0~5V 的正逻辑，即 0V 表示逻辑 0，5V 表示逻辑 1，而 RS-232 采用的是负逻辑，逻辑 0 用+5~+15V 表示，逻辑 1 用-15~-5V 表示。在 TTL/CMOS 中，如果使用 RS-232 串行口进行通信，必须进行电平转换。MAX232 是一种常见的 RS-232 电平转换芯片，单芯片解决全双工通信方案，单电源工作，外围仅需少数几个电容器即可。

2) TTL/CMOS 电平与 RS-485 电平转换。RS-485 电平是平衡差分传输的，而 TTL/CMOS 是单极性电平，需要经过电平转换才能进行信号传输。常见的 RS-485 电平转换芯片有 MAX485、MAX487 等。

二、单片机的串行接口

1. 串行接口的组成

PIC 单片机使用增强型通用同步/异步收发器（Universal Synchronous Asynchronous Receiver Transmitter，USART）模块来完成串口接口功能控制。

增强型 USART 模块实现了更多的功能，包括自动波特率检测和校准，以及在接收到“同步中断”字符和发送 12 位间隔字符时自动唤醒。

USART 可配置为以下几种工作模式。

- 带有以下功能的全双工异步模式：

字符接收自动唤醒；

自动波特率校准；

12 位间隔字符发送。

- 半双工同步主控模式（时钟极性可选）。
- 半双工同步从动模式（时钟极性可选）。

增强型 USART 的引脚与 PORTC 复用。为了将 RC6TX/CK 和 RC7/RX/DT 配置为 USART：SPEN（RCSTA<7>）位必须置 1，TRISC<7> 位必须置 1，TRISC<6> 位必须置 1。

增强型 USART 模块的操作由发送状态和控制寄存器（TXSTA）、接收状态和控制寄存器（RCSTA）、波特率控制寄存器（BAUDCON）3 个寄存器控制。

(1) 发送状态和控制寄存器 TXSTA 见表 6-2。

表 6-2　发送状态和控制寄存器 TXSTA

位	B7	B6	B5	B4	B3	B2	B1	B0
符号	CSRC	TX9	TXEN	SYNC	SENDB	BRGH	TRMT	TX9D
复位值	0	0	0	0	0	0	0	0

B7 CSRC：时钟源选择位。

异步模式：

忽略。

同步模式：

1=主控模式（时钟来自内部 BRG）。

0=从动模式（时钟来自外部时钟源）。

B6 TX9：9 位发送使能位。

1=选择 9 位发送。

0=选择 8 位发送。

B5 TXEN：发送使能位。

1=使能发送。

0=禁止发送。

注：同步模式下 SREN/CREN 的优先级高于 TXEN。

B4 SYNC：EUSART 模式选择位。

1=同步模式。

0=异步模式。

B3 SENDB：发送间隔字符位。

异步模式：

1=在下一次发送时发送“同步中断”字符（在完成时用硬件清零）。

0=“同步中断”字符发送完成。

同步模式：

忽略。

B2 BRGH：高波特率选择位。

异步模式：

1=高速。

0=低速。

同步模式：

在此模式下未使用。

B1 TRMT：发送移位寄存器状态位。

1=TSR 空。

0=TSR 满。

B0 TX9D：发送数据的第 9 位。

该位可以是地址/数据位或奇偶校验位。

（2）接收状态和控制寄存器 RCSTA 见表 6-3。

表 6-3　接收状态和控制寄存器 RCSTA

位	B7	B6	B5	B4	B3	B2	B1	B0
符号	SPEN	RX9	SREN	CREN	ADDEN	FERR	OERR	RX9D
复位值	0	0	0	0	0	0	0	0

B7 SPEN：串口使能位：

1=使能串口（将 RX/DT 和 TX/CK 引脚配置为串口引脚）。

0=禁止串口（保持在复位状态）。

B6 RX9：9 位接收使能位。

1=选择 9 位接收。
0=选择 8 位接收。
B5 SREN：单字节接收使能位。
异步模式：忽略。
同步主控模式：
1=使能单字节接收。
0=禁止单字节接收。
此位在接收完成后清零。
同步从动模式：忽略。
B4 CREN：连续接收使能位。
异步模式：
1=使能接收器。
0=禁止接收器。
同步模式：
1=使能连续接收，直到使能位 CREN 清零（CREN 比 SREN 优先级高）。
0=禁止连续接收。
B3 ADDEN：地址检测使能位。
9 位异步模式（RX9=1）：
1=当 RSR<8> 置 1 时，使能地址检测、允许中断并装载接收缓冲器。
0=禁止地址检测，接收到所有字节并且第 9 位可用作奇偶校验位。
9 位异步模式（RX9=0）：忽略。
B2 FERR：帧错误位。
1=帧错误（可以通过读 RCREG 寄存器刷新并接收下一个有效字节）。
0=无帧错误。
B1 OERR：溢出错误位。
1=溢出错误（可以通过清零 CREN 位清除）。
0=无溢出错误。
B0 RX9D：接收数据的第 9 位。
该位可以是地址/数据位或奇偶校验位，必须由用户固件计算得到。
（3）波特率控制寄存器 BAUDCON 见表 6-4。

表 6-4　　波特率控制寄存器 BAUDCON

位	B7	B6	B5	B4	B3	B2	B1	B0
符号	ABDOVF	RCIDL	—	SCKP	BRG16	—	WUE	ABDEN
复位值	0	1	0	0	0	0	0	0

B7 ABDOVF：自动波特率采样计满返回状态位。
1=在自动波特率检测模式下发生了 BRG 计满返回（必须用软件清零）。
0=没有发生 BRG 计满返回。
B6 RCIDL：接收操作空闲状态位。
1=接收操作处于空闲状态。
0=接收操作处于活动状态。

B5 未用位：读为 0。

B4 SCKP：同步时钟极性选择位。

异步模式：在此模式下未使用。

同步模式：

1=空闲状态时钟（CK）为高电平。

0=空闲状态时钟（CK）为低电平。

B3 BRG16：16 位波特率寄存器使能位。

1=16 位波特率发生器——SPBRGH 和 SPBRG。

0=8 位波特率发生器——仅 SPBRG（兼容模式），忽略 SPBRGH 的值。

B2 未用位：读为 0。

B1 WUE：唤醒使能位。

异步模式：

1=EUSART 将继续采样 RX 引脚——中断在下降沿产生，在下一个上升沿用硬件清零该位。

0=未监测 RX 引脚或检测到了上升沿。

同步模式：在此模式下未使用。

B0 ABDEN：自动波特率检测使能位。

异步模式：

1=在下一个字符使能波特率检测。需要收到“同步”字段（55h），完成时在硬件中清零。

0=禁止波特率检测或检测已完成。

同步模式：在此模式下未使用。

（4）计算波特率误差。针对工作在异步模式下，工作频率 FOSC 为 16MHz，采用 8 位 BRG，目标波特率为 9600bps 的器件：

目标波特率=FOSC/（64（［SPBRGH：SPBRG］+1））

求解 SPBRGH：SPBRG 如下。

$$X=((FOSC/目标波特率)/64)-1$$
$$=((16000000/9600)/64)-1$$
$$=[25.042]=25$$

$$计算得到的波特率=16000000/(64\times(25+1))=9615$$
$$误差=(波特率计算结果-目标波特率)/目标波特率$$
$$=(9615-9600)/9600=0.16 误差$$

（5）与波特率发生器相关的寄存器见表 6-5。

表 6-5　　与波特率发生器相关的寄存器

名称	B7	B6	B5	B4	B3	B2	B1	B0
TXSTA	CSRC	TX9	TXEN	SYNC	SENDB	BRGH	TRMT	TX9D
RCSTA	SPEN	RX9	SREN	CREN	ADDEN	FERR	OERR	RX9D
BAUDCON	ABDOVF	RCIDL	—	SCKP	BRG16	—	WUE	ABDEN
SPBRGH	EUSART 波特率发生器寄存器的高字节							
SPBRG	EUSART 波特率发生器寄存器的低字节							

2. EUSART 异步发送器

如图 6-8 所示是异步发送器。

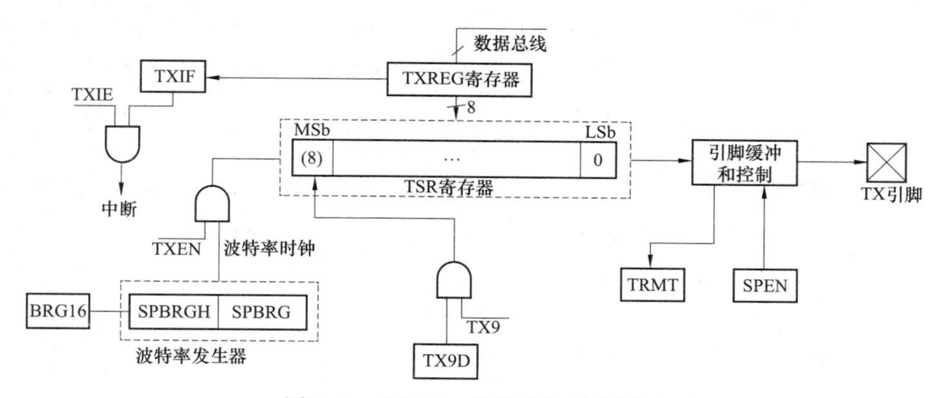

图 6-8　EUSART 发送器的原理框图

图 6-8 显示了 EUSART 发送器的原理框图。发送器的核心是发送（串行）移位寄存器（Transmit Shift Register，TSR）。移位寄存器从读/写发送缓冲寄存器 TXREG 中获取数据。TXREG 寄存器中的数据由软件装入。直到前一次装入的停止位已被发送，才会向 TSR 寄存器装入新数据。一旦停止位发送完毕，TXREG 寄存器中的新数据（如果有的话）就会被装入 TSR。

一旦 TXREG 寄存器向 TSR 寄存器传输了数据（在 1 个 TCY 内发生），TXREG 寄存器就为空，同时标志位 TXIF（PIR1<4>）置 1。可以通过将中断使能位 TXIE（PIE1<4>）置 1 或清零来使能/ 禁止该中断。不管 TXIE 的状态如何，只要中断发生，TXIF 就会置 1 并且不能用软件清零。TXIF 不会在 TXREG 装入新数据时立即被清零，而是在装入指令后的第二个指令周期复位。因此在 TXREG 装入新数据后立即查询 TXIF 会返回无效结果。标志位 TXIF 指示的是 TXREG 寄存器的状态，而另一个位 TRMT（TXSTA<1>）则指示 TSR 寄存器的状态。TRMT 是只读位，它在 TSR 寄存器为空时被置 1。TRMT 位与任何中断均无关联，因此要确定 TSR 寄存器是否为空，用户只能对此位进行轮询。

设置异步发送的操作步骤如下。

（1）初始化 SPBRGH：PBRG 寄存器，设置合适的波特率。按需要将 BRGH 和 BRG16 位置 1 或清零，以获得目标波特率。

（2）通过将 SYNC 位清零并将 SPEN 位置 1 使能异步串口。

（3）如果需要中断，将使能位 TXIE 置位。

（4）若需要发送 9 位数据，将发送位 TX9 位置 1。发送的第 9 位可以是地址位也可以是数据位。

（5）通过将 TXEN 位置 1 使能发送，此操作同时也会将 TXIF 位置 1。

（6）如果选择发送 9 位数据，应该将第 9 位数据装入 TX9D 位。

（7）将数据装入 TXREG 寄存器（启动发送）。

（8）若想使用中断，请确保将 INTCON 寄存器中的 GIE 和 PEIE 位（INTCON<7：6>）置 1。

3. 与异步发送相关的寄存器

与异步发送相关的寄存器见表 6-6。

表 6-6 与异步发送相关的寄存器

名称	B7	B6	B5	B4	B3	B2	B1	B0
INTCON	GIE/GIEH	PEIE/GIEL	TMR0IE	INT0IE	RBIE	TMR0IF	INT0IF	RBIF
TXSTA	CSRC	TX9	TXEN	SYNC	SENDB	BRGH	TRMT	TX9D
RCSTA	SPEN	RX9	SREN	CREN	ADDEN	FERR	OERR	RX9D
BAUDCON	ABDOVF	RCIDL	—	SCKP	BRG16	—	WUE	ABDEN
PIR1	PSPIF	ADIF	RCIF	TXIF	SSPIF	CCP1IF	TMR2IF	TMR1IF
PIE1	PSPIE	ADIE	RCIE	TXIE	SSPIE	CCP1IE	TMR2IE	TMR1IE
IPR1	PSPIP	ADIP	RCIP	TXIP	SSPIP	CCP1IP	TMR2IP	TMR1IP
TXREG	EUSART 发送寄存器							
SPBRGH	EUSART 波特率发生器寄存器的高字节							
SPBRG	EUSART 波特率发生器寄存器的低字节							

4. EUSART 异步接收器

如图 6-9 所示是异步接收器。

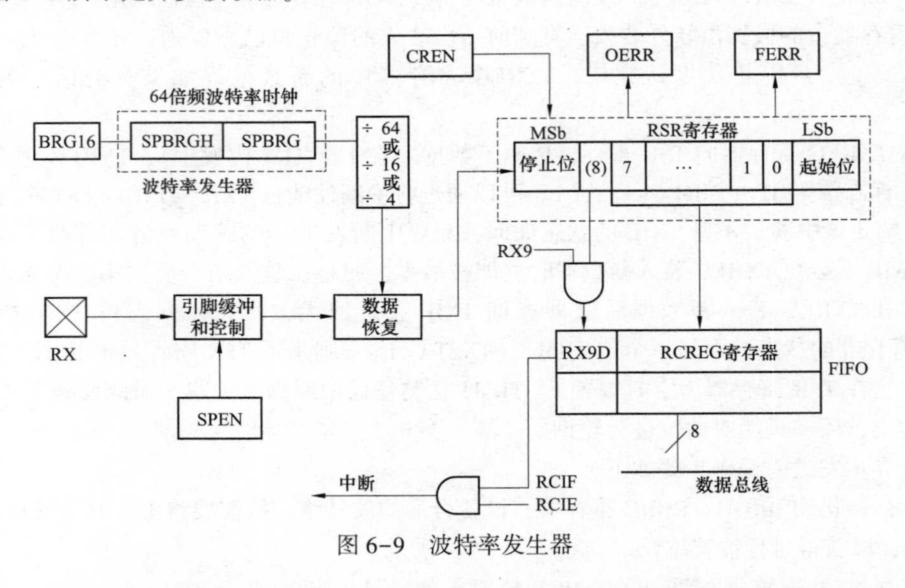

图 6-9 波特率发生器

图 6-9 显示了接收器的原理框图。在 RX 引脚上接收数据，并驱动数据恢复电路。数据恢复电路实际上是一个以 16 倍波特率为工作频率的高速移位器，而主接收串行移位器的工作频率等于比特率或 FOSC。此模式通常用于 RS-232 系统。

设置异步接收的操作步骤如下。

(1) 初始化 SPBRGH：PBRG 寄存器，设置合适的波特率。按需要将 BRGH 和 BRG16 位置 1 或清零，以获得目标波特率。

(2) 通过将 SYNC 位清零并将 SPEN 位置 1 使能异步串口。

(3) 如果需要中断，将使能位 RCIE 置位。

(4) 若需要接收 9 位数据，将发送位 RX9 位置 1。

(5) 通过将 CREN 位置 1，使能接收。

(6) 当接收完成时标志位 RCIF 将被置 1，此时如果使能位 RCIE 已置 1，还将产生一个中断。

（7）读 RCSTA 寄存器以获取第 9 位数据（如果已使能），并判断是否在接收过程中发生了错误。

（8）通过读 RCREG 寄存器来读取接收到的 8 位数据。

（9）如果发生错误，通过将使能位 CREN 清零来清除错误。

（10）若想使用中断，请确保将 INTCON 寄存器中的 GIE 和 PEIE 位（INTCON<7：6>）置 1。

5. 与异步接收相关的寄存器（见表 6-7）

表 6-7　与异步接收相关的寄存器

名称	B7	B6	B5	B4	B3	B2	B1	B0
INTCON	GIE/GIEH	PEIE/GIEL	TMR0IE	INT0IE	RBIE	TMR0IF	INT0IF	RBIF
TXSTA	CSRC	TX9	TXEN	SYNC	SENDB	BRGH	TRMT	TX9D
RCSTA	SPEN	RX9	SREN	CREN	ADDEN	FERR	OERR	RX9D
BAUDCON	ABDOVF	RCIDL	—	SCKP	BRG16	—	WUE	ABDEN
PIR1	PSPIF	ADIF	RCIF	TXIF	SSPIF	CCP1IF	TMR2IF	TMR1IF
PIE1	PSPIE	ADIE	RCIE	TXIE	SSPIE	CCP1IE	TMR2IE	TMR1IE
IPR1	PSPIP	ADIP	RCIP	TXIP	SSPIP	CCP1IP	TMR2IP	TMR1IP
RCREG	EUSART 接收寄存器							
SPBRGH	EUSART 波特率发生器寄存器的高字节							
SPBRG	EUSART 波特率发生器寄存器的低字节							

三、串口通信程序与调试

1. 串口通信控制要求

串口助手发送数据，单片机接收到后原样发回到 PC 机，在串口助手显示发回的数据（中断方式）。

2. 控制程序

```
#include <p18cxxx.h>/* 18F 系列单片机头文件*/
#include "k18.h"/* 开发板头文件*/

void PIC18F_High_isr(void);/* 中断服务函数声明*/
void PIC18F_Low_isr(void);
#pragma code high_vector_section=0x8

void high_vector(void)
{
    _asm goto PIC18F_High_isr_endasm/* 通过一条跳转指令(汇编指令),跳转到中断服务函
数(中断服务程序)处*/
}

#pragma code low_vector_section=0x18
```

```
/* 低优先级中断响应时,会自动跳转到 0x18 处*/
void low_vector(void)
{
    _asm goto PIC18F_Low_isr_endasm
}

#pragma code

/* ---高优先级中断服务程序---*/
#pragma interrupt PIC18F_High_isr

void PIC18F_High_isr(void)
{
    TXREG=RCREG;/* 将接收到的数据再发送出去*/
}

/* ---低优先级中断服务程序---*/
#pragma interruptlow PIC18F_Low_isr
/* 注意:关键字是 interruptlow,和高优先级中断时不同*/
void PIC18F_Low_isr(void)
{
}
void main(void)
{
    k18_init();/* K18 开发板初始化*/
    COL5=1;/* 选通点阵管的左数第 4 列的 LED */
    PORTD=0;/* 先熄灭所有 LED*/
    RCSTAbits.SPEN=1;/* 使能串口(将 RX 和 TX 引脚配置为串口引脚)*/
    TXSTAbits.SYNC=0;/* 异步模式*/
    SPBRG=10000000/64*(1*3+1)/9600-1;  /* 波特率寄存器置值,设置波特率*/
    TXSTAbits.BRGH=1;/* 速度模式:高速*/
    RCSTAbits.CREN=1;/* 接收使能*/
    TXSTAbits.TXEN=1;/* 发送使能*/

    IPR1bits.RCIP=1;/* 设定串口接收中断为高优先级*/
    PIE1bits.RCIE=1;/* 串口接收中断允许*/
    INTCONbits.PEIE=1;/* 外设中断允许*/
    INTCONbits.GIE=1;/* 开总中断*/

    while(1)
    {

    }
}
```

串口初始化包括串口端口初始化和串口通信初始化。

在串口端口初始化中，主要是使能串口（将 RX 和 TX 引脚配置为串口引脚），同时设置异步模式、串口波特率。设定串口接收中断为高优先级、串口接收中断允许、外设中断允许，然后开总中断。

主程序 while 程序暂时未设置任何内容，读者可以在其中设置接收数据的处理程序。

3. 串口调试要点

（1）电路、元件焊接要可靠。如果电路、元件没焊接好，即使程序没问题，也会因串口通信硬件问题而不能正常通信。

（2）注意串口连接电缆有两种——交叉连接电缆和直通电缆，一般使用交叉连接电缆。

（3）准备好一款串口调试工具。一般使用串口调试助手，可以帮助调试串口。

（4）注意串口安全。建议不要带电插拔串口，插拔串口连接线时，至少要有一端是断电的，否则会损坏串口。

技能训练

一、训练目标

（1）学会使用单片机的串口中断。

（2）通过单片机的串口与计算机进行通信。

二、训练步骤与内容

1. 建立一个工程

（1）打开 C 盘下的文件夹 PIC，在该文件夹下新建一个文件夹 F01。

（2）双击 MPLAB IDE 软件图标，启动 MPLAB IDE 软件。

（3）新建一个工程，命名为 F001。

2. 新建 C 语言程序文件

（1）新建一个文件，另存为“main. c”。

（2）在文件 main. c 编辑区，输入串口通信程序，文件保存在 F01 文件夹下。

3. 添加文件

（1）复制开发板头文件 K18. h、C 语言程序文件 K18. c 到文件夹 F01 内。

（2）选择 main. c、K18. c 等 2 个 C 语言程序文件，将其添加到“Source Files”。

（3）选择 K18. h 头文件，将其添加到“Header Files”。

（4）右键单击项目浏览区的“Linker Script”选项，在弹出的菜单中选择“Add File”，弹出“添加文件到工程”对话框。

（5）选择 C 盘根目录的“MCC18”下的“lkr”文件夹，双击打开，在“文件名”栏输入“18f4520”，选择“18f4520. lkr”文件，单击“打开”按钮，将“18f4520. lkr”文件添加到“Linker Script”。

4. 下载调试

（1）执行“Programmer”→“Select Programmer”→“PICkit2”命令，链接 PICkit2 编译器。

（2）执行“Project”→“Build All”命令，编译程序。单击工具栏“下载程序”按钮，下载程序到 PIC 单片机。

（3）使用 RS-232 接口电缆连接 K18 板 RS-232 接口与计算机 COM1 串口，或者通过 USB

转串口电缆连接 K18 板 RS-232 接口与计算机 USB 端口。

(4) 启动一种串口调试软件，调节串口通信参数：波特率为 9600bps，校验位为 NONE，数据位为 8，停止位为 1。COM 端口根据连接计算机 COM1 串时，设置为 COM1，连接 USB 端口时，根据计算机 USB 端口对应的端口设定。

(5) 单击工具栏“⎍”按钮，启动运行程序。

(6) 在串口调试窗口发送区，写入待发送数据 A。

(7) 单击“发送”按钮，观察串口调试软件接收数据显示区显示的信息。

(8) 单击工具栏“⎍”按钮，观察数码管的数据显示。

习题 6

1. 单片机与计算机串口连接，设计串口发送、接收字符串程序，并用串口调试软件观察实验结果。

2. 使用发送中断、接收中断，设计串口通信控制程序，进行字符发送与接收实验。

项目七 应用LCD模块

学习目标

（1）应用C语言条件判断。

（2）学会应用字符型LCD。

任务14 字符型LCD的应用

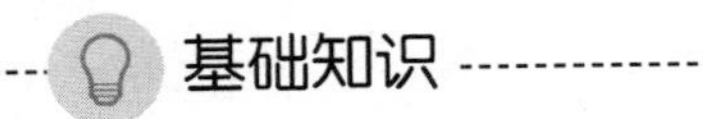
基础知识

一、C语言条件判断

1. if条件判断语句

与if语句有关的关键字就两个：if和else，翻译成中文就是“如果”和“否则”。If语句有3种格式。

（1）if语句的默认形式。

```
if(条件表达式){语句A;}
```

它的执行过程是，if条件表达式的值为“真”（非0值），则执行语句A；为“假”（0值）则不执行语句A。这里的语句也可以是复合语句。

（2）if…else语句。某些情况下，除了if的条件满足并执行相应的语句外，还需执行条件不满足情况下的相应语句，这时候就要用if…else语句了，它的基本语法形式如下。

```
if(条件表达式)
  {语句A;}
else
  {语句B;}
```

它的执行过程是，if条件表达式的值为“真”（非0值），则执行语句A；为“假”（0值）则执行语句B。这里的语句A、语句B也可以是复合语句。

（3）if…else if语句。if…else语句是一个二选一的语句，或者执行if条件下的语句，或者执行else条件下的语句。此外，还有一种多选一的用法就是if…else if语句，它的基本语法格式如下。

```
if(条件表达式1)            {语句A;}
else if(条件表达式2)       {语句B;}
else if(条件表达式3)       {语句C;}
……
```

```
else                          {语句 N;}
```

它的执行过程是：依次判断条件表达式的值，当出现某个值为“真”（非0值）时，则执行相应的语句，然后跳出整个if语句，执行后边的程序。如果所有的条件表达式都为“假”，则执行“语句N”，再执行“语句N”后边的程序。这种条件判断常用于实现多方向的条件分支。

其实上述内容不是要说明的重点，真正的重点是if语句究竟该如何应用，或者说该注意什么。

例如：

(1) if (i==100) 与 if (100==i) 的区别。建议用后者。

(2) 布尔 (bool) 变量与“零值”的比较该如何写？

定义：bool bTestFlag=FALSE；一般初始化为FALSE比较好。

```
第一种:if(0==bTestFlag);    if(1==bTestFlag);
第二种:if(TRUE==bTestFlag);    if(FALSE==bTestFlag);
第三种:if(bTestFlag);      if(! bTestFlag);
```

现来分析一下这3种写法的好坏。

第一种写法：bTestFlag是什么？整型变量？如果不是bTestFlag这个名字遵循了前面的命名规范，恐怕很容易让人误解成整型变量。所以这种写法不好。

第二种写法：FALSE的值大家都知道，在编译器里被定义为0；但是TRUE的值不全是1。Visual C++定义为1，而Visual Basic就把TRUE定义为-1。那很显然，这种写法也不怎么好。

第三种写法：关于if的执行机理，上面说得很清楚了。很显然，这种写法很好，既不会引起误会，也不会由于TRUE或FLASE的不同定义值而出错。记住：以后代码就这样写。

(3) if…else的匹配不仅要做到心中有数，还要做到胸有成竹。C语言规定：else始终与同一括号内最近的未匹配的if语句匹配。但读者写的程序，一定要层次分明，让自己、别人一看就知道哪个if和哪个else相对应。

(4) 先处理正常情况，再处理异常情况。在编写代码时，要使得正常情况的执行代码清晰，确认那些不常发生的异常情况处理代码不会妨碍正常的执行流程。这样对于代码的可读性和性能都很重要。因为if语句总是需要做判断，而正常情况一般比异常情况发生的概率更大，如果把执行概率更大的代码放到后面，也就意味着if语句将进行多次无谓的比较。另外，非常重要的一点是，把正常情况的处理放在if后面，而不要放在else后面。当然这也符合把正常情况的处理放在前面的要求。

2. switch…case 开关条件判断语句

switch语句作为分支结构的一种，使用方式及执行效果与if…else语句完全不同。这种特殊的分支结构的作用也是实现程序的条件跳转，不同的是其执行效率要比if…else语句快很多，原因在于switch语句通过开关条件判断，实现程序跳转，而不是依次判断每个条件，由于switch条件表达式为常量，所以在程序运行时其表达式的值为确定值，因此就会根据确定的值来执行特定条件，而无须再去判断其他情况。由于这种特殊的结构，提倡读者们在自己的程序中尽量采用switch语句，避免过多使用if…else结构。switch…case的格式如下。

```
switch(常量表达式)
{
    case 常量表达式1:执行语句A;break;
```

```
    case 常量表达式 2:执行语句 B;break;
    ……
    case 常量表达式 n:执行语句 N;break;
    default:执行语句 N+1;
}
```

在用 switch…case 语句时需要注意以下几点。

(1) break 一定不能少，它用于跳出当前循环；

(2) 一定要加 default 分支，不要理解为画蛇添足，即使真的不需要，也应该保留。

(3) case 后面只能是整型或字符型的常量或常量表达式。像 0.5、2/3 等都不行，读者当然可以上机亲自调试一下。

(4) case 语句排列顺序：若语句比较少，可以不予考虑。若语句较多时，就不得不考虑这个问题了。一般遵循以下 3 条原则。

1）按字母或数字顺序排列各条 case 语句。例如 A、B……Z，1、2……55 等。

2）把正常情况放在前面，异常情况放在后面。

3）按执行频率排列 case 语句。即执行越频繁的越往前放，反之则往后放。

二、LCD 液晶显示器

1. 液晶显示器

液晶显示器（见图 7-1）在工程中的应用极其广泛，大到电视，小到手表，从个人到集体，再从家庭到广场，液晶的身影无处不在。虽然 LED 发光二极管显示屏很“热”，但 LCD 绝对不“冷”。别看液晶表面的鲜艳，其实它背后有一个支持它的控制器，如果没有控制器，液晶什么都显示不了，所以应先学好单片机，那么液晶的控制就容易了。

图 7-1 液晶显示器

液晶（Liquid Crystal）是一种高分子材料，因为其特殊的物理、化学、光学特性，20 世纪中叶开始广泛应用于轻薄型显示器上。液晶显示器（Liquid Crystal Display ，LCD）的主要原理是以电流刺激液晶分子，产生点、线、面并配合背光灯管构成画面。为讲述方便，通常把各种液晶显示器都直接叫作液晶。

各种型号的液晶通常是按照显示字符的行数或液晶点阵的行、列数来命名的。例如：1602的意思是每行显示16个字符，一共可以显示两行。类似的命名还有1601、0802（读者可以参考深圳晶联讯电子有限公司的主页 http：//jlxlcd. cn）等，这类液晶通常都是字符液晶，即只能显示字符，如数字、大小写字母、各种符号等；12864液晶属于图形型液晶，它的意思是液晶由128列、64行组成，即128×64个点（像素）来显示各种图形，这样就可以通过程序控制这128×64个点（像素）来显示各种图形。类似的命名还有12832、19264、16032、240128等，当然，根据客户需求，厂家还可以设计出任意组合的点阵液晶。

目前特别流行的一种屏是TFT（Thin Film Transistor），即薄膜晶体管。所谓薄膜晶体管是指液晶显示器上的每一液晶像素点都是由集成在其后的薄膜晶体管来驱动的，从而可以做到高速度、高亮度、高对比度显示屏幕信息。TFT属于有源矩阵液晶显示器。TFT-LCD液晶显示屏是薄膜晶体管型液晶显示屏，也就是"真彩"显示屏。

这里主要介绍两种液晶显示屏：1602和12864，其他的屏都是大同小异。其中TFT彩屏用8位单片机来控制，实在有些强人所难，因此这里不做过多介绍，等读者学了STM32或FPGA之后，再去学TFT彩屏。

2. 1602液晶显示屏的工作原理

（1）1602液晶显示屏工作电压为5V，内置192种字符（160个5×7点阵字符和32个5×10点阵字符），具有64个字节的RAM，通信方式有4位、8位两种并口可选。其实物图如图7-2所示。

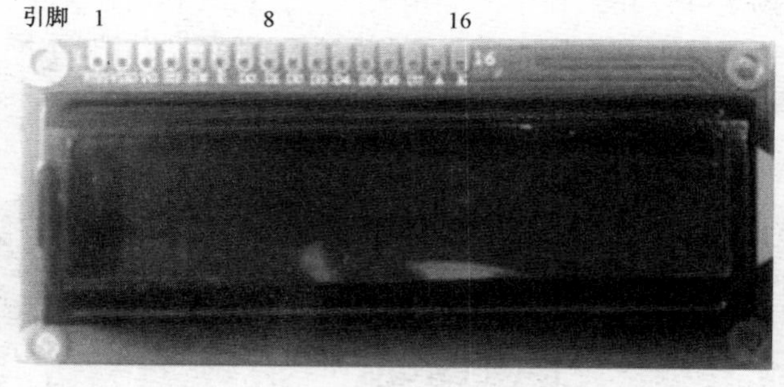

图7-2 1602液晶显示器

（2）液晶接口定义见表7-1。

表7-1 **1602液晶的端口定义表**

管脚号	符号	功能
1	V_{ss}	电源地（GND）
2	V_{dd}	电源电压（+5V）
3	V_O	LCD驱动电压（可调），一般接一电位器来调节电压
4	RS	指令、数据选择端（RS=1→数据寄存器；RS=0→指令寄存器）
5	R/W	读、写控制端（R/W=1→读操作；R/W=0→写操作）
6	E	读写控制输入端（读数据：高电平有效；写数据：下降沿有效）
7~14	DB0~DB7	数据输入/输出端口（8位方式：DB0~DB7；4位方式：DB0~DB3）
15	A	背光灯的正端+5V
16	K	背光灯的负端0V

（3）控制器内部带有 80 * 8 位（80 字节）的 RAM 缓冲区，对应关系如图 7-3 所示。

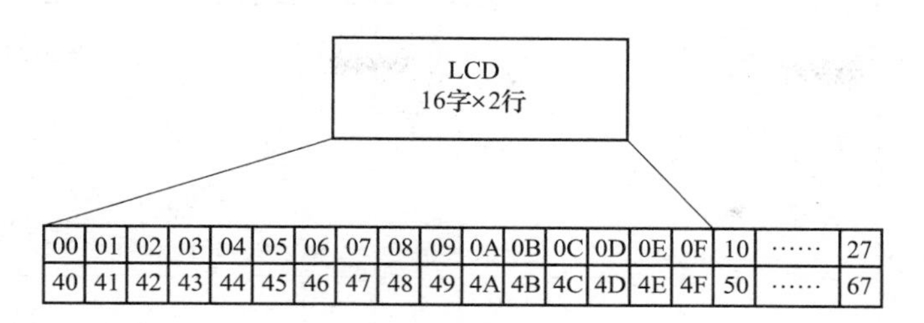

图 7-3　RAM 地址映射图

可能对于初学者来说，一看到此图会觉得很难，其实还是比较简单的，对于此图只说明两点。

1）两行的显示地址分别为：00~0F、40~4F，隐藏地址分别为 10~27、50~67。意味着写在 00~0F、40~4F 地址的字符可以显示，写在 10~27、50~67 地址的不能显示，要显示，一般通过移屏指令来实现。

2）RAM 通过数据指针来访问。液晶内部有个数据地址指针，因而就能很容易地访问内部 80 个字节的内容了。

（4）操作指令。

1）基本的操作时序，见表 7-2。

表 7-2　　基本操作指令表

读写操作	输入	输出
读状态	RS=L，RW=H，E=H	D0~D7（状态字）
写指令	RS=L，RW=L，D0~D7=指令，E=高脉冲	无
读数据	RS=H，RW=H，E=H	D0~D7（数据）
写数据	RS=H，RW=L，D0~D7=数据，E=高脉冲	无

2）状态字说明（见表 7-3）。

表 7-3　　状态字分布表

<table>
<tr><td>STA7
D7</td><td>STA6
D6</td><td>STA5
D5</td><td>STA4
D4</td><td>STA3
D3</td><td>STA2
D2</td><td>STA1
D1</td><td>STA0
D0</td></tr>
<tr><td colspan="3">STA0~STA6</td><td colspan="3">当前地址指针的数值</td><td colspan="2">—</td></tr>
<tr><td colspan="3">STA7</td><td colspan="3">读/写操作使能</td><td colspan="2">1：禁止
0：使能</td></tr>
</table>

对控制器每次进行读写操作之前，都必须进行读写检测，确保 STA7 为 0。也即一般程序中见到的判断忙操作。

3）常用指令见表 7-4。

表 7-4　　常用指令表

指令名称	指令码								功能说明
	D7	D6	D5	D4	D3	D2	D1	D0	
清屏	L	L	L	L	L	L	L	H	清屏：1. 数据指针清零； 2. 所有显示清零
归位	L	L	L	L	L	L	H	*	AC=0，光标、画面回 HOME 位
输入方式设置	L	L	L	L	L	H	ID	S	ID=1→AC 自动增 1； ID=0→AC 减 1； S=1→画面平移； S=0→画面不动
显示开关控制	L	L	L	L	H	D	C	B	D=1→显示开；D=0→显示关； C=1→光标显示；C=0→光标不显示； B=1→光标闪烁；B=0→光标不闪烁
移位控制	L	L	L	H	SC	RL	*	*	SC=1→画面平移一个字符； SC=0→光标； R/L=1→右移；R/L=0→左移
功能设定	L	L	H	DL	N	F	*	*	DL=0→8 位数据接口； DL=1→4 位数据接口； N=1→两行显示；N=0→1 行显示； F=1→5 * 10 点阵字符；F=0→5 * 7

（5）数据地址指针设置（行地址设置具体见表 7-5）。

表 7-5　　数据地址指针设置表

指令码	功能（设置数据地址指针）
0x80+（0x00~0x27）	将数据指针定位到第一行（某地址）
0x80+（0x40~0x67）	将数据指针定位到第二行（某地址）

（6）写操作时序图，如图 7-4 所示。

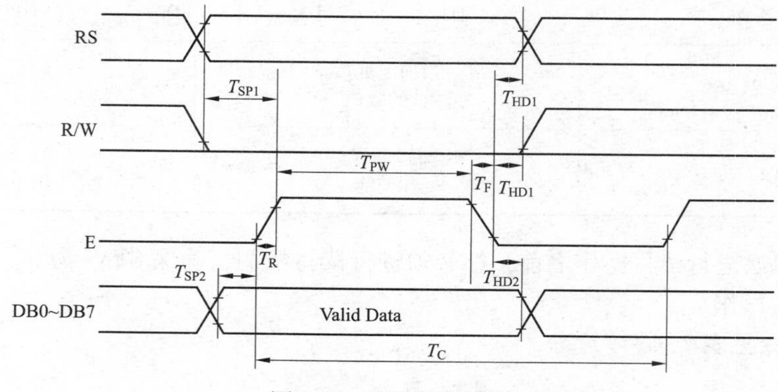

图 7-4　写操作时序图

接着看时序参数，具体数值见表 7-6。

表 7-6　　时序参数表

时序名称	符合	极限值			单位	测试条件
		最小值	典型值	最大值		
E 信号周期	t_C	400	—	—	ns	引脚 E
E 脉冲宽度	t_{PW}	150	—	—	ns	
E 上升沿/下降沿时间	t_R，t_F	—	—	25	ns	
地址建立时间	t_{SP1}	30	—	—	ns	引脚 E、RS、R/W
地址保持时间	t_{HD1}	10	—	—	ns	
数据建立时间	t_{SP2}	40	—	—	ns	引脚 DB0~DB7
数据保持时间	t_{HD2}	10	—	—	ns	

液晶一般是用来显示的，所以这里主要讲解如何写数据和写命令到液晶，关于读操作（一般用不着）请读者自行研究。

时序图与时间有严格的关系（时序精确到了 ns 级），但是这个顺序严格说与信号在时间上的有效顺序有关，而与图中信号线上下无关。大家都知道程序运行是按顺序执行的，可是这些信号是并行执行的，即只要这些时序有效，上面的信号都会运行，只是运行与有效不同罢了，因而有效时间不同就导致了信号的时间顺序不同。厂家在做时序图时，一般会把信号按照时间的有效顺序从上到下排列，所以操作的顺序也就变成了先操作最上边的信号，接着依次操作后面的信号。下面来详细说明一下图 7-4 的写操作时序图。

- 通过 RS 确定是写数据还是写命令。写命令包括数据显示在什么位置、光标显示/不显示、光标闪烁/不闪烁、需要/不需要移屏等。写数据是指要显示的数据是什么内容。若此时要写指令，结合表 7-6 和图 7-4 可知，就得先拉低 RS（RS=0）。若是写数据，则 RS=1。
- 读/写控制端设置为写模式，此时 RW=0。注意，按理应是先写 RS=0（1）之后延迟 t_{SP1}（最小为 30ns），再写 RW=0，可单片机操作时间都在 μs 级，所以就不用特意延迟了。
- 将数据或命令送达数据线上。形象地可以理解为此时数据在单片机与液晶的连线上，没有真正到达液晶内部。但事实肯定并不是这样，而是数据已经到达液晶内部，只是没有被运行罢了，执行语句为 P0=Data（Commond）。
- 给 EN 一个下降沿，将数据送入液晶内部的控制器，这样就完成了一次写操作。形象地理解为此时单片机将数据完整地送到了液晶内部。为了让其有下降沿，一般在 P0=Data（Commond）之前先写一句 EN=1，待数据稳定以后，稳定需要多长时间，这个最小的时间就是图 7-4 中的 t_{PW}（150ns），一般程序里加了 DelayMS（5），以使液晶能稳定运行，因此作者在调试程序时，也加了 5ms 的延迟。

关于时序图，在此特别提醒，上面之所以用●，而不用 1、2、3 之类的标号，是因为如果用了顺序，怕读者误认为上面时序图中的那些时序线条是按顺序执行的，其实不是，每条时序线都是同时执行的，只是每条时序线的有效时间不同。一定不要理解为哪个信号线在上，就是先运行那个信号，哪个在下面，就是后运行。因为硬件的运行是并行的，不像软件那样按顺序执行。这里只是在用软件来模拟硬件的并行，所以有了这样的顺序语句：RS=0；RW=0；EN=1；_nop_（）；P0=Commond；EN=0。

关于时序图中的各个延时，不同厂家生产的液晶不同，在此作者无法提供准确的数据，但大多数都为 ns 级，一般单片机运行的最小单位为 μs 级，按道理这里不加延时或加几个 μs 都可以，可是作者调试程序时发现不行，至少要有 1～5ms 才行，可能是液晶与数据手册有别，鉴于此，这里的程序也是延时 1～5ms。

3. 1602 液晶硬件

所谓硬件设计，就是搭建 1602 液晶的硬件运行环境，可参考数据手册，这是最权威的资料，从而可以设计出如图 7-5 所示的 1602 液晶显示接口电路，具体接口定义如下。

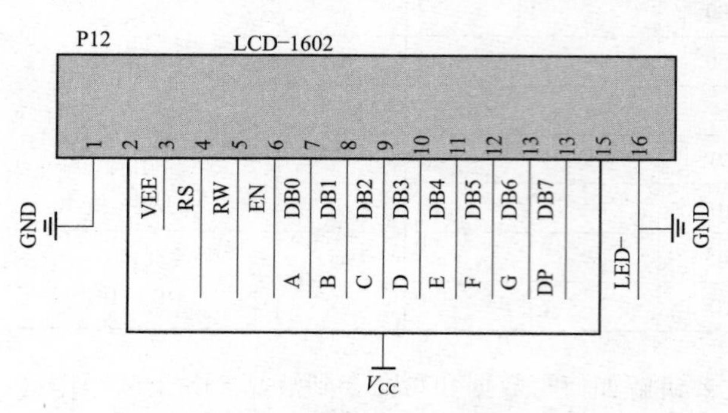

图 7-5 1602 液晶显示接口电路

(1) 液晶 1 (16)、2 (15) 分别接 GND (0V) 和 VCC (5V)。

(2) 液晶 3 端为液晶对比度调节端，K18 实验板用一个 10kΩ 电位器来调节液晶对比度。第一次使用时，在液晶上电状态下，调节至液晶上面一行显示出黑色小格为止。经作者测试，此时该端电压一般为 0.5V 左右。简单接法是可以直接接一个 1k 的电阻到 GND，这样也是可以的，有机会，读者可以自行焊接电路试一试。

(3) 液晶 4 端为向液晶控制器写数据、命令选择端，接单片机的 RA2 口。

(4) 液晶 5 端为读、写选择端，接单片机的 RA3 口。

(5) 液晶 6 端为使能信号端，接单片机的 RA5 口。

(6) 液晶 7～14 端为 8 位数据端口，依次接单片机的 RD 口。

4. 慧静电子 1602 液晶驱动程序

慧静电子 1602 液晶驱动程序模块由对应的头文件和 C 程序文件组成，头文件完成数据线、命令、函数定义，C 程序文件完成各个函数功能的实现。

(1) LCD1602. H 液晶显示驱动头文件。

```
#ifndef __LCD1602_H
#define __LCD1602_H

/* 单片机与 LCD1602 连接数据线定义*/
#define LCD_DATA       PORTD
#define TRIS_LCD_DATA TRISD
#define LCD_BUSY  PORTDbits.RD7

#define LCD_RS  PORTAbits.RA2       /* PORT for RS*/
#define TRIS_LCD_RS  DDRAbits.RA2       /* TRIS for RS*/

#define LCD_RW  PORTAbits.RA3       /* PORT for RW*/
#define TRIS_LCD_RW  DDRAbits.RA3       /* TRIS for RW*/

#define LCD_EN     PORTAbits.RA5       /* PORT for EN*/
#define TRIS_LCD_EN  DDRAbits.RA5       /* TRIS for EN*/
```

```
/* -------------------1602 液晶命令定义-------------------*/
/* 初始化命令*/
#define DISP_CLR       0b00000001  /* 清空显示,光标复位到第一行行首(地址 00H)*/
#define CUR_HOME       0b00000010  /* 光标复位,光标返回到第一行行首*/

/* 光标和显示模式设置*/
#define CUR_AUTO_R      0b00000110  /* 设置光标在文字插入后自动右移*/
#define CUR_AUTO_L      0b00000100  /* 设置光标在文字插入后自动左移*/
#define DISP_AUTO_R    0b00000111  /* 设置显示在文字插入后自动右移*/
#define DISP_AUTO_L    0x00000101  /* 设置显示在文字插入后自动左移*/

/* 显示开关控制*/
#define DISP_ON      0b00001111  /* 显示开*/
#define DISP_OFF      0b00001011  /* 显示关*/
#define CUR_ON      0b00001111  /* 光标开*/
#define CUR_OFF      0b00001101  /* 光标关*/
#define BLINK_ON      0b00001111  /* 光标闪烁开*/
#define BLINK_OFF      0b00001110  /* 光标闪烁关*/

/* 光标或显示移位*/
#define CUR_SHIFT_L    0b00010000  /* 光标左移*/
#define CUR_SHIFT_R    0b00010100  /* 光标右移*/
#define DISP_SHIFT_L    0b00011000  /* 显示左移*/
#define DISP_SHIFT_R    0b00011100  /* 显示右移*/

/* 工作模式设置*/
#define LCD_MODE_STD    0x38    /* 1602 标准工作模式:8 位数据传送,2 行显示,字符点阵 5
* 7*/

/* 字符发生器 RAM 地址设置*/
#define SET_ADDR_CGRAM      0x40  /* 设置 CGRAM 地址*/

/* 数据存储器地址设置*/
#define SET_ADDR_DDRAM      0x80  /* 设置 DDRAM 地址*/

/* 函数原型*/
void LCD_init(void);/* 初始化*/
void wait_until_LCDready(void);/* 检测忙标志,忙则等待*/
void LCD_wrcmd(unsigned char cmd);/* 写入控制命令*/
void LCD_setxy(char x,char y);/* 设定显示位置,行 x=1/2,列 y=1~16 的任意整数*/
void LCD_wrchar(char str);/* 写入要显示的字符*/
void LCD_wrstr(const rom char * s);  /* 写入要显示的字符串常量,该函数相当于 C18 库中
的 putrsXLCD 函数,从程序存储器写一个字符串到 LCD*/
void LCD_wrul(unsigned long num);  /* 写入要显示的无符号长整型数*/
```

```
void LCD_wrlval(unsigned long num,unsigned char bits,unsigned char dp);  /* 写入要显示的长变量*/
void CG_Write(void);  /* 建立自定义字符块*/
#endif
```

头文件采用条件编译和宏定义“#ifndef _LCD1602 _H #define _LCD1602 _H”，主要是为了避免重复定义。假如有两个不同的源文件需要调用 void CG _Write（void）这个函数，它们分别都通过#include" lcd1602. h" 把这个头文件包含进去。在第一个源文件进行编译时，由于没有定义 _LCD1602 _H，因此#ifndef _LCD1602 _H 条件成立，于是定义 _LCD1602 _H 并将下面的声明包含进去。在第二个文件编译时，由于第一个文件包含的时候，已经将 _LCD1602 _H 定义过了，因而此时#ifndef _LCD1602 _H 不成立，整个头文件内容就不再被包含。

其他的宏定义使我们能清晰地读懂程序和便于程序移植。

头文件的后部对液晶显示需要用到的一些函数原型进行声明。告诉读者或用户可以使用哪些液晶显示驱动函数和如何使用这些函数。

用户可以在其后添加自己的液晶显示驱动函数。

（2）LCD1602. C 液晶显示驱动的部分程序说明。

```
/* 函数实现*/
#include <p18cxxx.h>
#include <stdlib.h>
#include "k18.h"
#include "lcd1602.h"
#include "delay.h"

/* 产生一个 LCD 模块的使能脉冲*/
/* 该函数只在本文件内使用,不会被其他文件调用,因此放在本文件的最前面,不在 H 文件中声明了*/
void LCD_E_toggle(void)
{
    LCD_EN=0;
    Nop();
    Nop();
    Nop();
    Nop();
    LCD_EN=1;
    Nop();
    Nop();
    Nop();
    Nop();
}

void LCD_init(void)
{
    ADCON1=0x0F;/* 所有引脚均设置为数字 I/O 脚*/
    Delay10Ms(10);/* 延时 100ms*/
    TRIS_LCD_RW=0;/* 设置单片机 LCD 控制引脚全为输出*/
```

```
    TRIS_LCD_RS=0;
    TRIS_LCD_EN=0;
    LCD_wrcmd(LCD_MODE_STD);/* LCD 标准工作模式:8 位数据传送,2 行显示,字符点阵 5* 7*/
    LCD_wrcmd(DISP_OFF);/* 显示关闭*/
        LCD_wrcmd(DISP_CLR);/* 清屏*/
    /* 清屏和光标归位需要较长的时间*/
    LCD_wrcmd(CUR_AUTO_R);/* 设置光标在文字插入后自动右移*/
    LCD_wrcmd(DISP_ON  & CUR_OFF & BLINK_OFF);/* 显示开,无光标, 光标不闪烁*/
    //LCD_wrcmd(DISP_ON  & CUR_ON & BLINK_ON);/* 显示开,光标, 光标闪烁*/
    CG_Write();/* 建立自定义字符块*/
}

//void LCD_wrcmd(Uchar cmd)/* 写入控制命令*/
void LCD_wrcmd(Uchar cmd)/* 写入控制命令*/
{
    Nop();/****/
    Nop();
    Nop();
    Nop();
    wait_until_LCDready();
    Nop();/****/
    Nop();
    Nop();
    Nop();
    TRIS_LCD_DATA=0x00;  /* 单片机的 LCD 数据口设置为全输出*/
    Nop();/****/
    Nop();
    Nop();
    Nop();
    LCD_EN=0;
    Nop();/****/
    Nop();
    Nop();
    Nop();
    LCD_RS=0;
    Nop();/****/
    Nop();
    Nop();
    Nop();
    LCD_RW=0;
    Nop();/****/
    Nop();
    Nop();
    Nop();
```

```
    LCD_DATA=cmd;
    Nop();/****/
    Nop();
    Nop();
    Nop();
    LCD_EN=1;
    Nop();/****/
    Nop();
    Nop();
    Nop();
    Nop();
    Nop();
    Nop();
    Nop();
    LCD_EN=0;
    Nop();/****/
    Nop();
    Nop();
    Nop();
}

void LCD_wrchar(char str)/* 写入要显示的字符*/
{
    Nop();/****/
    Nop();
    Nop();
    Nop();
    wait_until_LCDready();
    Nop();/****/
    Nop();
    Nop();
    Nop();
    TRIS_LCD_DATA=0x00;  /* 单片机的 LCD 数据口设置为全输出*/
    Nop();/****/
    Nop();
    Nop();
    Nop();
    LCD_EN=0;
    Nop();/****/
    Nop();
    Nop();
    Nop();
    LCD_RS=1;
    Nop();/****/
```

```
    Nop();
    Nop();
    Nop();
    LCD_RW=0;
    Nop();/****/
    Nop();
    Nop();
    Nop();
    LCD_DATA=str;
    Nop();/****/
    Nop();
    Nop();
    Nop();
    LCD_EN=1;
    Nop();/****/
    Nop();
    Nop();
    Nop();
    Nop();
    Nop();
    Nop();
    Nop();
    LCD_EN=0;
    Nop();/****/
    Nop();
    Nop();
    Nop();
}

void LCD_setxy(char x,char y) /* 设定显示位置,行 x=1/2,列 y=1~16 的任意整数*/
{
            char temp;
            if(x==1)
      {
            temp=0x80+y-1;
            LCD_wrcmd(temp);
      }
      else
      {
            temp=0xC0+y-1;
            LCD_wrcmd(temp);
      }
}
```

```
void LCD_wrstr(const rom char*s)/* 写入要显示的字符串*/
{
for(;*s! ='\0';s++)LCD_wrchar(*s);
}
```

这些驱动函数是根据 LCD1602 数据手册按控制时序要求编辑的，慧静电子工程师通过 NOP（）空操作函数控制延时，读者可以使用延时函数修改这些函数，理解这些函数可以根据控制时序要求，也可以根据 LCD1602 数据手册按控制时序要求编辑自己的驱动函数。

5. 1602 液晶静态显示控制程序

（1）控制要求：让 1602 液晶第一、二行分别显示“^_ ^ Welcome ^_ ^”“I LOVE HJ-2G”。

（2）控制程序清单。

```
#include <p18cxxx.h>
#include "k18.h"
#include "lcd1602.h"
void main(void)
{
k18_init();
LCD_init();
LCD_setxy(1,1);
LCD_wrstr("^_^ Welcome ^_^");/* ^_^ Welcome ^_^*/
LCD_setxy(2,1);
LCD_wrstr("I LOVE PICK18");/* 显示 I LOVE PICK18*/

while(1); //暂停
}
```

程序采用模块化设计，将程序分为 lcd1602、delay、K18、主程序等 4 个模块，K18 是开发板相关端口配置模块，lcd1602 是液晶显示 LCD1602 模块，delay 为延时控制模块。

每个模块由对应的头文件和 C 程序文件组成，头文件完成数据线、命令、函数定义，C 程序文件完成各个函数功能的实现。

模块化编程使程序编辑效率提高，代码可重复利用率提高。

在主程序中，首先调用 K18 初始化函数，液晶 LCD1602 初始化函数，通过 LCD _ setxy（1，1）语句设定液晶显示定位于第 1 行第 1 列，通过 LCD _ wrstr（" ^_^ Welcome ^_^"）语句，使液晶显示笑脸图符和欢迎字符，再次定位液晶到第 11 行，通过 LCD _ wrstr 函数使液晶显示 I LOVE PICK18。

最后通过 while（1）语句使程序暂停于此。

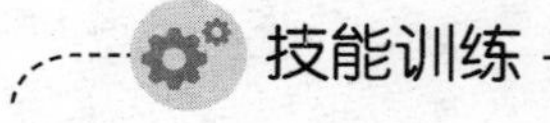

技能训练

一、训练目标

（1）学会使用 1602 液晶显示器。

（2）通过单片机控制 1602 液晶显示器。

二、训练步骤与内容

1. 建立一个工程

(1) 打开 C 盘下的文件夹 PIC，在该文件下新建一个文件夹 G01。

(2) 双击 MPLAB IDE 软件图标，启动 MPLAB IDE 软件。

(3) 新建一个工程，命名为 G001。

2. 新建 C 语言程序文件

(1) 新建一个文件，另存为“main. c”。

(2) 在文件 main. c 编辑区，输入 1602 液晶静态显示控制程序，文件保存在 G01 文件夹下。

3. 添加文件

(1) 复制开发板头文件 K18. h、delay. h、lcd1602. h 和 C 语言程序文件 K18. c、delay. c、lcd1602. c 到文件夹 G01 内。

(2) 选择 main. c、K18. c、delay. c、lcd1602. c 等 4 个 C 语言程序文件，将其添加到“Source Files”。

(3) 选择 K18. h、delay. h、lcd1602. h 头文件，将其添加到“Header Files”。

(4) 右键单击项目浏览区的“Linker Script”选项，在弹出的菜单中选择执行“Add File”命令，弹出“添加文件到工程”对话框。

(5) 选择 C 盘根目录的 MCC18 下的“lkr”文件夹，双击打开，在“文件名”栏输入“18f4520”，选择“18f4520. lkr”文件，单击“打开”按钮，将“18f4520. lkr”文件添加到“Linker Script”。

4. 下载调试

(1) 执行“Programmer”→“Select Programmer”→“PICkit2”命令，链接 PICkit2 编译器。

(2) 执行“Project”→“Build All”命令，编译程序。单击工具栏“下载程序”按钮，下载程序到 PIC 单片机。

(3) 将液晶显示器 LCD1602 插入 K18 板插座。

(4) 单击工具栏“ ”按钮，启动运行程序，观察液晶显示器显示。

(5) 如果看不到信息，可以调节液晶 1602 显示屏组件右下方的背光控制电位器 W1，调节液晶对比度，直到看清字符显示信息。

(6) 修改 LCD_ wrstr () 语句的程序显示数据，重新编译下载运行程序，观察液晶显示器显示。

(7) 单击工具栏“ ”按钮，观察数码管的数据显示。

任务 15　液晶 12864 显示控制

基础知识

液晶 12864 的像素是 12864 点，其横向可以显示 128 个点，纵向可显示 64 个点。常用的液晶 12864 模块中有黄绿背光的、蓝色背光的，有带字库的、不带字库的，其控制芯片也有很多种，如KS0108、T6863、ST7920，这里介绍以ST7920为控制芯片的12864液晶屏，来学习其驱动原理，作者所使用的是深圳亚斌显示科技有限公司的带中文字库、蓝色背光液晶显示屏（YB12864-ZB）。

1. 液晶显示屏特性

（1）硬件特性。提供8位、4位并行接口及串行接口可选、64×16位字符显示RAM（DDRAM最多16字符）等；

（2）软件特性。文字与图形混合显示功能、可以自由设置光标、显示移位功能、垂直画面旋转功能、反白显示功能、休眠模式等。

2. 液晶引脚定义（见表7-7）

表7-7　　12864液晶引脚定义比表

管脚号	名称	型态	电平	功能描述	
				并口	串口
1	VSS	I	—	电源地	
2	VCC	I	—	电源正极	
3	Vo	I	—	LCD驱动电压（可调）一般接一个电位器来调节电压	
4	RS（CS）	I	H/L	寄存器选择：H→数据；L→命令	片选（低有效）
5	RW（SIO）	I	H/L	读写选择：H→读；L→写	串行数据线
6	E（SCLK）	I	H/L	使能信号	串行时钟输入
7~10	DB0~DB3	I	H/L	数据总线低4位	—
11~14	DB4~DB7	I/O	H/L	数据总线高4位，4位并口时空	—
15	PSB	I/O	H/L	并口/串口选择：H→并口	L→串口
16	NC	I	—	空脚（NC）	
17	/RST	I	—	复位信号，低电平有效	
18	VEE（Vout）	I	—	空脚（NC）	
19	BLA	I	—	背光负极	
20	BLK	I	—	背光正极	

3. 操作指令简介

其实12864的操作指令与1602的操作指令很相似，只要掌握了1602的操作方法，就能很快掌握12864的操作方法。

（1）基本的操作时序，见表7-8。

表7-8　　基本操作时序表

读写操作	输入	输出
读状态	RS=L，RW=H，E=H	D0~D7（状态字）
写指令	RS=L，RW=L，D0~D7=指令，E=高脉冲	无

续表

读写操作	输入	输出
读数据	RS=H，RW=H，E=H	D0~D7（数据）
写数据	RS=H，RW=L，D0~D7=数据，E=高脉冲	无

（2）状态字说明，见表7-9。

表7-9　　　　状态字分布表

STA7 D7	STA6 D6	STA5 D5	STA4 D4	STA3 D3	STA2 D2	STA1 D1	STA0 D0

STA0~STA6	当前地址指针的数值	—
STA7	读/写操作使能	1：禁止；0：使能

在对控制器每次进行读写操作之前，都必须进行读写检测，确保STA7为0。也即一般程序中见到的判断忙操作。

（3）基本指令，见表7-10。

表7-10　　　　基本指令表

指令名称	指令码								指令说明
	D7	D6	D5	D4	D3	D2	D1	D0	
清屏	L	L	L	L	L	L	L	H	清屏：1. 数据指针清零； 2. 所有显示清零
归位	L	L	L	L	L	L	H	*	AC=0，光标、画面回HOME位
输入方式设置	L	L	L	L	L	H	ID	S	ID=1→AC自动增一； ID=0→AC减一。 S=1→画面平移； S=0→画面不动
显示开关控制	L	L	L	L	H	D	C	B	D=1→显示开；D=0→显示关。 C=1→游标显示；C=0→游标不显示。 B=1→游标反白；B=0→光标不反白
移位控制	L	L	L	H	SC	RL	*	*	SC=1→画面平移一个字符； SC=0→光标。 R/L=1→右移；R/L=0→左移
功能设定	L	L	H	DL	*	RE	*	*	DL=0→8位数据接口； DL=1→4位数据接口。 RE=1→扩充指令； RE=0→基本指令
设定CGRAM地址	L	H	A5	A4	A3	A2	A1	A0	设定CGRAM地址到地址计数器（AC），AC范围为00H~3FH，需确认扩充指令中SR=0
设定DDRAM地址	H	L	A5	A4	A3	A2	A1	A0	设定DDRAM地址计数器（AC）。 第一行AC范围：80H~8FH； 第二行AC范围：90H~9FH

（4）扩充指令，见表 7-11。

表 7-11 **扩充指令表**

指令名称	指令码								指令说明
	D7	D6	D5	D4	D3	D2	D1	D0	
待命模式	L	L	L	L	L	L	L	H	进入待命模式后，其他指令都可以结束待命模式
卷动 RAM 地址选择	L	L	L	L	L	L	H	SR	SR=1→允许输入垂直卷动地址； SR=0→允许输入 IRAM 地址（扩充指令）及设定 CGRAM 地址
反白显示	L	L	L	L	L	H	L	R0	R0=1→第二行反白；R0=0→第一行反白（与执行次数有关）
睡眠模式	L	L	L	L	H	SL	L	L	D=1→脱离睡眠模式； D=0→进入睡眠模式
扩充功能	L	L	H	DL	*	RE	G	*	DL=1→8 位数据接口； DL=0→4 位数据接口。 RE=1→扩充指令集； RE=0→基本指令集。 G=1→绘图显示开； G=0→绘图显示关
设定 IRAM 地址卷动地址	L	H	A5	A4	A3	A2	A1	A0	SR=1→A5～A0 为垂直卷动地址； SR=0→A3～A0 为 IRAM 地址
设定绘图 RAM 地址	H	L	L	L	A3	A2	A1	A0	垂直地址范围：AC6～AC0； 水平地址范围：AC3～AC0
		A6	A5	A4	A3	A2	A1	A0	

4. 操作时序图简介

（1）8 位并口操作模式图，如图 7-6 所示。

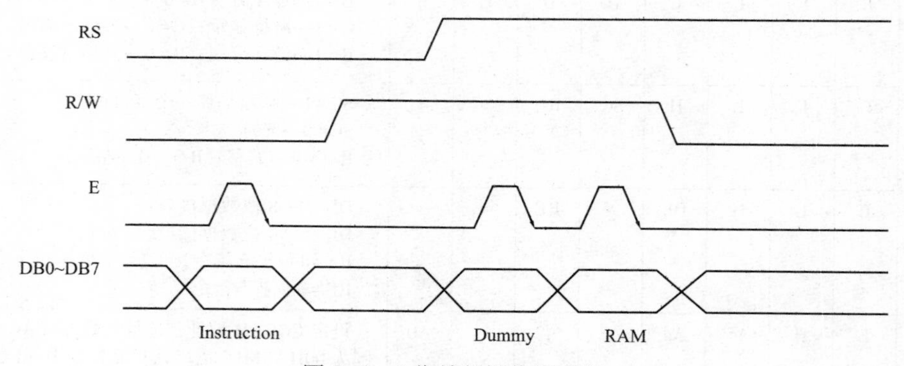

图 7-6　8 位并行操作模式图

（2）4 位并口操作模式图，如图 7-7 所示。

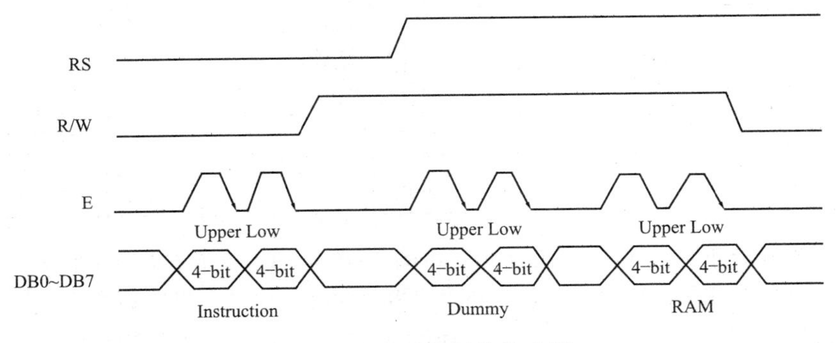

图 7-7　4 位并行操作模式图

（3）串行操作模式图，如图 7-8 所示。

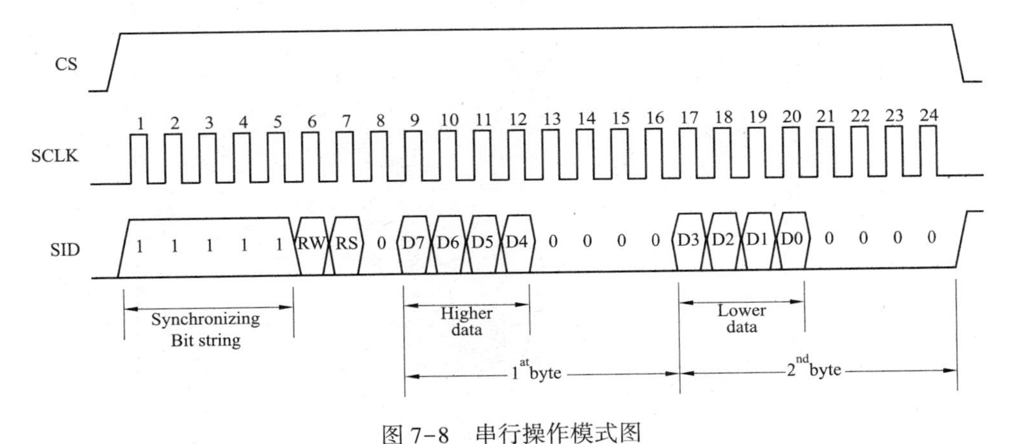

图 7-8　串行操作模式图

（4）写操作时序图，具体如图 7-9 所示。

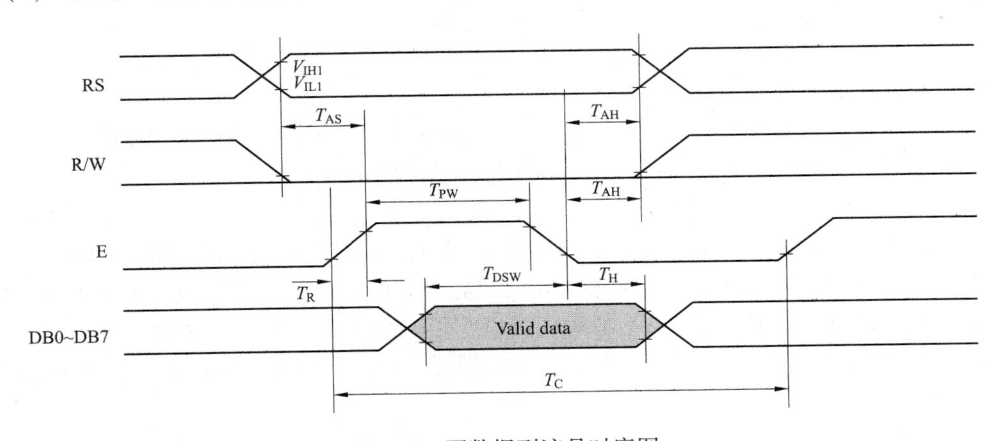

图 7-9　写数据到液晶时序图

5. 显示坐标设置

（1）字符（汉字）显示坐标，具体见表 7-12。

表 7-12 字符显示定义表

行名称	列地址							
第一行	80H	81H	82H	83H	84H	85H	86H	87H
第二行	90H	91H	92H	93H	94H	95H	96H	97H
第三行	88H	89H	8AH	8BH	8CH	8DH	8EH	8FH
第四行	98H	99H	9AH	9BH	9CH	9DH	9EH	9FH

（2）绘图坐标分布图，如图 7-10 所示。由图 7-10 可知，水平方向有 128 个点，垂直方向有 64 个点，在更改绘图 RAM 时，由扩充指令设置 GDRAM 地址，设置顺序为先垂直后水平地址（连续 2 个字节的数据来定义垂直和水平地址），最后是 2 个字节的数据给绘图 RAM（先高 8 位，后低 8 位）。

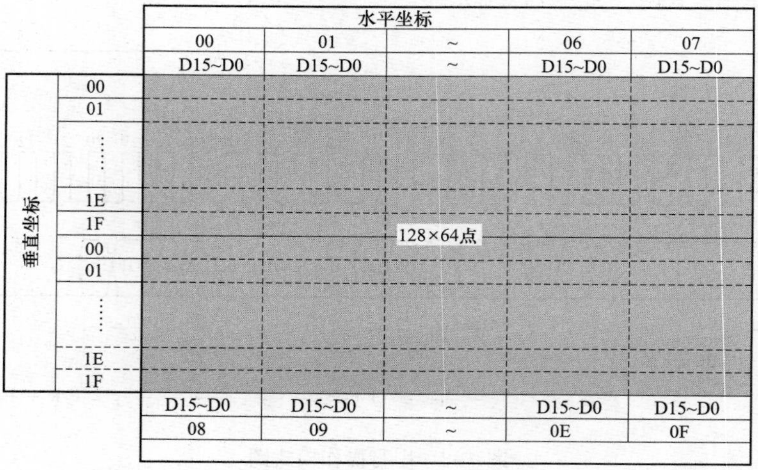

水平坐标				
00	01	~	06	07
D15~D0	D15~D0	~	D15~D0	D15~D0

垂直坐标：00、01、……、1E、1F、00、01、……、1E、1F

128×64点

D15~D0	D15~D0	~	D15~D0	D15~D0
08	09	~	0E	0F

图 7-10 绘图坐标分布图

最后总结一下 12864 液晶绘图的步骤。

1）关闭图形显示，设置为扩充指令模式。

2）写垂直地址，分上下半屏，地址范围为 0~31。

3）写水平地址，两起始地址范围分别为：0x80~0x87（上半屏）、0x88~0x8F（下半屏）。

4）写数据，一帧数据分两次写，先写高 8 位，后写低 8 位。

5）开图形显示，并设置为基本指令模式。

ST7920 可控制 256×32 点阵（32 行 256 列），而 12864 液晶实际的行地址只有 0~31 行，12864 液晶的 32~63 行是从 0~31 行的第 128 列划分出来的。也就是说 12864 的实质是“256×32”，只是这样的屏“又长又窄”，不适用，所以将后半部分截下来，拼装到下面，因而有了上下两半屏之说。再通俗点说即第 0 行和第 32 行同属一行，行地址相同；第 1 行和第 33 行同属一行，以此类推。

6. 控制电路

12864 提供了两种连接方式：串行和并行。串行（SPI）连接方式的优点是可以节省数据连接线（也即处理器的 I/O 口），缺点是显示更新速度与稳定性比并行连接方式差，所以一般用并行 8 位的方式来操作液晶，但是 HL-K18 实验板，在设计时兼顾了这几种操作方式。

K18 实验板上 12864 液晶连接图如图 7-11 所示。

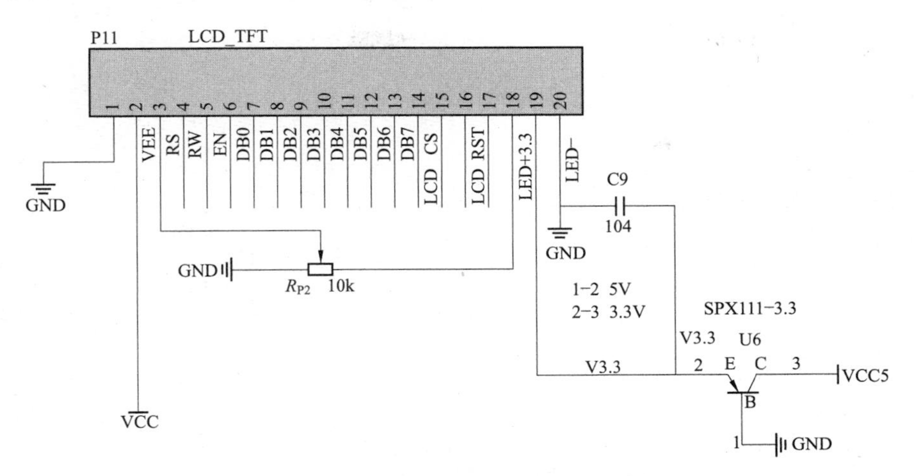

图 7-11　12864 液晶与单片机的连接图

接口说明如下。

（1）液晶 1、2 为电源接口；19、20 为背光电源。

（2）液晶 3 端为液晶对比度调节端，HL-K18 实验板上连接一个 10kΩ 电位器来调节液晶对比度。第一次使用时，在液晶上电状态下，调节至液晶上面一行显示出黑色小格为止。

（3）液晶 4 端为向液晶控制器写数据、命令选择端，接单片机的 RA2 口。

（4）液晶 5 端为读、写选择端，接单片机的 RA3 口。

（5）液晶 6 端为使能信号端，接单片机的 RA5 口。

（6）液晶 15 端为串、并口选择端，此处接 VCC，选择并行数据方式。

（7）液晶 16、18 为空管脚口，在硬件上不做连接。

（8）液晶 17 端为复位端，连接 RA1，低电平有效。

（9）由于液晶具有自动复位功能，所以此处直接接 VCC，即不需要复位。

（10）液晶 7~14 端为 8 位数据端口，依次接单片机的 RB 口。

7. 软件设计

有了操作 1602 液晶的基础，12864 液晶操作起来就变得很简单了。若要简单显示字符，完全可以借鉴操作 1602 的方法来操作 162864 液晶，把控制 1602 液晶的 HEX 文件下载到单片机中，插上 12864 液晶，此时，在 1602 液晶中第一行能显示的字符，也能在 12864 液晶中显示。

（1）显示要求。利用 12864 液晶，4 行分别显示“春眠不觉晓，”“处处闻啼鸟。”“夜来风雨声，”“花落知多少。”语句。

（2）12864 液晶汉字显示程序清单。

```
#include <p18cxxx.h>
#include"ST7920SPI.h"

void k18_init(void)
{
    ADCON1=0x0F;  /*设置所有双用口为普通数字口*/
    CMCON=0x07;  /*关闭所有比较器*/
```

```
    /* HL-K18 引脚方向、输出初值定义*/
    TRIS_RS_CS=0;
    TRIS_RW_SID=0;
    TRIS_E_CLK=0;
    TRIS_PSB=0;
    TRIS_RST=0;
    PSB=0;  /* 选择串行模式*/
    RST=1;
}

void main(void)
{
    unsigned char command_data;
    k18_init();
    initlcm();
    //SendCMD(0x00);
      delay(100);  /* 此延时必须要加,否则后面显示不正常*/

      LCD_wrstr(0x80,"春眠不觉晓,");  //写入“春眠不觉晓,”字符串
      LCD_wrstr(0x90,"处处闻啼鸟。");  //写入“处处闻啼鸟。”字符串
      LCD_wrstr(0x88,"夜来风雨声,");  //写入“夜来风雨声,”字符串
      LCD_wrstr(0x98,"花落知多少。");  //写入“花落知多少。”字符串
      while(1);
}
```

对于字符串显示函数 LCD_ wrstr（X,DData），X 为 0x80 时在第一行显示；X 为 0x90 时在第二行显示；X 为 0x88 时在第三行显示；X 为 0x98 时在第四行显示；DData 为显示数组。

其他的都有详细的注释，就不详细叙述了。

技能训练

一、训练目标

（1）学会使用 12864 液晶显示器。

（2）通过单片机控制 12864 液晶显示器。

二、训练步骤与内容

1. 建立一个工程

（1）打开 C 盘下的文件夹 PIC，在该文件夹下新建一个文件 G02。

（2）双击 MPLAB IDE 软件图标，启动 MPLAB IDE 软件。

（3）新建一个工程，命名为 G002。

2. 新建 C 语言程序文件

（1）新建一个文件，另存为“main. c”。

（2）在文件 main. c 编辑区，输入 12864 液晶汉字显示程序，文件保存在 G02 文件夹下。

3. 添加文件

（1）复制开发板头文件 ST7920SPI. h 和 C 语言程序文件 ST7920SPI. c 到文件夹 G02 内。

（2）选择 main. c、ST7920SPI. c 等 2 个 C 语言程序文件，将其添加到“Source Files”。

（3）选择 ST7920SPI. h 头文件，将其添加到“Header Files”。

（4）右键单击项目浏览区的“Linker Script”选项，在弹出的菜单中选择“Add File”命令，弹出“添加文件到工程”对话框。

（5）选择 C 盘根目录的 MCC18 下的“lkr”文件夹，双击打开，在“文件名”栏输入“18f4520”，选择“18f4520. lkr”文件，单击“打开”按钮，将“18f4520. lkr”文件添加到“Linker Script”。

4. 下载调试

（1）执行“Programmer”→“Select Programmer”→“PICkit2”命令，链接 PICkit2 编译器。

（2）执行“Project”→“Build All”命令，编译程序。单击工具栏下载程序按钮，下载程序到 PIC 单片机。

（3）将液晶显示器 LCD12864 插入 K18 板插座。

（4）单击工具栏“⺁”按钮，启动运行程序，观察液晶显示器显示。

（5）如果看不到信息，可以调节液晶 12864 显示屏组件的背光控制电位器 W2，调节液晶对比度，直到看清字符显示信息。

（6）修改 LCD_ wrstr（）语句的程序显示数据，重新编译、下载、运行程序，观察液晶显示器显示。

（7）单击工具栏“⺄”按钮，观察液晶显示屏的数据显示。

习题 7

1. 编写 PIC 单片机控制程序，利用液晶 1602 显示屏显示 2 行英文信息，并下载到单片机开发板中，观察显示效果。

2. 编写 PIC 单片机控制程序，利用液晶 12864 显示屏显示 4 行英文信息，并下载到单片机开发板中，观察显示效果。

项目八 应用串行总线接口

学习目标

（1）学习 IIC 串行总线基础知识。

（2）学会应用 SPI 接口。

（3）学会使用 DS1302 时钟模块。

任务 16 串行总线及应用

基础知识

一、IIC 总线

IIC 总线是 Philips 公司于 20 世纪 80 年代推出的一种串行总线，是具备多主机系统所需的包括总线裁决和高低器件同步功能的高性能串行总线。其主要优点是简单性和有效性。由于接口直接位于组件之上，因此 IIC 总线占用的空间非常小，减少了电路板的空间和芯片管脚的数量，降低了互联成本。IIC 总线的另一个优点是，它支持多主控，其中任何能够进行发送和接收的设备都可以成为主总线。一个主控能够控制信号的传输和时钟频率。当然，在任何时间点上只能有一个主控。

1. IIC 总线具备以下特性

（1）只要求两条总线线路。一条是串行数据线（SDA），另一条是串行时钟线（SCL）。

（2）器件地址唯一。每个连接到总线的器件都可以通过唯一的地址和一直存在的简单的主机/从机关联，并由软件设定地址，主机可以作为主机发送器或主机接收器。

（3）多主机总线。它是一个真正的多主机总线，如果两个或更多主机同时初始化数据传输，可以通过冲突检测和仲裁防止数据被破坏。

（4）传输速度快。串行的 8 位双向数据传输位速率在标准模式下可达 100kbit/s，快速模式下可达 400kbit/s，高速模式下可达 3. 4Mbit/s。

（5）具有滤波作用。片上的滤波器可以滤去总线数据线上的毛刺波，保证数据完整。

（6）连接到相同总线的 IIC 数量只受到总线的最大电容（400pF）限制。

IIC 总线中常用术语，见表 8-1。

表 8-1　　IIC 总线常用术语

术语	功能描述
发送器	发送数据到总线的器件
接收器	从总线接收数据的器件

续表

术语	功能描述
主机	初始化发送、产生时钟信号和终止发送的器件
从机	被主机寻址的器件
多主机	同时有多于一个主机尝试控制总线，但不破坏报文
仲裁	是一个在有多个主机同时尝试控制总线，但只允许其中一个控制总线并使报文不被破坏的过程
同步	两个或多个器件同步时钟信号的过程

2. IIC 总线硬件结构图

IIC 总线通过上拉电阻接正电源。当总线空闲时，两根线均为高电平。连到总线上的任一器件输出的低电平，都将使总线的信号变低，即各器件的 SDA 和 SCL 都是线“与”的关系，硬件关系如图 8-1 所示。

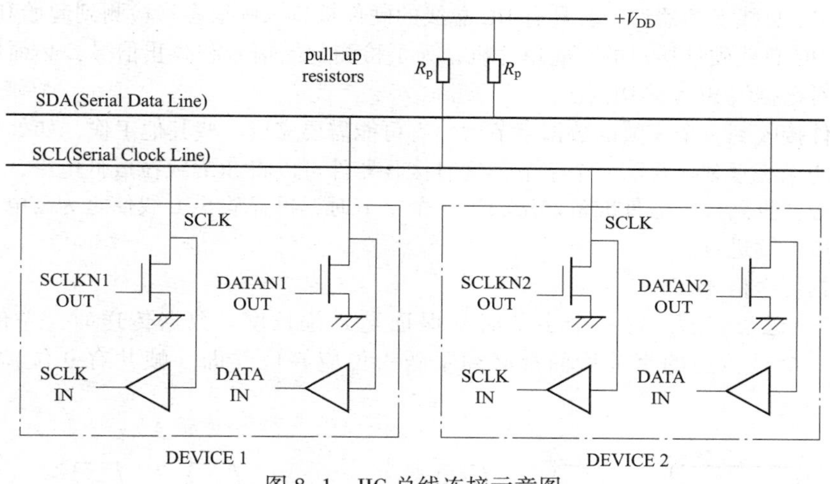

图 8-1　IIC 总线连接示意图

每个连接到 IIC 总线上的器件都有唯一的地址。主机与其他器件间的数据传送可以是由主机发送数据到其他器件，这时主机即为发送器，由总线上接收数据的器件则为接收器。在多主机系统中，可能同时有几个主机企图启动总线传输数据。为了避免混乱，IIC 总线要通过总线仲裁决定由哪一台主机控制总线。

3. IIC 总线的数据传送

（1）数据位的有效性规定。IIC 总线进行数据传送时，当时钟信号为高电平时，数据线上的数据必须保持稳定，只有在时钟线上的信号为低电平期间，数据线上的高电平或低电平状态才允许变化。如图 8-2 所示。

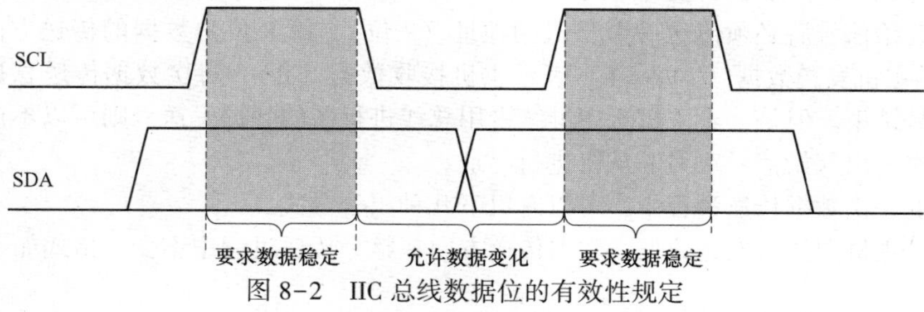

图 8-2　IIC 总线数据位的有效性规定

（2）起始和终止信号。SCL 线为高电平期间，SDA 线由高电平向低电平的变化表示起始信号，SDA 线由低电平向高电平的变化表示终止信号。如图 8-3 所示。

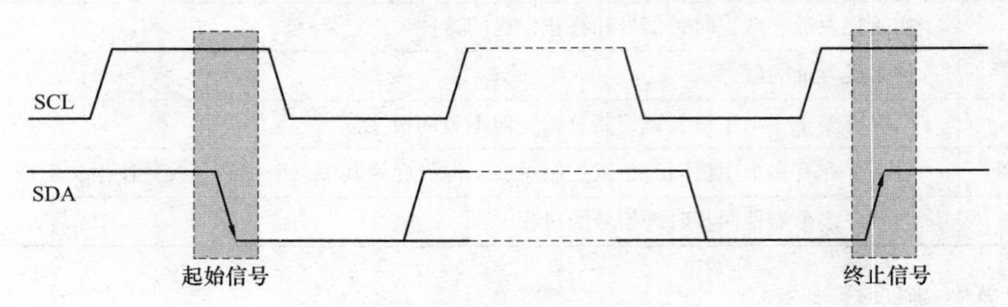

图 8-3 起始和终止信号

起始信号和终止信号都是由主机发出的，在起始信号产生后，总线就处于被占用的状态；终止信号产生后，总线就处于空闲状态。

连接到 IIC 总线上的器件，若具有 IIC 总线的硬件接口，则很容易检测到起始和终止信号。对于不具备 IIC 总线硬件接口的一些单片机，为了检测起始信号和终止信号，必须保证在每个时钟周期内对数据线 SDA 采用两次。

接收器件接收到一个完整的数据字节后，有可能需要完成一些其他工作，如处理内部中断服务等，可能无法立刻接收下一个字节，这时接收器件可以将 SCL 线拉成低电平，从而使主机处于等待状态。直到接收器件准备好接收下一个字节时，再释放 SCL 线使之为高电平，从而使数据传送可以继续进行。

（3）数据传送格式。

1）字节传送与应答。每一个字节必须保证是 8 位长度。数据传送时，先传送最高位（MSB），每一个被传送的字节后面都必须跟随一位应答位（即一帧共有 9 位）。如图 8-4 所示。

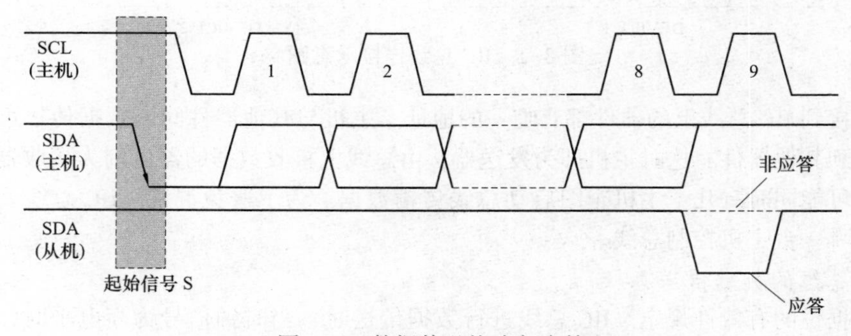

图 8-4 数据传送格式与应答

2）数据帧格式。IIC 总线上传送的数据信号是广义的，既包括地址信号，又包括真正的数据信号。在起始信号后必须传送一个从机的地址（7 位），第 8 位是数据的传送方向（R/T），用“0”表示主机发送数据（T），“1”表示主机接收数据（R）。每次数据传送总是由主机产生的终止信号结束。但是，若主机希望继续占用总线进行新的数据发送，则可以不产生终止信号，马上再次发出起始信号对另一从机进行寻址。

在总线的一次数据传送过程中，可以有以下几种组合方式。

第 1 种，主机向从机发送数据，数据传送方向在整个传送过程中不变，格式如下。

S	从机地址	0	A	数据	A	数据	$A/\overline{A}$	P

注：有阴影部分表示数据由主机向从机传送，无阴影部分则表示数据由从机向主机传送。A 表示应答，$\overline{A}$表示非应答。S 表示起始信号，P 表示终止信号。

第 2 种，主机在第一个字节后，立即由从机读数据，格式如下。

S	从机地址	1	A	数据	A	数据	$\overline{A}$	P

第 3 种，在传送过程中，当需要改变传送方向时，起始信号和从地址都被重复产生一次，但两次读/写方向位正好相反。

S	从机地址	0	A	数据	$A/\overline{A}$	S	从机地址	1	A	数据	$\overline{A}$	P

（4）IIC 总线的寻址。IIC 总线协议有明确的规定：有 7 位和 10 位两种寻址字节。

7 位寻址字节的位定义见表 8-2。

表 8-2　　　　寻址字节位定义表

位	7	6	5	4	3	2	1	0
	从机地址							R/W

D7～D1 位组成从机的地址。D0 位是数据传送方向位，当为“0”时表示主机向从机写数据，为“1”时表示主机由从机读数据。

主机发送地址时，总线上的每个从机都将这 7 位地址码与自己的地址进行比较，如果相同，则认为自己正被主机寻址，之后根据 R/W 位来确定自己是发送器还是接收器。

从机的地址由固定部分和可编程部分组成。在一个系统中可能希望接入多个相同的从机，从机地址中可编程部分决定了该类器件可接入总线的最大数目。如一个从机的 7 位寻址位有 4 位固定，3 位可编程，那么这条总线上最大能接 8（2^3）个从机。

二、SPI 总线

SPI 是串行外设接口（Serial Peripheral Interface）的缩写。SPI 是一种高速的、全双工、同步的通信总线，SPI 通信总线允许单片机等微控制器与各种外部设备以同步串行方式进行通信、交换信息，广泛应用于存储器、LCD 驱动、A/D 转换器、D/A 转换器等器件。SPI 通信总线在芯片的管脚上只占用 4 根线，节约了芯片的管脚，同时为 PCB 的布局节省空间，提供方便，正是出于这种简单易用的特性，越来越多的芯片集成了这种通信协议。与 IIC 通信相比，SPI 通信拥有更快的通信速率、更简单的编程应用。

1. SPI 总线的使用

SPI 的通信的信号线分别为 SCLK、MISO、MOSI、CS，SCLK 为串行通信同步时钟线，MISO 为主机输入从机输出数据线，MOSI 为主机输出从机输入数据线，CS 为从机选择线。有些地方使用 SDI、SDO、SCLK、CS 分别表示数据输入、数据输出、同步时钟、片选线。SPI 工作时，数据通过移位寄存器串行输出到 MOSI，同时外部输入信号通过 MISO 输入端接收后逐位移入移位寄存器。

典型的点对点 SPI 接口通信如图 8-5 所示。

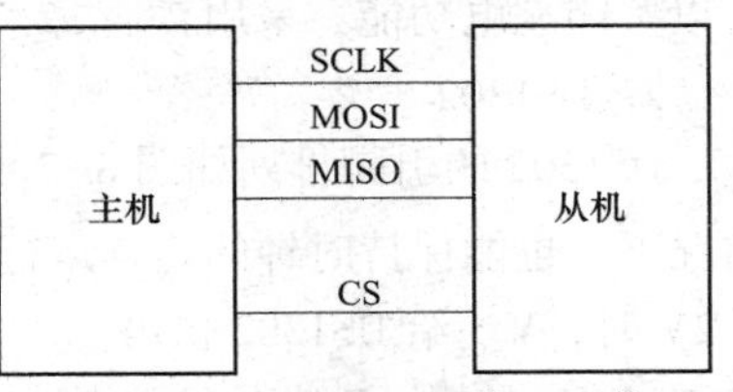

图 8-5　点对点 SPI 接口通信

SPI 点对点通信时，主从机 SCLK 线连在一起，主机的 MOSI 端口连接从机的 MOSI 端，主机的 MISO 端口连接从机的 MISO 端，主机通过片选信号与从机片选端连接。

SPI 多机通信如图 8-6 所示。

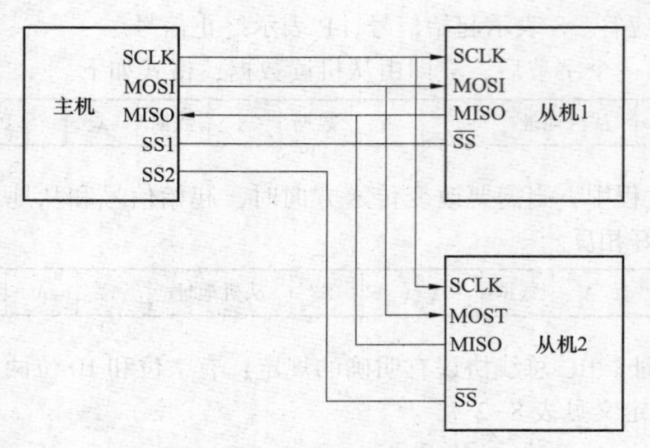

图 8-6 SPI 多机通信

SPI 多机通信时，主从机 SCLK 线连在一起，主机的 MOSI 端口连接从机的 MOSI 端，主机的 MISO 端口连接从机 MISO 的端，主机通过不同片选信号与各个从机连接。

2. SPI 总线的特点

SPI 总线的特点是全双工通信，通信速度快，可达 Mbps。缺点是无多主机协议，不便于组网。

3. SPI 的时序

SPI 接口在内部实际上为两个移位寄存器。传输数据长度根据器件不同分为 8 位、10 位、16 位等。发送数据时，主机产生 SCLK 脉冲，从机在 SCLK 脉冲的上升沿或下降沿采样 MOSI 端数据信号，并移位到接收数据寄存器。主机接收数据时，数据由 MISO 移位输入，主机在 SCLK 脉冲的上升沿或下降沿采样并接收到寄存器中。

三、DS1302 时钟芯片及其应用

1. DS1302 简介

DS1302 是美国 Dallas 半导体公司推出的一种高性能、低功耗、带 RAM 的实时时钟电路，它可以对年、月、日、周、时、分、秒等进行计时，具有闰年补偿功能，工作电压为 2.5~5.5V。采用三线接口与 CPU 进行同步通信，并可采用突发方式一次传送多个字节的时钟信号或 RAM 数据。DS1302 内部有一个 31×8 的用于临时性存放数据的 RAM 寄存器。DS1302 是 DS1202 的升级产品，与 DS1202 兼容，但增加了主电源/后备电源双电源引脚，同时提供了对后备电源进行涓细电流充电的能力。

DS1302 主要特点是采用串行数据传输，能为掉电保护电源提供可编程的充电功能，并且可以关闭充电功能，采用普通 32.768kHz 晶振。

2. DS1302 电路

DS1302 的引脚排列如图 8-7 所示，其中 V_{CC2} 为主电源，V_{CC1} 为后备电源。在主电源关闭的情况下，也能保持时钟的连续运行。DS1302 由 V_{CC1} 或 V_{CC2} 两者中的较大者供电。当 $V_{CC2}>V_{CC1}+0.2V$ 时，V_{CC2} 给 DS1302 供电。当 $V_{CC2}<V_{CC1}$ 时，DS1302 由 V_{CC1} 供电。X1 和 X2 是振荡源，外接 32.768kHz 晶振。RST 是复位/片选线，通过把 RST 输入驱动置高电平来启动所有的数据传送。

RST 输入有两种功能：首先，RST 接通控制逻辑，允许地址/命令序列送入移位寄存器；其次，RST 提供终止单字节或多字节数据传送的方法。当 RST 为高电平时，所有的数据传送被初始化，允许对 DS1302 进行操作。如果在传送过程中 RST 置为低电平，则会终止此次数据传送，I/O 引脚变为高阻态。上电运行时，在 Vcc 大于 2.0V 之前，RST 必须保持低电平。只有在 SCLK 为低电平时，才能将 RST 置为高电平。I/O 为串行数据输入输出端（双向），SCLK 为时钟输入端。

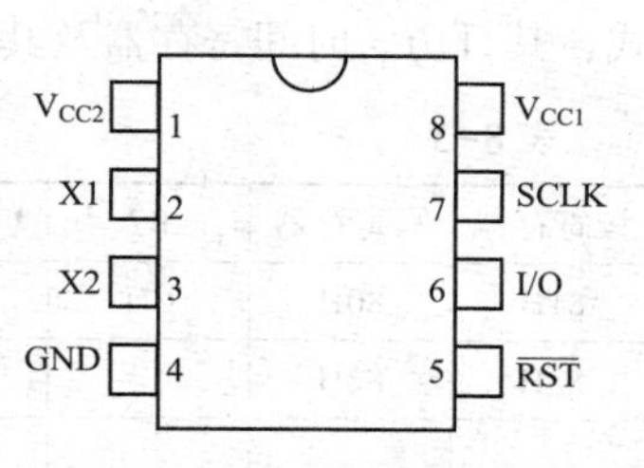

图 8-7　DS1302 的引脚排列

3. 控制字节

DS1302 的控制字节的最高有效位（B7）必须是逻辑 1，如果它为 0，则不能把数据写入 DS1302 中；B6 位如果为 0，则表示存取日历时钟数据，如果为 1 表示存取 RAM 数据；B5～B1 位指示操作单元的地址；最低有效位（B0 位）如为 0 表示要进行写操作，如果为 1 表示进行读操作，控制字节总是从最低位开始输出。

4. 读单字节时序

RST 信号控制数据、时间信号输入的开始和结束信号。读单字节时序，首先是写地址字节，然后再读数据字节，写地址字节时上升沿有效，而读数据字节时下降沿有效。写地址字节和读数据字节同是 LSB 开始，如图 8-8 所示。

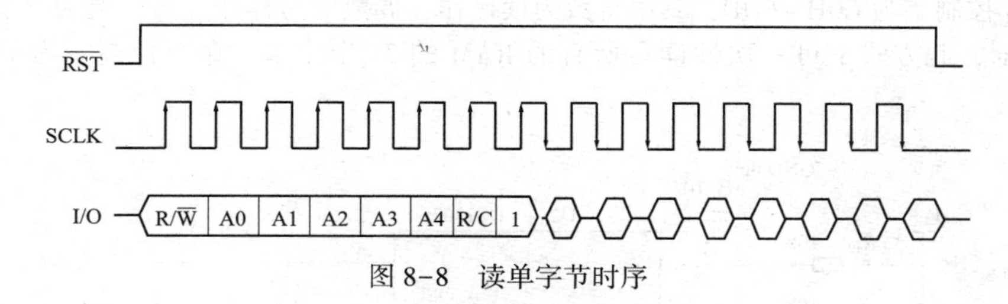

图 8-8　读单字节时序

5. 写单字节时序

RST 信号控制数据、时间信号输入的开始和结束信号。RST 信号必须拉高，否则数据的输入是无效的。第一个字节是地址字节，第二个字节是数据字节。地址字节和数据字节读取时上升沿有效，而且是由 LSB 开始读入，如图 8-9 所示。

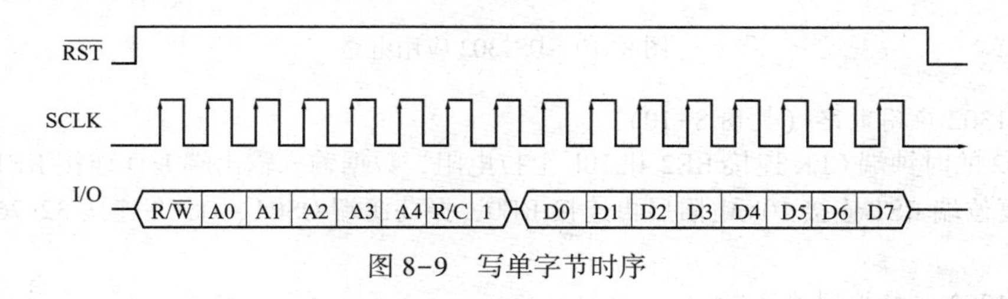

图 8-9　写单字节时序

6. 数据流

在控制指令字输入后的下一个 SCLK 时钟的上升沿时，数据被写入 DS1302，数据输入从低位即 0 位开始。同样，在紧跟 8 位的控制指令字后的下一个 SCLK 脉冲的下降沿读出 DS1302 的数据，读出数据时从低位 0 到高位 7。

7. 寄存器

DS1302 有 12 个寄存器，其中有 7 个寄存器与日历、时钟相关，存放的数据位为 BCD 码形式，其日历、时间寄存器及其控制字见表 8-3。

表 8-3　　寄存器及其控制字

读寄存器	写寄存器	B7	B6	B5	B4	B3	B2	B1	B0	范围
81H	80H	CH	10 秒			秒				0~59
83H	82H		10 分			分				0~59
85H	84H	12/24	0	10 AM/PM	时	时				1~12/ 0~23
87H	86H	0	0	10 日		日				1~31
89H	88H	0	0	0	10 月	月				1~12
8BH	8AH	0	0	0	0	0	星期			1~7
8DH	8CH	10 年				年				00~99
8FH	8EH	WP	0	0	0	0	0	0	0	—

DS1302 还有年份寄存器、控制寄存器、充电寄存器、时钟突发寄存器及与 RAM 相关的寄存器等。时钟突发寄存器可一次性顺序读写除充电寄存器外的所有寄存器内容。DS1302 与 RAM 相关的寄存器分为两类：一类是单个 RAM 单元，共 31 个，每个单元组态为一个 8 位的字节，其命令控制字为 C0H~FDH，其中奇数为读操作，偶数为写操作；另一类为突发方式下的 RAM 寄存器，此方式下可一次性读写所有的 RAM 的 31 个字节，命令控制字为 FEH（写）、FFH（读）。

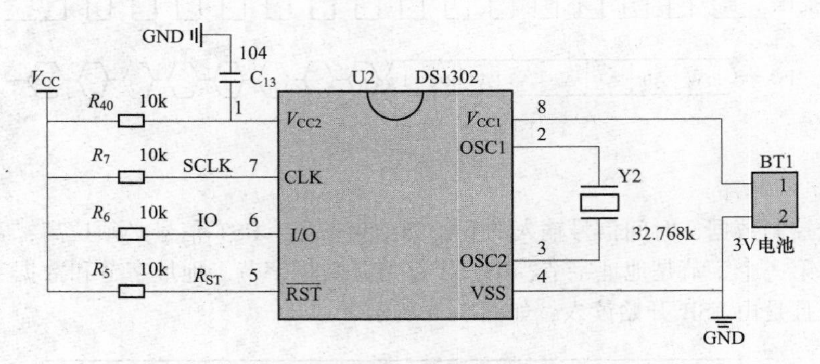

图 8-10　DS1302 应用电路

8. DS1302 应用电路（见图 8-10）

DS1302 的时钟端 CLK 连接 RE2 和 10k 上拉电阻，数据输入输出端 I/O 连接 RE1 和 10k 上拉电阻，复位端 RST 连接 10k 电阻后再连接 RE0，振荡源端 OSC1、OSC2 连接 32.768kHz 晶体振荡器。

9. DS1302 时钟控制程序

```
#include <p18cxxx.h>
#include "k18.h"
#include "lcd1602.h"
#include"ds1302.h"

void main(void)
```

```
{
k18_init();/* HL-K18 主板初始化*/
LCD_init();
LCD_setxy(2,10);
ds1302_init(); /* 调用 DS1302 初始化函数*/
set_time(); /* 调用设置时间函数*/

while(1)
    {
    LCD_setxy(1,1);
    display_date();/* 显示年月日*/
    LCD_setxy(2,1);
    display_time();/* 显示时分秒*/
    }
}
```

程序包含 PIC18 头文件、K18 头文件、液晶驱动 lcd1602 头文件、ds1302 头文件。

在主程序中，首先进行 K18 主板初始化、LCD1602 初始化，然后，通过 LCD 液晶显示定位于第 1 行第 1 列，驱动 LCD 显示年、月、日，LCD 液晶显示重新定位于第 2 行第 1 列，驱动 LCD 显示时、分、秒，DS1302 读写控制程序和 LCD 显示驱动程序，在 ds1302 头文件和 ds1302 语言文件中有详细的注释，读者仔细阅读就可以读懂。

初始参数可以通过下列时间数组来修改，数组参数定义的数据信息是秒、分、时、日、月、星期、年、控制字。例如：

```
const rom char time_tab[]={0x00,0x00,0x10,0x20,0x07,0x03,0x16,0x00};
```

这条语句中的数组数据表示的参数是，00 秒、00 分、010 分钟，20 日、7 月、16 年，最后的数据 0x00 表示写数据到 LCD。修改数组参数，就可以改变液晶显示器显示的数据。

技能训练

一、训练目标

（1）学会使用 DS1302 时钟芯片。

（2）学会应用 PIC 单片机驱动 DS1302 实现时钟控制。

二、训练步骤与内容

1. 建立单片机 DS1302 工程

（1）打开 C 盘下的文件夹 PIC，在该文件下新建一个文件夹 H01。

（2）双击 MPLAB IDE 软件图标，启动 MPLAB IDE 软件。

（3）新建一个工程，命名为 H001。

2. 新建 C 语言程序文件

（1）新建一个文件，另存为“main. c”。

（2）在文件 main. c 编辑区，输入 DS1302 时钟控制程序，文件保存在 H01。

3. 添加文件

（1）复制开发板头文件 K18. h、lcd1602. h、delay. h、ds1302. h 和 C 语言程序文件 K18. c lcd1602. c、delay. c、ds1302. c、main. c 到文件夹 H01 内。

（2）选择 mK18. c、lcd1602. c、delay. c、ds1302. c、main. c 等 5 个 C 语言程序文件，将其添加到“Source Files”。

（3）选择 K18. h、lcd1602. h、delay. h、ds1302. h 等 4 个头文件，将其添加到“Header Files”。

（4）右键单击项目浏览区的“Linker Script”选项，在弹出的菜单中选择“Add File”，弹出“添加文件到工程”对话框。

（5）选择 C 盘根目录的“MCC18”下的“lkr”文件夹，双击打开，在文件名栏输入“18f4520”，选择“18f4520. lkr”文件，单击“打开”按钮，将“18f4520. lkr”文件添加到“Linker Script”。

4. 下载调试

（1）执行“Programmer”→“Select Programmer”→“PICkit2”命令，连接 PICkit2 编译器。

（2）执行“Project”→“Build All”命令，编译程序。单击工具栏“下载程序”按钮，下载程序到 PIC 单片机。

（3）将液晶显示器 LCD1602 插入 K18 板插座。

（4）单击工具栏“↱”按钮，启动运行程序，观察液晶显示器显示。

（5）如果看不到信息，可以调节液晶 LCD1602 显示屏组件的背光控制电位器 W1，调节液晶对比度，直到看清字符显示信息。

（6）单击工具栏“↲”按钮，观察液晶显示屏的数据显示。

习题 8

1. 编写单片机控制程序，利用 IIC 总线技术，统计单片机的开关机次数。
2. 编写 PIC 单片机控制程序，利用 DS1302 显示日期时钟信息。

项目九 模拟量处理

学习目标

（1）学习运算放大器。

（2）学习模数转换与数模转换知识。

（3）应用单片机进行模数转换。

（4）应用单片机进行数模转换。

任务17 模 数 转 换

基础知识

一、模数转换与数模转换

1. 运算放大器

运算放大器简称“运放”，是一种应用很广泛的线性集成电路，其种类繁多，在应用方面不但可对微弱信号进行放大，还可作为反相器、电压比较器、电压跟随器、积分器、微分器等，并可对信号做加、减运算，所以被称为运算放大器。其符号表示如图9-1所示。

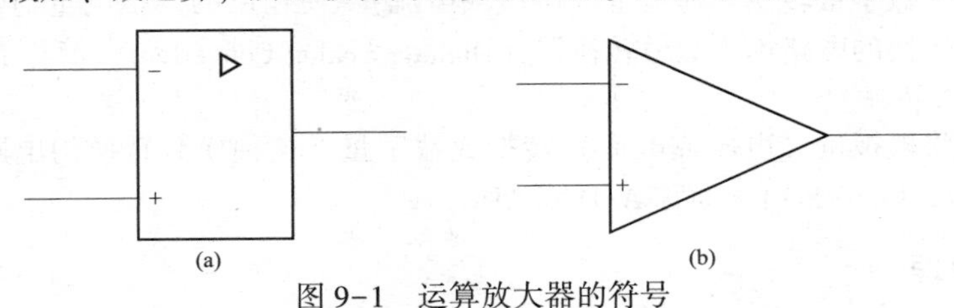

图9-1 运算放大器的符号

（a）国家标准规定的符号；（b）国内外常用符号

2. 负反馈

放大电路如图9-2所示，输入信号电压 V_i（$=V_p$）加到运放的同相输入端“+”和地之间，输出电压 V_o 通过 R_1 和 R_2 的分压作用，有 $V_n=V_f=R_1V_o/(R_1+R_2)$，作用于反相输入端“−”，所以 V_f 在此称为反馈电压。

当输入信号电压 V_i 的瞬时电位变化极性如图9-2中的（+）号所示，由于输入信号电压 V_i（V_p）加到同相端，输出电压 V_o 的极性与 V_i 相同。反相输入端的电压 V_n 为反馈电压，其极性亦为（+），而静输入电压 $V_{id}=V_i-V_f=V_p-V_n$，比无反馈时减小了，即 V_n 抵消了 V_i 的一部分，使放大电路的输出电压 V_o 减小了，因而这时引入的反馈是负反馈。

综上，负反馈的作用是利用输出电压 V_o 通过反馈元件（R_1、R_2）对放大电路起自动调节作用，从而牵制了 V_o 的变化，最后达到输出稳定平衡。

3. 同相运算放大电路

提供正电压增益的运算放大电路称为同相运算放大，如图 9-2 所示。

在图 9-2 中，输出通过负反馈的作用，使 V_n 自动地跟踪 V_p，使 $V_p \approx V_n$，或 $V_{id} = V_p - V_n \approx 0$。这种现象称为虚假短路，简称虚短。

由于运放的输入电阻的阻值又很高，所以，运放两输入端的 $I_p = -I_n = (V_p - V_n) / R_i \approx 0$，这种现象称为虚断。

4. 反相运算放大电路

提供负电压增益的运算放大电路称为反相运算放大，如图 9-3 所示。

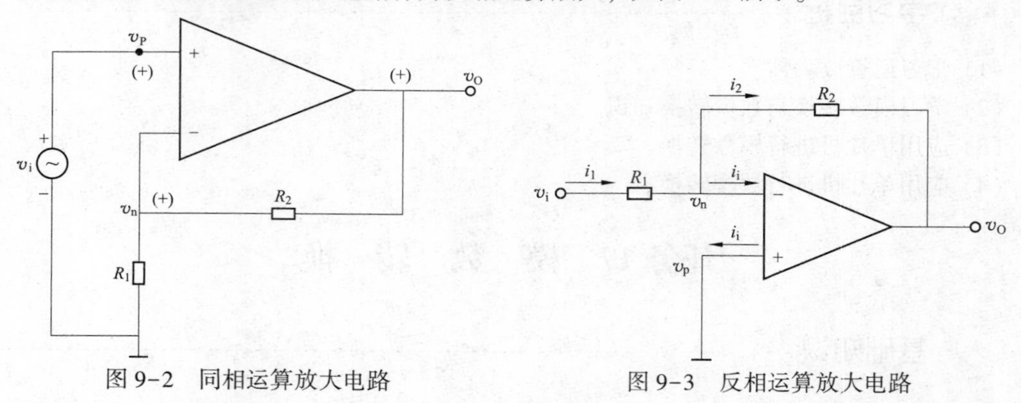

图 9-2 同相运算放大电路　　　图 9-3 反相运算放大电路

在图 9-3 中，输入电压 V_i 通过 R_1 作用于运放的反相端，R_2 跨接在运放的输出端和反相端之间，同相端接地。由虚短的概念可知，$V_n \approx V_p = 0$，因此反相输入端的电位接近于地电位，故称虚地。虚地的存在是反相放大电路在闭环工作状态下的重要特征。

5. D/A 数模转换

数模转换即将数字量转换为模拟量（电压或电流），使输出的模拟电量与输入的数字量成正比。实现数模转换的电路称为数模转换器（Digital-Analog Converter），简称 D/A 或 DAC。

6. A/D 数模转换

模数转换是将模拟量（电压或电流）转换成数字量。这种模数转换的电路称为模数转换器（Analog-Digital Converter），简称 A/D 或 ADC。

二、工作原理

1. D/A 转换原理

（1）实现 D/A 转换的基本原理。将二进制数 $N_D = (110011)_B$ 转换为十进制数。

$N_D = 1\times2^5+1\times2^4+0\times2^3+0\times2^2+1\times2^1+1\times2^0 = 51$

数字量是用代码按数位组合而成的，对于有权码，每位代码都有一定的权值，如能将每一位代码按其权值的大小转换成相应的模拟量，然后将这些模拟量相加，即可得到与数字量成正比的模拟量，从而实现数字量—模拟量的转换。

（2）D/A 的转换组成部分。结构如图 9-4 所示。

（3）实现 D/A 转换的原理电路，如图 9-5 所示。

$$V_0 = -R_f(I_0 + I_1 + I_2 + I_3) = V_{REF}(D_3 2^3 + D_2 2^2 + D_1 2^1 + D_0 2^0)$$

式中

$$I_0 = \frac{V_{REF} D_0}{R},\quad I_1 = \frac{2V_{REF} D_1}{R},\quad I_2 = \frac{4V_{REF} D_2}{R},\ I_3 = \frac{8V_{REF} D_3}{R}$$

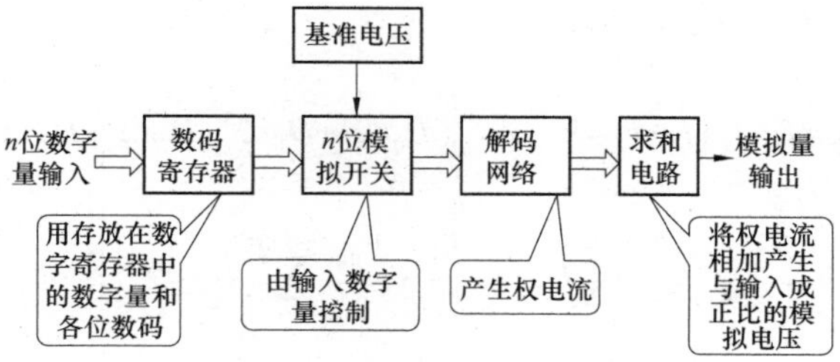

基准电压
n位数字量输入
数码寄存器
n位模拟开关
解码网络
求和电路
模拟量输出
用存放在数字寄存器中的数字量和各位数码
由输入数字量控制
产生权电流
将权电流相加产生与输入成正比的模拟电压

图 9-4　D/A 转换结构图

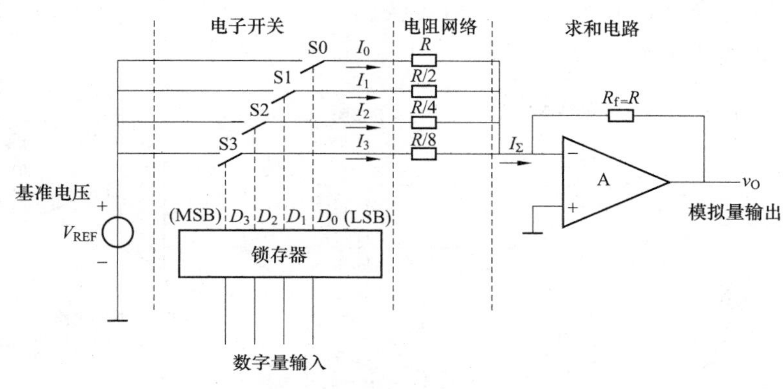

图 9-5　D/A 转换的原理电路

（4）D/A 转换器的种类。D/A 转换器的种类很多，例如：T 型电阻网络、倒 T 型电阻网络、权电流、权电流网络、CMOS 开关型等。这里以倒 T 型电阻网络和权电流为例来讲述 D/A 转换器的原理。

1）4 位倒 T 型电阻网络 D/A 转换器（见图 9-6）。

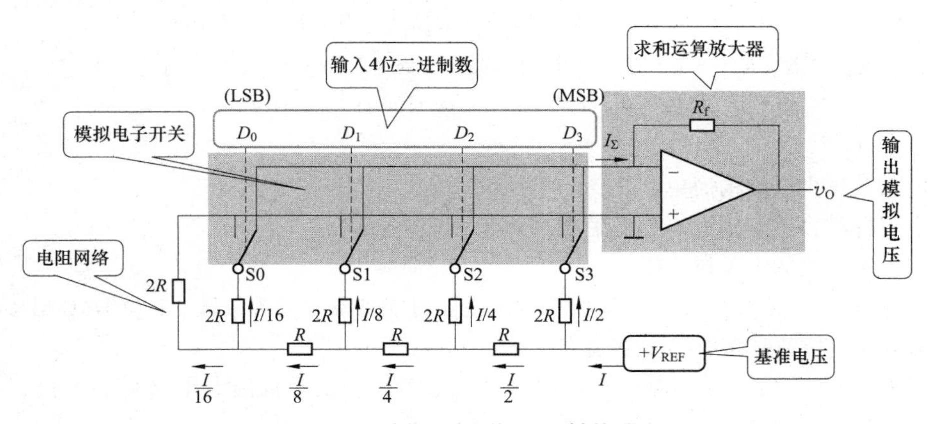

图 9-6　倒 T 型网络 D/A 转换器

说明：$D_i=0$，S_i则将电阻 $2R$ 接地；

$D_i=1$，S_i接运算放大器的反向端，电流 I_i流入求和电路；

说明：根据运放线性运用时虚地的概念可知，无论模拟开关 S_i处于何种位置，与 S_i相连的 $2R$ 电阻将接地或虚地。

这样，就可以算出各个支路的电流以及总电流。其电流分别为：$I_3=V_{REF}/2R$、$I_2=V_{REF}/4R$、

$I_1=V_{REF}/8R$、$I_0=V_{REF}/16R$、$I=V_{REF}/R$。

从而流入运放的总的电流为

$$I_{\Sigma}=I_0+I_1+I_2+I_3=V_{REF}/R\ (D_0/2^4+D_1/2^3+D_2/2^2+D_3/2^1)$$

则输出的模拟电压为

$$v_0=-I_{\Sigma}R_f=-\frac{R_f}{R}\cdot\frac{V_{REF}}{2^4}\sum_{i=0}^{3}(D_i\cdot 2^i)$$

电路特点：

- 电阻种类少，便于集成；
- 开关切换时，各点电位不变。因此速度快。

2）权电流 D/A 转换器（见图 9-7）。

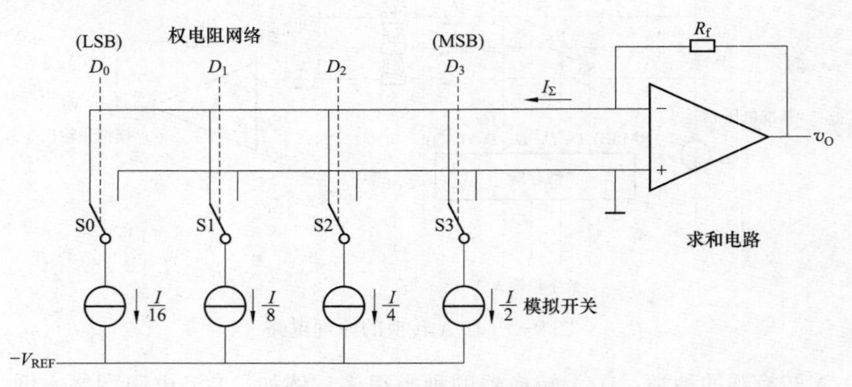

图 9-7 权电流 D/A 转换图

$D_i=1$ 时，开关 S_i 接运放的反相端；

$D_i=0$ 时，开关 S_i 接地。

$$V_o=-I_{\Sigma}R_f=-R_f(D_3I/2+D_2I/4+D_1I/8+D_0I/16)$$

此时令 $R_0=2^3R$、$R_1=2^2R$、$R_2=2^1R$、$R_1=2^0R$、$R_f=2^{-1}R$。代入上式有

$$V_o=-V_{REF}/2^4(D_32^3+D_22^2+D_12^1+D_02^0)$$

电路特点：

- 电阻数量少，结构简单；
- 电阻种类多，差别大，不易集成。

（5）D/A 转换的主要技术指标。

1）分辨率。定义为 D/A 转换器模拟输出电压可能被分离的等级数。n 位 DAC 最多有 2^n 个模拟输出电压。位数越多 D/A 转换器的分辨率越高。

分辨率也可以用能分辨的最小输出电压（$V_{REF}/2^n$）与最大输出电压[（$V_{REF}/2^n$）(2^n-1)]之比给出。n 位 D/A 转换器的分辨率可表示为：1/（2^n-1）。

2）转换精度。转换精度是指对给定的数字量，D/A 转换器实际值与理论值之间的最大偏差。

2. A/D 转换

A/D 能将模拟电压成正比地转换成对应的数字量。其 A/D 转换器分类和特点如下。

（1）并联比较型。特点：转换速度快，转换时间 10ns~1μs，但电路复杂。

（2）逐次逼近型。特点：转换速度适中，转换时间为几微秒到 100 微秒，转换精度高，在

转换速度和硬件复杂度之间达到一个很好的平衡。

（3）双积分型。特点：转换速度慢，转换时间为几百微秒到几毫秒，但抗干扰能力最强。

3. A/D 的一般转换过程

由于输入的模拟信号在时间上是连续量，所以一般的 A/D 转换过程为：采样、保持、量化和编码，其过程如图 9-8 所示。

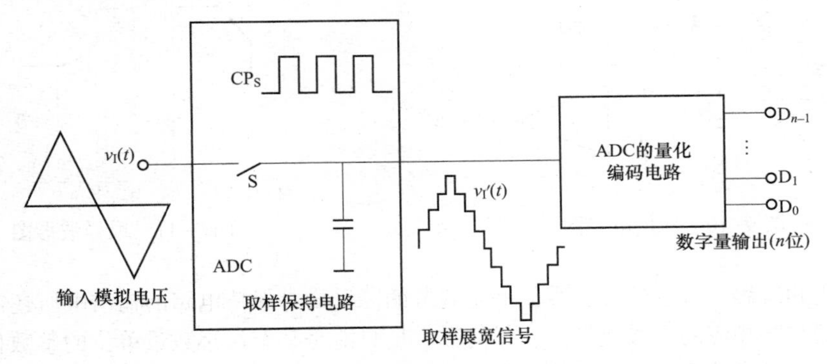

图 9-8　A/D 转换的一般过程

（1）采样。采样是将随时间连续变化的模拟量转换为在时间上离散的模拟量。理论上肯定是采样频率越高越接近真实值。采样原理图如图 9-9 所示。

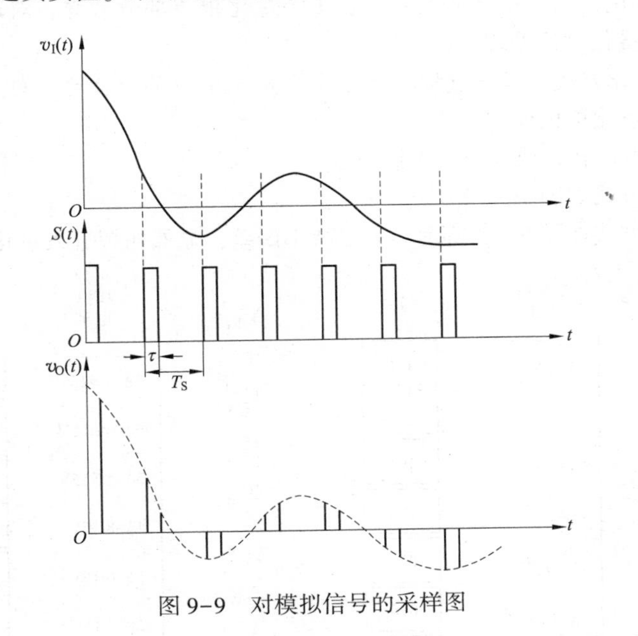

图 9-9　对模拟信号的采样图

采样定理：设采样信号 S（t）的频率为 f_s，输入模拟信号 v_I（t）的最高频率分量的频率为 f_{imax}，则 $f_s \geqslant 2f_{imax}$。

（2）保持，保持电路及工作原理。采得模拟信号转换为数字信号都需要一定时间，为了给后续的量化编码过程提供一个稳定的值，在取样电路后要求将所采样的模拟信号保持一段时间。保持电路如图 9-10 所示。

电路分析，取 $R_i = R_f$，N 沟道 MOS 管 T 作为开关用。当控制信号 v_L 为高电平时，T 导通，v_I 经电阻 R_i 和 T 向电容 C_h 充电。则充电结束后 $v_0 = -v_I = v_C$；当控制信号返回低电平后，T 截止。

C_h无放电回路，所以 v_0的数值可被保存下来。

取样波形图如图 9-11 所示。

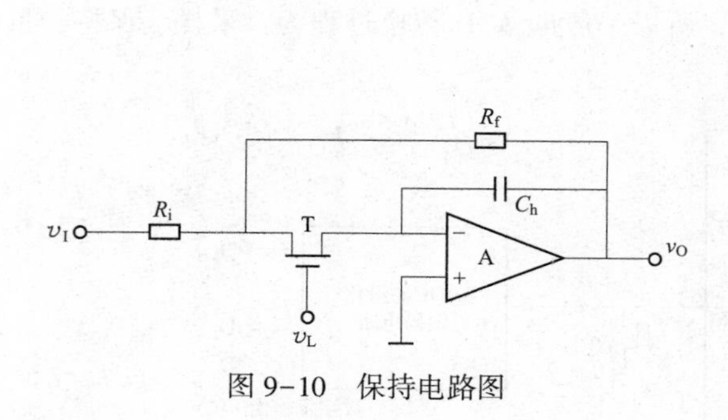

图 9-10 保持电路图

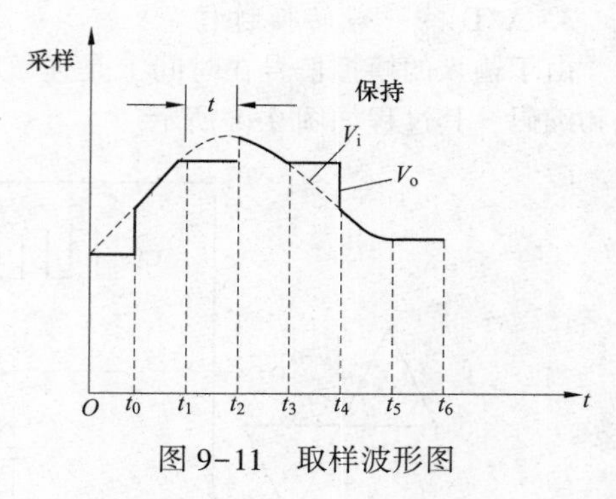

图 9-11 取样波形图

（3）量化和编码。数字信号在数值上是离散的。采样—保持电路的输出电压还需按某种近似方式归化到与之相应的离散电平上，任何数字量只能是某个最小数量单位的整数倍。量化后的数值最后还需通过编码过程用一个代码表示出来。经编码后得到的代码就是 A/D 转换器输出的数字量。

两种近似量化方式：只舍不入量化方式、四舍五入量化方式。

1）只舍不入量化方式。量化过程将不足 1 个量化单位部分舍弃，对于等于或大于一个量化单位部分按一个量化单位处理。

2）四舍五入量化方式。量化过程将不足半个量化单位部分舍弃，对于等于或大于半个量化单位部分按 1 个量化单位处理。

例：将 0~1V 电压转换成 3 位二进制码。

只舍不入量化方式如图 10-12 所示。

四舍五入量化方式如图 9-13 所示。为了减小误差，显然四舍五入量化方式较好。

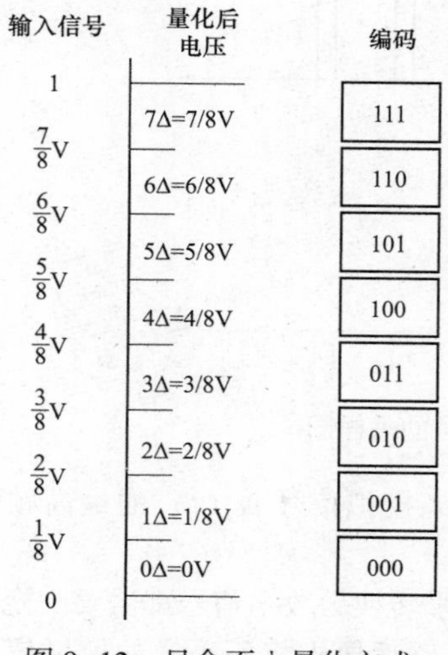

输入信号	量化后电压	编码
1 ~ $\frac{7}{8}$V	7Δ=7/8V	111
$\frac{7}{8}$V ~ $\frac{6}{8}$V	6Δ=6/8V	110
$\frac{6}{8}$V ~ $\frac{5}{8}$V	5Δ=5/8V	101
$\frac{5}{8}$V ~ $\frac{4}{8}$V	4Δ=4/8V	100
$\frac{4}{8}$V ~ $\frac{3}{8}$V	3Δ=3/8V	011
$\frac{3}{8}$V ~ $\frac{2}{8}$V	2Δ=2/8V	010
$\frac{2}{8}$V ~ $\frac{1}{8}$V	1Δ=1/8V	001
$\frac{1}{8}$V ~ 0	0Δ=0V	000

图 9-12 只舍不入量化方式

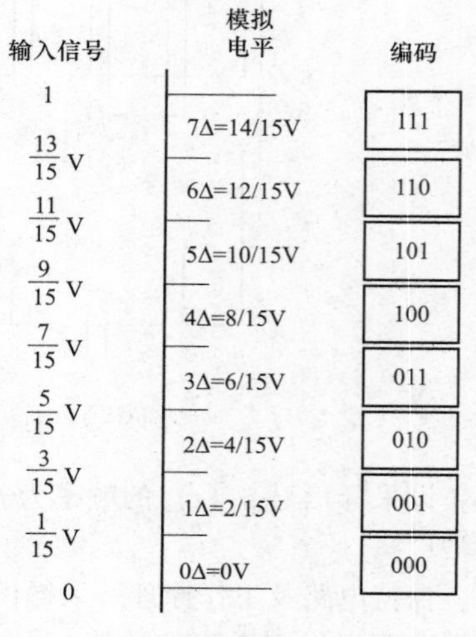

输入信号	模拟电平	编码
1 ~ $\frac{13}{15}$V	7Δ=14/15V	111
$\frac{13}{15}$V ~ $\frac{11}{15}$V	6Δ=12/15V	110
$\frac{11}{15}$V ~ $\frac{9}{15}$V	5Δ=10/15V	101
$\frac{9}{15}$V ~ $\frac{7}{15}$V	4Δ=8/15V	100
$\frac{7}{15}$V ~ $\frac{5}{15}$V	3Δ=6/15V	011
$\frac{5}{15}$V ~ $\frac{3}{15}$V	2Δ=4/15V	010
$\frac{3}{15}$V ~ $\frac{1}{15}$V	1Δ=2/15V	001
$\frac{1}{15}$V ~ 0	0Δ=0V	000

图 9-13 四舍五入量化方式

4. A/D 转换器简介

（1）并行比较型 A/D 转换器电路（见图 9-14）。

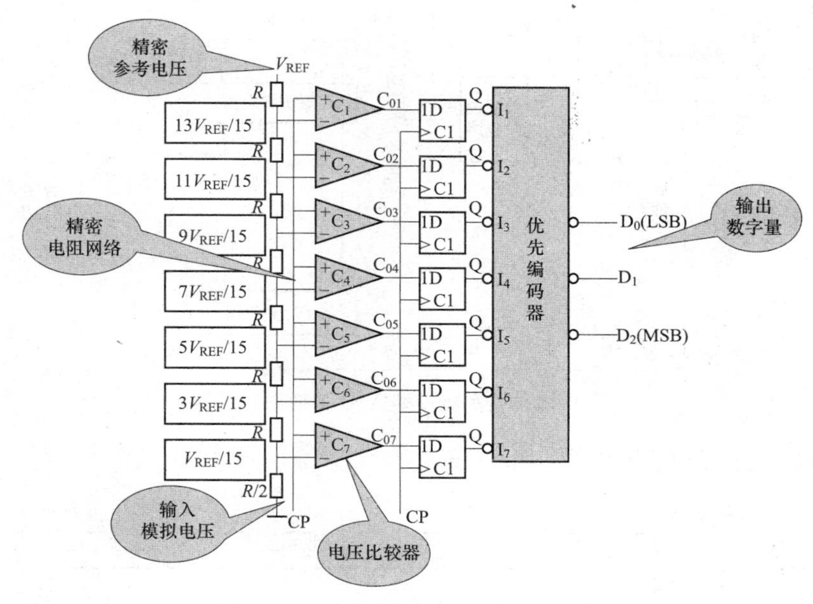

图 9-14　并行比较型 A/D 转换器电路图

根据各比较器的参考电压，可以确定输入模拟电压值与各比较器输出状态的关系。比较器的输出状态由 D 触发器存储，经优先编码器编码，得到数字量输出。其真值表见表 9-1。

表 9-1　　3 位并行 A/D 转换输入与输出对应表

输入模拟电压 V_i	代码转换器输入 Q7 Q6 Q5 Q4 Q3 Q2 Q1	数字量 D2 D1 D0
$(0 \leqslant V_i \leqslant 1/15)$ V_{REF}	0 0 0 0 0 0 0	0 0 0
$(1/15 \leqslant V_i \leqslant 3/15)$ V_{REF}	0 0 0 0 0 0 1	0 0 1
$(3/15 \leqslant V_i \leqslant 5/15)$ V_{REF}	0 0 0 0 0 1 1	0 1 0
$(5/15 \leqslant V_i \leqslant 7/15)$ V_{REF}	0 0 0 0 1 1 1	0 1 1
$(7/15 \leqslant V_i \leqslant 9/15)$ V_{REF}	0 0 0 1 1 1 1	1 0 0
$(9/15 \leqslant V_i \leqslant 11/15)$ V_{REF}	0 0 1 1 1 1 1	1 0 1
$(11/15 \leqslant V_i \leqslant 13/15)$ V_{REF}	0 1 1 1 1 1 1	1 1 0
$(13/15 \leqslant V_i \leqslant 1)$ V_{REF}	1 1 1 1 1 1 1	1 1 1

单片集成并行比较型 A/D 转换器的产品很多，如 AD 公司的 AD9012（TTL 工艺，8 位）、AD9002（ECL 工艺，8 位）、AD9020（TTL 工艺，10 位）等。

其优点是转换速度快，缺点是电路复杂。

（2）逐次比较型 A/D 转换器。逐次比较转换过程与用天平秤物重非常相似。转换原理如图 9-15 所示。

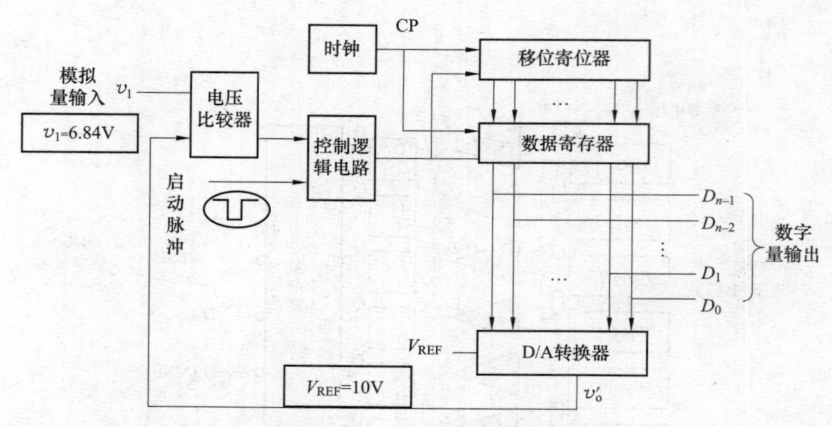

图 9-15 逐次比较型 A/D 转换原理图

逐次比较转换过程和输出结果如图 9-16 所示。

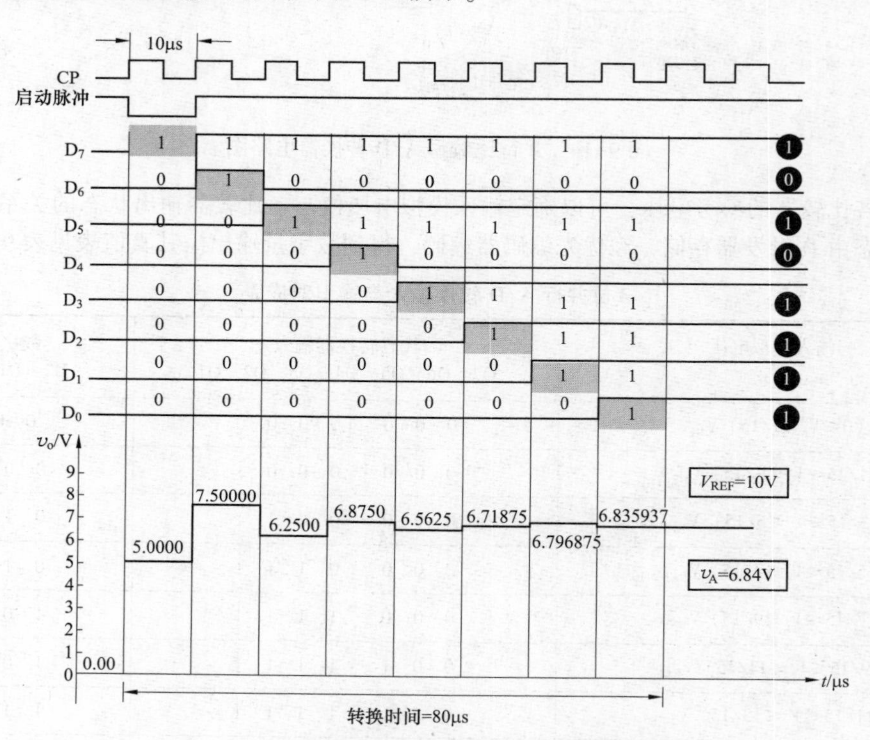

图 9-16 逐次比较型 A/D 转换过程和结果图

逐次比较型 A/D 转换器输出数字量的位数越多转换精度越高；逐次比较型 A/D 转换器完成一次转换所需时间与其位数 n 和时钟脉冲频率有关，位数越少，时钟频率越高，转换所需时间越短。

5. A/D 转换器的参数指标

（1）转换精度。

1）分辨率——说明 A/D 转换器对输入信号的分辨能力。一般以输出二进制（或十进制）数的位数表示。因为在最大输入电压一定时，输出位数越多，量化单位越小，分辨率越高。

2）转换误差——它表示 A/D 转换器实际输出的数字量和理论上的输出数字量之间的差别。常用最低有效位的倍数表示。

例如，相对误差≤±LSB/2，就表明实际输出的数字量和理论上应得到的输出数字量之间的误差小于最低位的半个字。

（2）转换时间——指从转换控制信号到来开始，到输出端得到稳定的数字信号所经过的时间。

并行比较 A/D 转换器转换速度最高，逐次比较型 A/D 转换器转换速度较低。

三、PIC 单片机的模数转换结构

PIC18F4520 系列带 A/D 转换的单片机，内嵌 13 路 10 位高速 A/D 转换器，逐次逼近型 ADC 转换速度快，精度高，方便了单片机对模拟量的处理过程。用户可以通过软件设置将 13 路中的任何一路设置为 A/D 转换，不需作为 A/D 使用的口可继续作为 I/O 口使用。

A/D 模块能将一个模拟输入信号转换成相应的 10 位数字信号。

A/D 模块的工作方式由 ADCON0 寄存器控制。端口引脚的功能由 ADCON1 寄存器配置，ADCON2 寄存器配置 A/D 时钟源，编程采集时间和对齐方式。

1. ADCON0 工作方式寄存器（见表 9-2）

表 9-2　　ADCON0 寄存器

位	B7	B6	B5	B4	B3	B2	B1	B0
符号	—	—	CHS3	CHS2	CHS1	CHS0	GO/DONE	ADON
复位	0	0	0	0	0	0	0	0

B7-6 未用位：读为 0。

B5-2 CHS3：CHS0：模拟通道选择位。

0000＝通道 0　（AN0）；

0001＝通道 1　（AN1）；

0010＝通道 2　（AN2）；

0011＝通道 3　（AN3）；

0100＝通道 4　（AN4）；

0101＝通道 5　（AN5）（1，2）；

0111＝通道 6　（AN6）（1，2）；

0111＝通道 7　（AN7）（1，2）；

1000＝通道 8　（AN8）；

1001＝通道 9　（AN9）；

1010＝通道 10　（AN10）；

1011＝通道 11　（AN11）；

1100＝通道 12　（AN12）；

1101＝未用通道（2）；

1110＝未用通道（2）；

1111＝未用通道（2）。

注意：

（1）这些通道在 28 引脚器件上未用。

（2）在未用通道上执行转换会返回不确定的输入值。

B1 GO/DONE：A/D 转换状态位。

当 ADON=1 时，

1=A/D 转换正在进行；

0=A/D 空闲。

B0 ADON：A/D 模块使能位。

1=使能 A/D 转换器模块；

0=禁止 A/D 转换器模块。

2. ADCON1 寄存器（见表 9-3）

表 9-3　ADCON1 寄存器

位	B7	B6	B5	B4	B3	B2	B1	B0
符号	—	—	VCFG1	VCFG0	PCFG3	PCFG2	PCFG1	PCFG0
复位	0	0	0	0	0	0	0	0

B7-6　未用位：读为 0。

B5　　VCFG1：参考电压配置位（VREF-参考电压源）。

1=VREF-（AN2）。

0=VSS。

B4　　VCFG0：参考电压配置位（VREF+ 参考电压源）。

1=VREF+（AN3）。

0=VDD。

B3-0　PCFG3：PCFG0：A/D 端口配置控制位（确定 A/D 端口的数量）。

3. ADCON2 寄存器（见表 9-4）

表 9-4　ADCON2 寄存器

位	B7	B6	B5	B4	B3	B2	B1	B0
符号	ADFM	—	ACQT2	ACQT1	ACQT0	ADCS2	ADCS1	ADCS0
复位	0	0	0	0	0	0	0	0

B7　ADFM：A/D 结果格式选择位。

1 =　右对齐。

0 =　左对齐。

B6 未用位：读为 0。

B5-3　　ACQT2：ACQT0：A/D 采集时间选择位。

111=20 TAD；

110=16 TAD；

101=12 TAD；

100=8 TAD；

011=6 TAD；

010=4 TAD；

001=2 TAD；

000＝0 TAD（1）。

B2-0　　ADCS2：ADCS0：A/D 转换时钟选择位。

111＝FRC（时钟来自 A/D 模块 RC 振荡器）（1）；

110＝FOSC/64；

101＝FOSC/16；

100＝FOSC/4；

011＝FRC（时钟来自 A/D 模块 RC 振荡器）（1）；

010＝FOSC/32；

001＝FOSC/8。

注意：如果选择了 FRC 时钟源，在 A/D 时钟启动之前会加上一个 TCY（指令周期）的延迟。这可以保证在开始转换之前执行 SLEEP 指令。

4. A/D 转换原理图（见图 9-17）

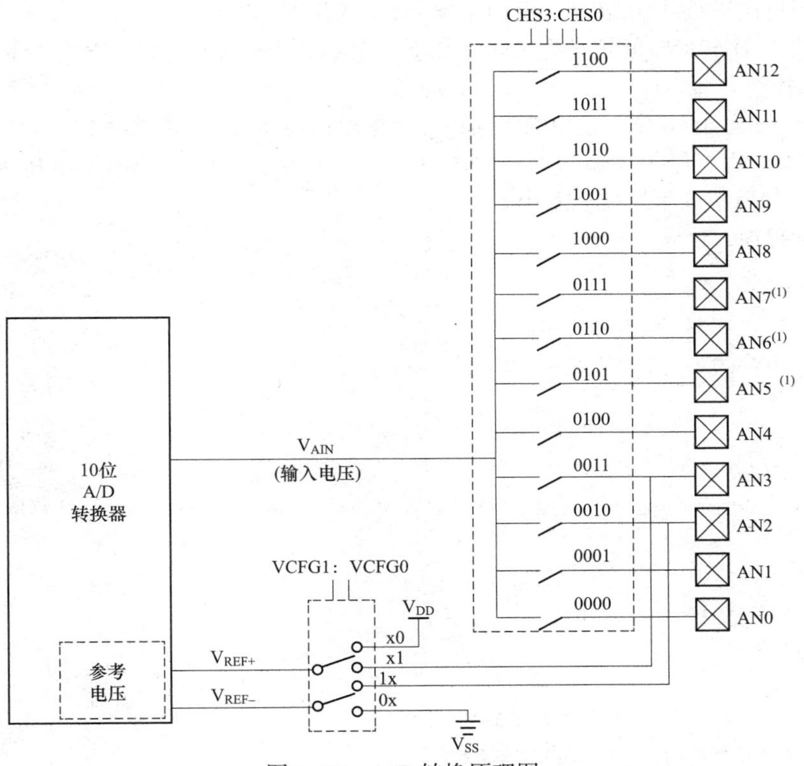

图 9-17　A/D 转换原理图

上电复位时，ADRESH：ADRESL 寄存器中的值保持不变。上电复位后，ADRESH：ADRESL 寄存器中的值不确定。

在根据需要配置好 A/D 模块之后，必须在转换开始之前对选定的通道进行采样。必须将模拟输入通道相应的 TRIS 位选择为输入。

执行 A/D 转换时应该遵循以下步骤：

（1）配置 A/D 模块。

1）配置模拟引脚、参考电压和数字 I/O（通过 ADCON1 寄存器）。

2）选择 A/D 输入通道（通过 ADCON0 寄存器）。

3）选择 A/D 采集时间（通过 ADCON2 寄存器）。

4）选择 A/D 转换时钟（通过 ADCON2 寄存器）。

（2）需要时，配置 A/D 中断。

1）清零 ADIF 位。

2）ADIE 位置 1。

3）GIE 位置 1。

（3）如果需要，等待所需的采集时间。

（4）启动转换，将 GO/DONE 位置 1（ADCON0 寄存器）。

（5）等待 A/D 转换完成，通过以下两种方法之一判断转换是否完成：

1）查询 GO/DONE 位是否被清零；

2）等待 A/D 中断。

（6）读取 A/D 结果寄存器（ADRESH：ADRESL），需要时将 ADIF 位清零。

（7）如需再次进行 A/D 转换，返回步骤（1）或步骤（2）。

将每位的 A/D 转换时间定义为 TAD，在下一次采集开始前至少需要等待 2 个 TAD。

5. A/D 转换实验

（1）控制要求。RA0 作为模拟输入通道，用螺丝刀旋动可调电位器 RP1，点阵管最左边一列 8 个 LED 显示的 8 位二进制数会在 255～0 变化，0xff 表示输入的模拟电压为最大值 5V，0x00 表示输入的模拟电压为最小值 0V。

（2）控制程序。

```
#include <p18cxxx.h>
#include "k18.h"
#include <delays.h>
int result;
unsigned char i;
const unsigned char
seg[ ]={0x3f,0x06,0x5b,0x4f,0x66,0x6d,0x7d,0x07,0x7f,0x6f}; //0~9 数据
/* 函数声明*/
void PORT_init(void);
void ADC_init(void);
void main(void)
{
   PORT_init(); /* 调用端口初始化函数*/
   ADC_init(); /* 调用 ADC 初始化函数*/

   while(1)
   {

         ADCON0bits.GO=1; /* 开启 AD 转换过程*/
         while( ADCON0bits.GO ); /* 等待 AD 转换完成*/
         PORTD=ADRESH; /* 转换结果在 8 位 LED 上显示*/
   }
}
```

```
/* 初始化函数*/
void PORT_init(void)
{
    TRIS_AN=IN; /* 设置 RA0 为输入*/
    COL8=1; /* 选通点阵管的最左边一列 LED,将点阵管的最左边一列 LED 作为显示 LED*/
    TRIS_COL8=OUT;
    TRISD=0x00; /* 设置 D 口全为输出*/
}

void ADC_init(void)
{
    /* 对 AD 转换器进行配置*/
    ADCON0=0x01; /* 选择 RA0 通道,AD 模块使能*/
    ADCON1=0x00; /* 参考电压为系统 VDD 和 GND,所有通道均为模拟输入*/
    ADCON2=0x09; /* 转换结果左对齐,AD 采集时间=2TAD,系统时钟 Fosc/8*/
    Delay10TCYx(5); /* 延时 50 个机器周期*/
}
```

技能训练

一、训练目标

(1) 学会使用 PIC 单片机的 10 位 ADC。

(2) 通过 PIC 单片机实现模拟输入电压的检测与显示。

二、训练步骤与内容

1. 建立一个工程

(1) 打开 C 盘下的文件夹 PIC，在该文件夹下新建一个文件夹 I01。

(2) 双击 MPLAB IDE 软件图标，启动 MPLAB IDE 软件。

(3) 新建一个工程，命名为 I001。

2. 新建 C 语言程序文件

(1) 新建一个文件，另存为“main. c”。

(2) 在文件 main. c 编辑区，输入 A/D 转换实验程序，文件保存于 I01。

3. 添加文件

(1) 复制开发板头文件 K18. h、delay. h，C 语言程序文件 K18. c、delay. c 到文件夹 I01 内。

(2) 选择 main. c、K18. c、delay. c 等 3 个 C 语言程序文件，将其添加到“Source Files”。

(3) 选择 K18. h、delay. h 头文件，将添加到“Header Files”。

(4) 右键单击项目浏览区的“Linker Script”选项，在弹出的菜单中选择“Add File”，弹出“添加文件到工程”对话框。

(5) 选择 C 盘根目录的 MCC18 下的“lkr”文件夹，双击打开，在“文件名”栏输入“18f4520”，选择“18f4520. lkr”文件，单击“打开”按钮，将“18f4520. lkr”文件添加到“Linker Script”。

4. 下载调试

(1) 执行“Programmer”→“Select Programmer”→“PICkit2”命令，链接 PICkit2 编

译器。

（2）执行“Project”→“Build All”命令，编译程序。单击工具栏“下载程序”按钮，下载程序到 PIC 单片机。

（3）按电路图，将短路帽插入 P3 的 3、4 端。

（4）单击工具栏“ ”按钮，启动运行程序，观察 LED 点阵最左列的显示。

（5）调节 RP1，观察 LED 点阵最左列的显示变化。

（6）单击工具栏“ ”按钮，观察数码管的数据显示。

习题 9

1. 设计应用 RA0 通道 0 进行模数转换的控制程序。

2. PCF8591 电路如图 9-18 所示。试设计应用 PCF8591 的模拟量通道 0 进行模数转换的控制程序，应用 PCF8591 进行数模转换，通过数码管显示模拟电压，调节模拟输入端 ANI0 的连接的电位器，观看数码管显示数据的变化。测量 ANI0 端的电压，测量 PCF8591 的 AOUT 输出端电压，与数码管显示数据比较，计算测量误差。

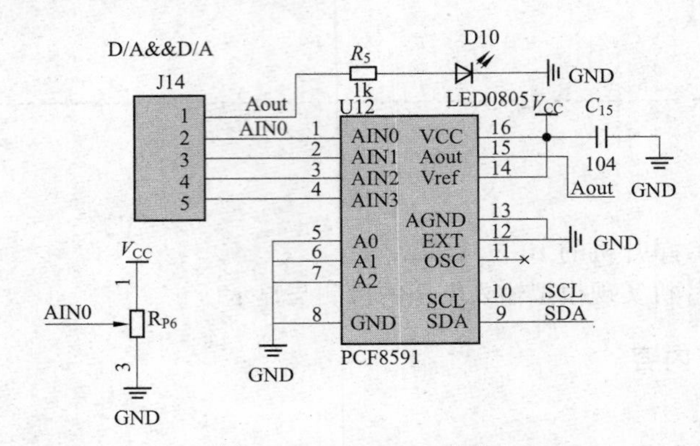

图 9-18 PCF8591 电路

项目十　矩阵LED点阵控制

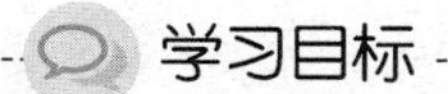

(1) 深入理解循环结构。
(2) 学习 LED 点阵知识。
(3) 学会矩阵 LED 点阵驱动控制。
(4) 用 LED 点阵显示汉字。

任务 18　矩阵 LED 点阵驱动控制

基础知识

一、C 语言的循环结构

C 语言中的循环结构分为三种形式，分别是 while 循环、do…while 循环和 for 循环。这三种循环在功能上存在细微的差别，但共同的特点是实现一个循环体，可以使程序反复执行一段代码。

1. while 循环

while 循环：执行循环之前，先判断条件的真假，条件为真，则执行循环体内的语句，为假则不执行循环体内的语句，直接结束该循环。

```
while(条件表达式)
{
    语句;
}
```

2. do…while 循环

do…while 循环：先执行一次循环体，再判断条件真假，为真则继续执行循环体内的语句，为假则结束循环。

```
do
{
    语句;
}
while(条件表达式);
```

while，do…while 循环的区别是，若条件表达式为假，do…while 循环至少会执行一次循环体，而 while 一次都不执行。

3. for 循环

for 循环：先计算表达式 1，再判断表达式 2 的真假，若为真，则执行 for 循环的内部语句，再执行表达式 3，第一次循环结束（若为假，则整个循环结束，执行 for 循环之后的语句）。第二次循环开始时不再求解表达式 1，直接判断表达式 2，再执行循环体内的语句。之后再执行表达式 3，这样依次循环。

```
for(表达式 1;表达式 2;表达式 3)
{
    语句;
}
```

（1）while（1）等价于 for（;;）。

（2）for 循环的 3 点说明。

1）建议 for 语句的循环控制变量的取值采用“半开半闭写法”。原因在于这种写法比“闭区间写法”直观，见表 10-1。

表 10-1　　for 循环区间写法区别

半开半闭的写法	闭区间写法

for (i = 0; i < 10; i++)
{
  语句;
}
	for (i = 0; i <= 9; i++)
	{
	  语句;
	}

2）在多重循环中，将最长的循环放在最内层，最短的循环放在最外层，以减少 CPU 跨切循环层的次数，见表 10-2。

表 10-2　　for 循环层写法区别

长循环在最内层（效率高）	长循环在最外层（效率低）

for (i = 0; i < 10; i++)
{
  for (j = 0; j < 100; j++)
  {
    语句;
  }
}
	for (j = 0; j < 100; j++)
	{
	  for (i = 0; i < 10; i++)
	  {
	    语句;
	  }
	}

3）不能在 for 循环体内修改循环变量，防止循环失控。

```
for (iVal = 0; iVal < 10; iVal++)
{
    …
    iVal = 6;//不能这样写,可能会使程序紊乱
}
```

二、LED 点阵

1. LED 点阵简介

LED 点阵显示屏作为一种现代电子媒体，具有灵活的显示面积（可任意地分割和拼装），具

有亮度高、工作电压低、功耗小、小型化、寿命长、耐冲击和性能稳定等特点，所以其应用极为广阔，目前正朝着高亮度、更高耐气候性、更高的发光密度、更高的发光均匀性、可靠性、全色化发展。MGMC-V2.0 实验板上搭载的是一个 8×8 的红色 LED 点阵（HL-M0788BX），8×8 LED 点阵如图 10-1 所示。

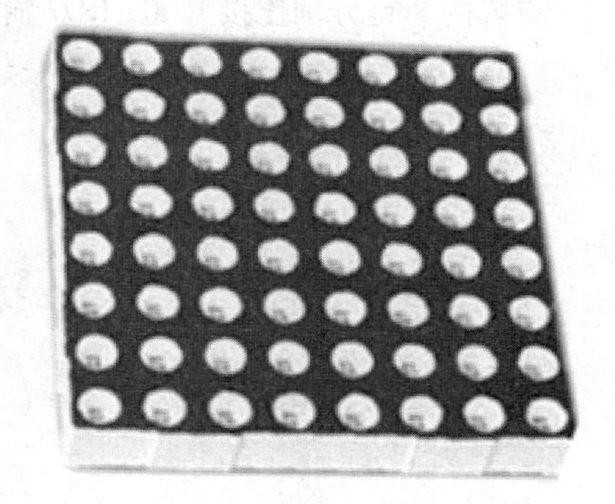

图 10-1　8×8 LED 点阵

2. LED 点阵工作原理

说到 LED 点阵，读者或许会觉得很难，走在大街小巷，看到一个个 LED 显示屏，总以为是高手的杰作，自己无法制作，其实它并不难，无非就是控制一个个 LED 发光二极管的亮灭。当然复杂的 LED 显示屏会涉及算法、电路设计、电源设计等，至于这些，读者暂时不用考虑，先学会 8×8 的点阵控制，之后再去挑战控制其他的 LED 点阵。

8×8 点阵内部原理图如图 10-2 所示。

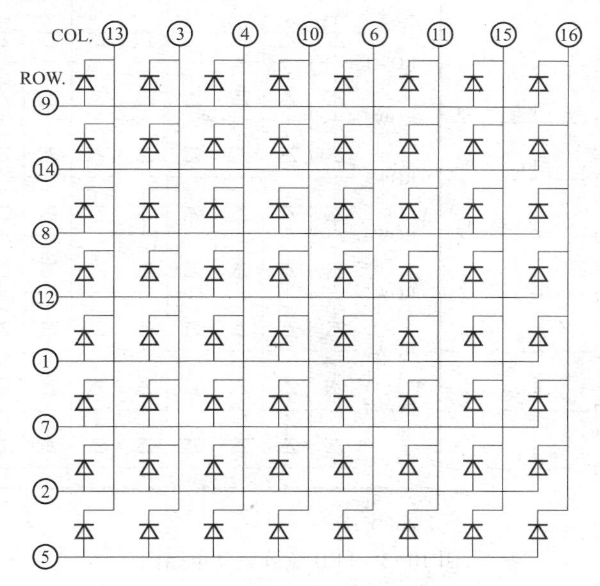

图 10-2　8×8 点阵内部原理图

8×8 的 LED 点阵，就是按行列的方式将其阳极、阴极有序地连接起来，将第 1、2……8 行 8 个灯的阳极都连在一起，作为行选择端（高电平有效），接着将第 1、2……8 列 8 个灯的阴极连在一起，作为列选择端（低电平有效）。从而通过控制这 8 行、8 列数据端来控制每个 LED 灯的亮灭。例如，要让第 1 行的第 1 个灯亮，只需给 9 管脚高电平（其余行为低电平），给 13 管脚低电平（其余列为高电平）；再如，要点亮第 6 行的第 5 个灯，那就是给 7 管脚（第 6 行）高电平，再给 6 管脚（第 5 列）低电平。同理，就可以任意地控制这 64 个 LED 的亮灭。

K18 实验板上有好多的外设，倘若这些外设都单独占用一个 I/O 口，那么总共得要七八十个 I/O 口，可是 PIC 单片机端口有限，所以通过一些 IC 来扩展端口，例如数码管驱动芯片 74HC573、74HC595，它们既用于扩展端口，又用于扩流。

3. LED 点阵驱动电路

点阵的 8 列分别接 ULM2003 的 8 个输出端 COL_1～COL_8，ULM2003 的 8 个输入端连接单片机的 RA1、RA2、RA3、RA5、RE0、RE1、RE2、RC0 端口，当然是用于控制点阵的列。

点阵的 8 行分别连接 RD0～RD7 输出端，如图 10-3 所示。

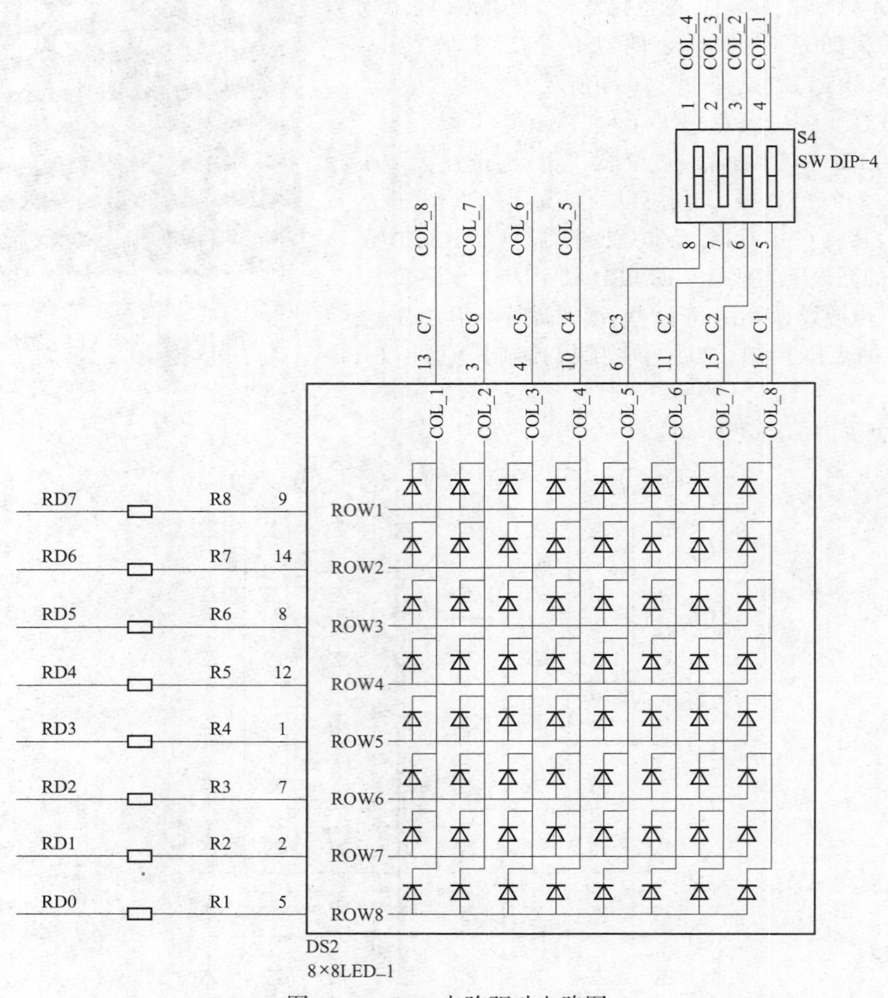

图 10-3 LED 点阵驱动电路图

4. 点亮 LED 点阵的第 1 行

首先分析行，要点亮第 1 行的 8 个灯，意味着 8 列（COL_1～COL_8）都为低电平，第 1 行 RD7 为高电平即可。

接着分析列，只需第 1 列亮，那么就是只有第 1 列 COL_8 为低电平，别的列都为高电平，且各行都为高电平即可。

5. LED 点阵显示字符 HJ 程序

```
#include <p18cxxx.h>
#include "k18.h"

/* 定义显示文字"HJ"的字模数据表 */
/* 字模由 LEDDOT 生成；字模的提取方式为逐列提取；字模的显示方式为单字单行显示；生成的字模格式为 C51 十六进制 */
```

```
const unsigned char TABLE[]={0x7E,0x10,0x7E,0x00,0x04,0x42,0x7C,0x40};

/* 定义列选通信号的数据表*/
const rom unsigned char
COL_SEL_PORTA[]={0x00,0x00,0x00,0x00,0x20,0x08,0x04,0x02};
const rom unsigned char
COL_SEL_PORTE[]={0x00,0x04,0x02,0x01,0x00,0x00,0x00,0x00};
/* 声明延时函数* /
void delay();
/* 主函数* /
void main()
{
unsigned char i;
unsigned char col_start=0;/* 当前显示起始列标记,存储当前显示起始列在显示文字"天天向上"数据表中的绝对位置* /
k18_init();/* HL-K18 主板初始化* /
PORTD=0X00;
TRISD=0X00;//设置 D 口为输出
    while(1){
    for (i=0;i<=7;i++)
         {
         PORTA=COL_SEL_PORTA[i];  /* 送出扫描列选通信号* /
          PORTE=COL_SEL_PORTE[i];  /* 送出扫描列选通信号* /
          if (i==0) COL8=1;  /* 送出扫描列选通信号* /
          else COL8=0;
                 PORTD=TABLE[i];  /* 送出扫描列内容* /

         delay();/* 延时 1ms* /
          }
if (i>7)i=0;
   }

}

void delay()/* 延时 1ms* /
{
   unsigned char i;
   for (i=0;i<142;i++)
       {;}
}
```

技能训练

一、训练目标

(1) 认识 LED 点阵显示器件。

(2) 应用 LED 点阵显示“HJ”字符。

二、训练步骤与内容

1. 建立一个工程

(1) 打开 C 盘下的文件夹 PIC，在该文件夹下新建一个文件夹 J01。

(2) 双击 MPLAB IDE 软件图标，启动 MPLAB IDE 软件。

(3) 新建一个工程，命名为 J001。

2. 新建 C 语言程序文件

(1) 新建一个文件，另存为“main. c”。

(2) 在文件 main. c 编辑区，输入 LED 点阵显示字符 HJ 程序，文件保存在 J01 文件夹下。

3. 添加文件

(1) 复制开发板头文件 K18. h 和 C 语言程序文件 K18. c 到文件夹 J01 内。

(2) 选择 mK18. c. main. c 等 2 个 C 语言程序文件，将其添加到“Source Files”。

(3) 选择 K18. h 头文件，将头文件添加到“Header Files”。

(4) 右键单击项目浏览区的“Linker Script”选项，在弹出的菜单中执行“Add File”命令，弹出“添加文件到工程”对话框。

(5) 选择 C 盘根目录的 MCC18 下的“lkr”文件夹，双击打开，在“文件名”栏输入“18f4520”，选择“18f4520. lkr”文件，单击“打开”按钮，将“18f4520. lkr”文件添加到“Linker Script”。

4. 下载调试

(1) 执行“Programmer”→“Select Programmer”→“PICkit2”命令，链接 PICkit2 编译器。

(2) 执行“Project”→“Build All”命令，编译程序。单击工具栏“下载程序”按钮，下载程序到 PIC 单片机。

(3) 单击工具栏“ ”按钮，启动运行程序，观察 LED 点阵显示。

(4) 单击工具栏“ ”按钮，观察 LED 点阵的显示。

任务 19 用 LED 点阵显示汉字

基础知识

1. 字模提取

如何将图形转换成单片机中能存储的数据？这里是要借助取模软件的，启动后的字模提取软件如图 10-4 所示。

(1) 单击图 10-4 中的“新建图像”，此时弹出如图 10-5 所示的新建图像设置对话框，要求输入图像的“宽度”和“高度”，因为 K18 实验板中的点阵是 8×8 的，所以这里宽、高都输入 8，然后单击“确定”。

(2) 这时就能看到图形框中出现一个白色的 8×8 格子块，可是有点小，不好操作，接着单击左面的“模拟动画”，再单击“放大格点”，如图 10-6 所示，一直放大到最大。

(3) 此时就可以用鼠标来点击出读者想要的图形了，如图 10-7 所示是绘制的“习”字图形。当然还可以保存刚绘制的图形，以便以后调用。读者可以用同样的方法来绘制别的图形，这里就不作介绍了。

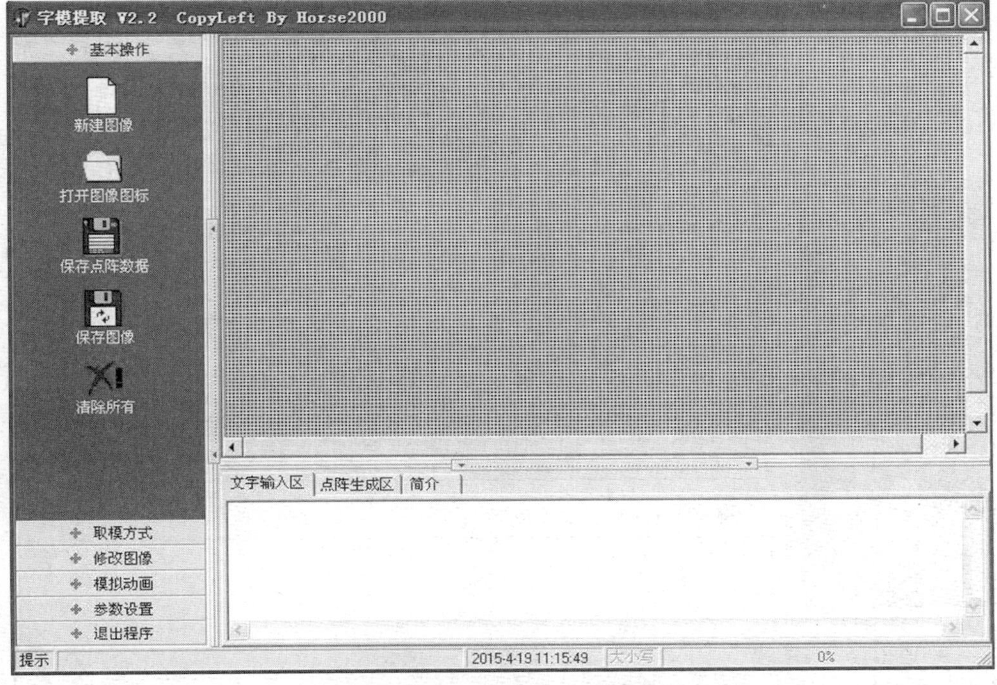

图 10-4　字模提取软件界面图

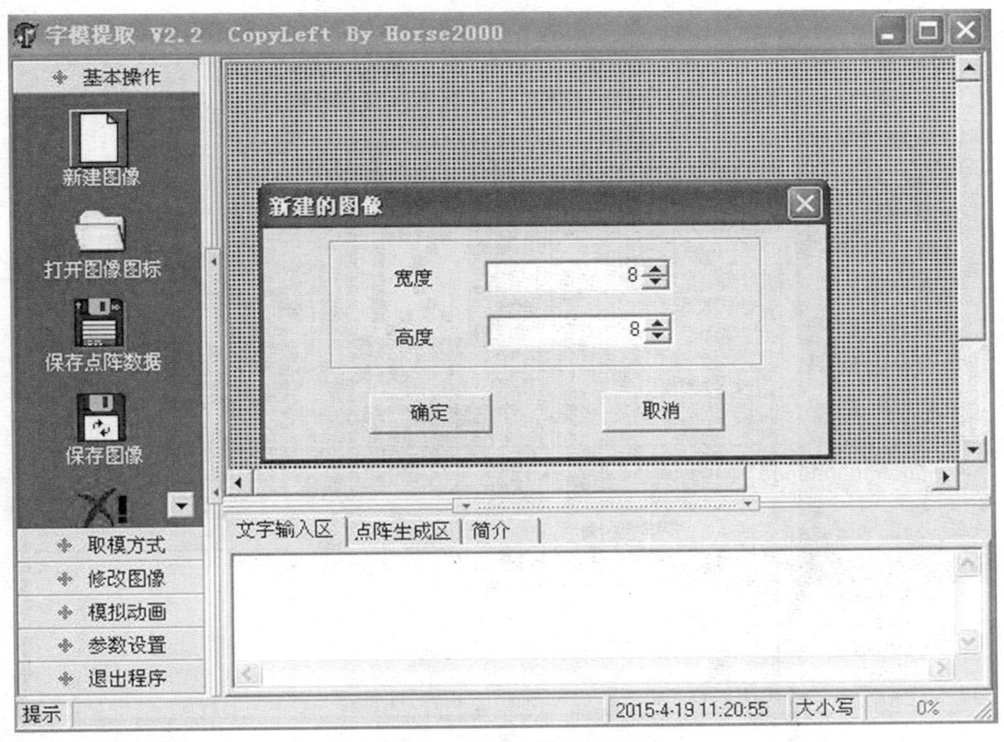

图 10-5　新建图像设置

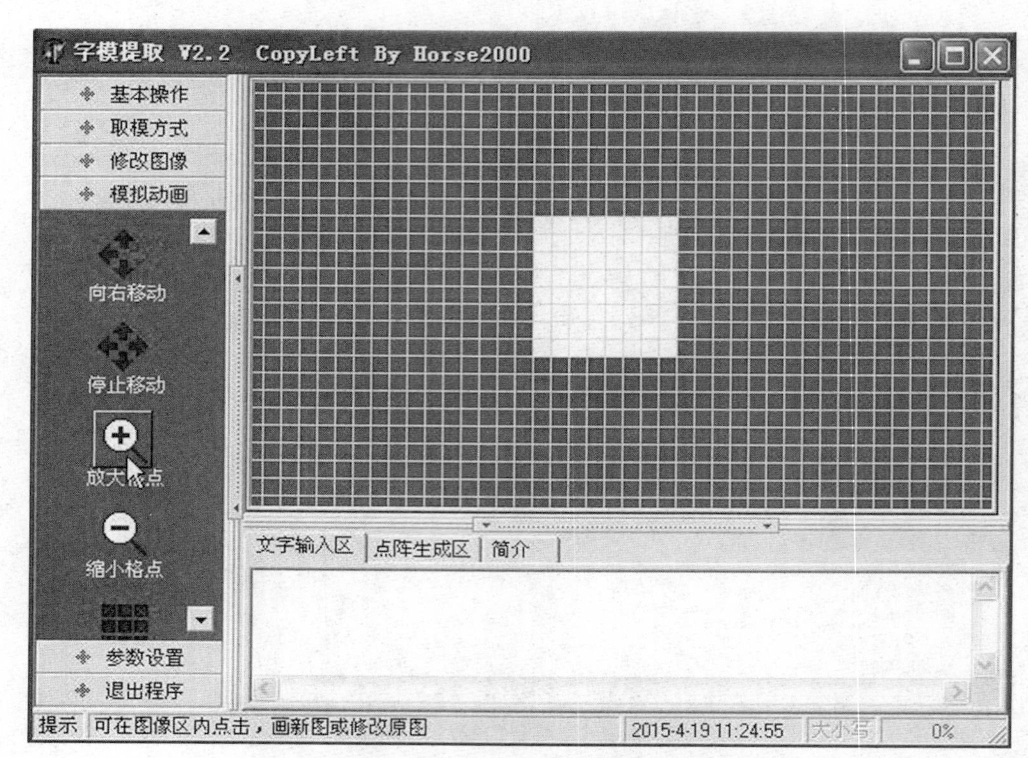

图 10-6 单击“放大格点”

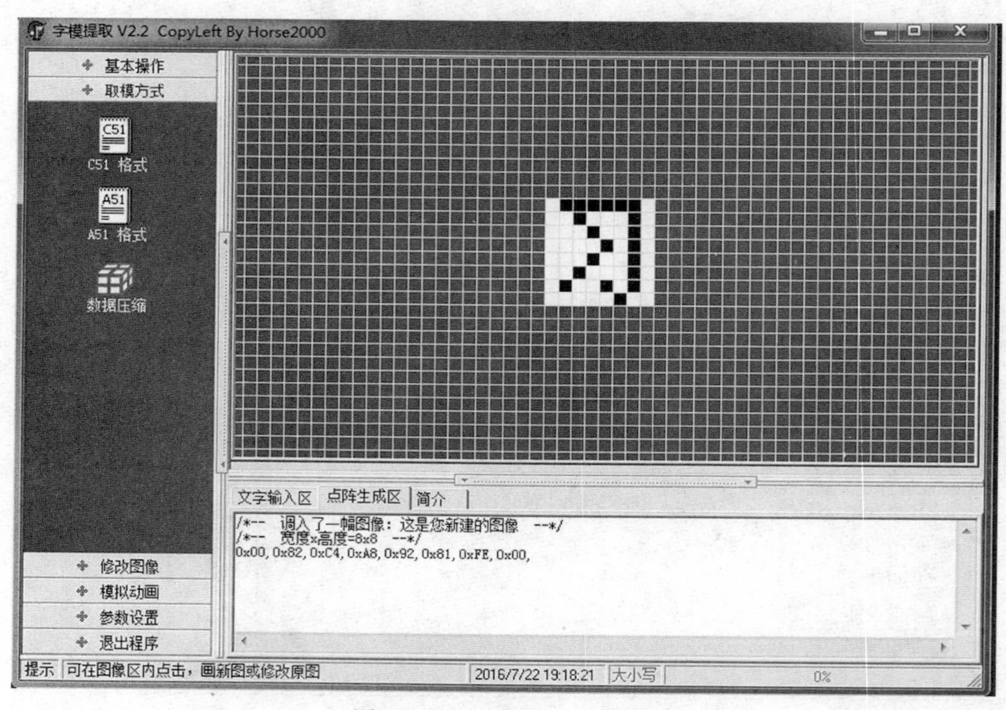

图 10-7 绘制“习”字图形

(4) 选择左面的菜单项。单击“参数设置”选项，再单击“其他选项”，弹出如图 10-8 所示的对话框。

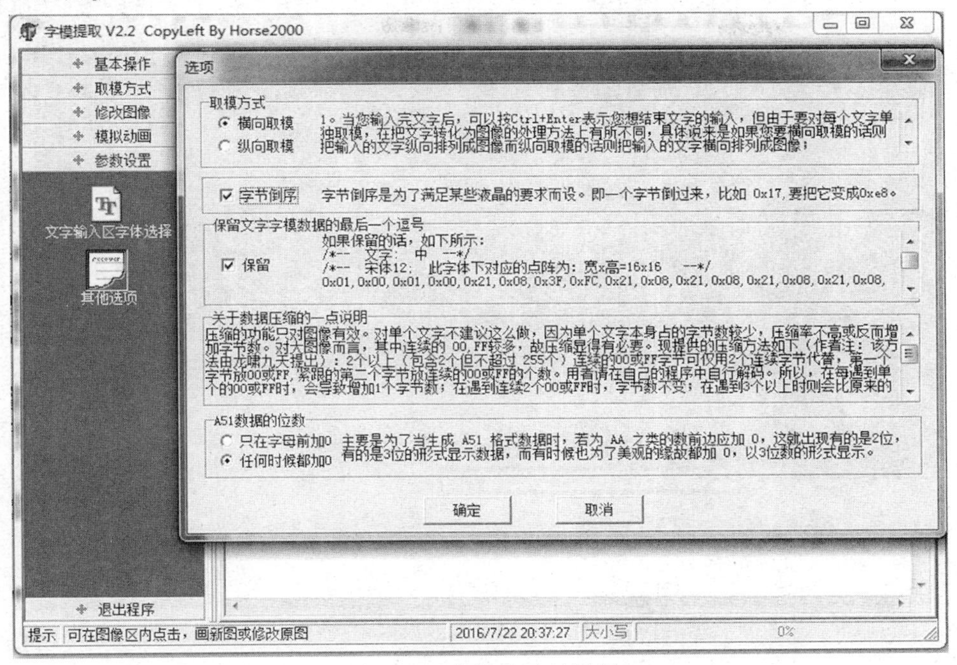

图 10-8　参数设置对话框

(5) 如图 10-9 所示，取摸方式选择“纵向取模”，因为 K18 实验板上是用 RD 口来驱动的，也就是输入的数据最高位对应的是点阵的第 1 行，单击“确定”，确定取模参数。

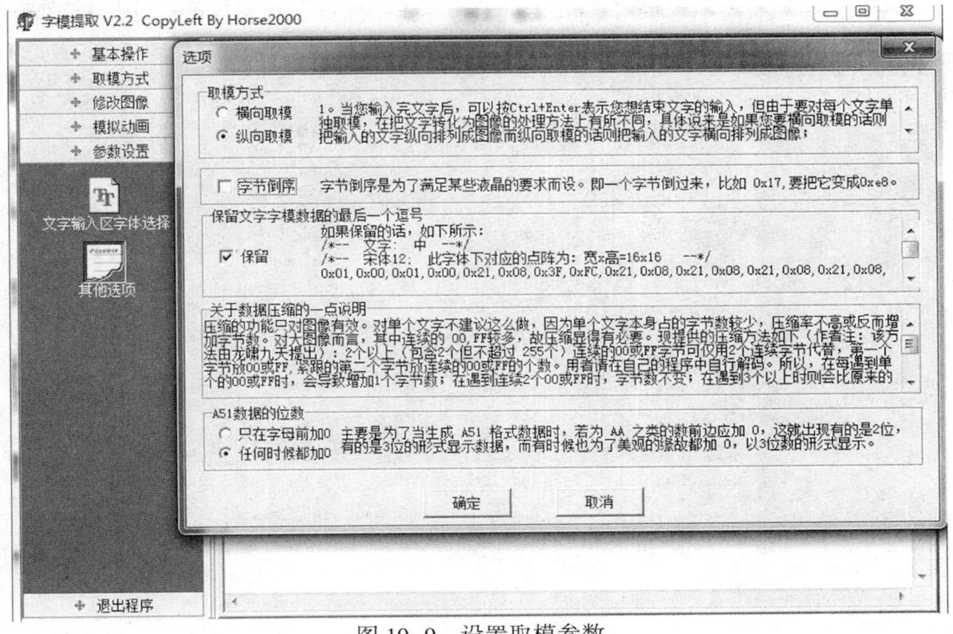

图 10-9　设置取模参数

(6) 最后单击“取模方式”，并选择“C51 格式”，此时右下角“点阵生成区”就会出现该图形所对应的数据，如图 10-10 所示。

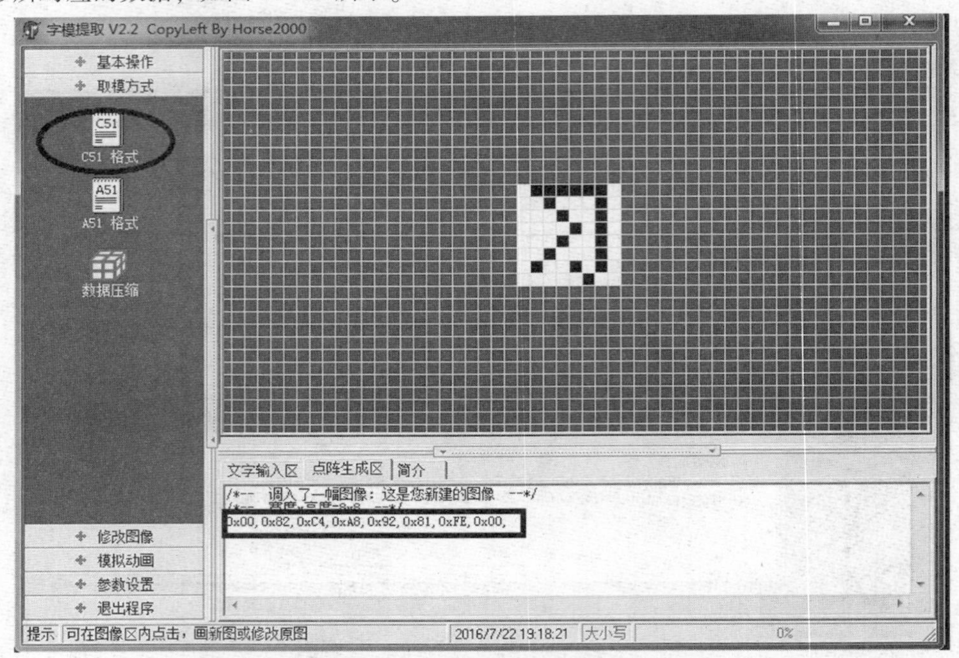

图 10-10 图形数据

(7) 此时就完整确定了一张图的点阵数据，直接复制到数组中显示即可。

2. 字模数据分析

在该取模软件中，黑点表示“1”，白点表示“0”。前面设置取模方式时选了“纵向取模”，那么此时就是按从上到下的方式取模（软件默认的），字模数据如图 10-11 所示，第一

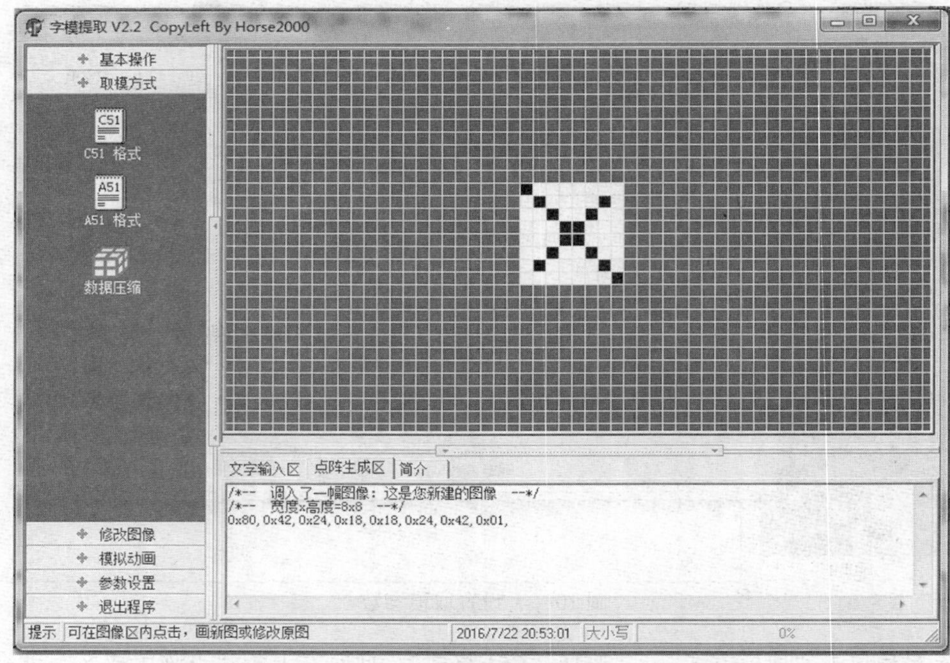

图 10-11 字模数据

列的点色为1黑7白，那么数据就是0b1000 0000（0x80），用同样的方式，读者可以算出第2~8列的数据，看是否与取模软件生成的相同。

3. 显示字符控制程序

有了以上取模软件，相信读者很快就能取出“好好学习，天天向上。”的字模数据。

4. 点阵显示“好好学习，天天向上。”控制程序

```
#include <p18cxxx.h>
#include "k18.h"

/* 定义显示文字“天天向上”的字模数据表* /
/* 字模由 LEDDOT 生成;字模的提取方式为逐列提取;字模的显示方式为单字单行显示;生成的字模格式为 C51 十六进制 * /
const unsigned char TABLE[ ] = {
    0x2D,0x32,0xE5,0x38,0xA2,0x91,0xBE,0xD0,0x00,
    0x2D,0x32,0xE5,0x38,0xA2,0x91,0xBE,0xD0,0x00
    0x68,0xC8,0x6A,0xE9,0x7F,0x68,0xC8,0x60,0x00,
    0x00,0x82,0xC4,0xA8,0x92,0x81,0xFE,0x00,0x00,
    0x00,0x00,0x01,0x0E,0x0C,0x00,0x00,0x00,0x00,
    0x91,0x92,0x94,0x0F8,0x94,0x92,0x91,0x11,0x00,
    0x91,0x92,0x94,0x0F8,0x94,0x92,0x91,0x11,0x00,
    0x7F,0x40,0xDC,0x54,0x54,0x5C,0x43,0x7E,0x00,
    0x1,0x1,0x1,0xFF,0x21,0x21,0x21,0x21,0x00,
    0x00,0x00,0x0C,0x12,0x12,0x0C,0x00,0x00,0x00,
};

const rom unsigned char
COL_SEL_PORTA[ ] = {0x00,0x00,0x00,0x00,0x20,0x08,0x04,0x02};
const rom unsigned char
COL_SEL_PORTE[ ] = {0x00,0x04,0x02,0x01,0x00,0x00,0x00,0x00};
/* 定义列选通信号的数据表* /

void delay();

void main()
{
unsigned char i;
unsigned char time=0;
unsigned char col;
unsigned char col_start=0;/* 当前显示起始列标记,存储当前显示起始列在显示文字“天天向上”数据表中的绝对位置* /

k18_init();/* HL-K18 主板初始化* /
PORTD=0X00;
TRISD=0X00;//设置 D 口为输出
```

```
while(1)
    {
    for (i=0;i<=7;i++)
    {
    PORTA=COL_SEL_PORTA[i];/* 送出扫描列选通信号* /
      PORTE=COL_SEL_PORTE[i];/* 送出扫描列选通信号* /
      if (i==0) COL8=1;/* 送出扫描列选通信号* /
      else COL8=0;
    col=col_start+i;/* 得到当前扫描列在显示文字"天天向上"数据表中的绝对位置* /
    if (col>71) col=col-72;/* 当前扫描列绝对位置超出正常范围,纠正* /
    PORTD=TABLE[col];/* 送出扫描列内容* /

    delay();/* 延时 1ms* /

    if (i==0) time++;
    if (time==10)
       {
       col_start++;
       time=0;
       }
    if (col_start>35) col_start=col_start-36;/* 当前显示起始列标记超出正常范围,纠
正* /
    }
  }
}

void delay()/* 延时 1ms* /
{
    unsigned char i;
    for (i=0;i<142;i++)
       {;}
}
```

技能训练

一、训练目标

(1) 学会使用字模软件。

(2) 应用 LED 点阵显示“好好学习，天天向上。”。

二、训练步骤与内容

1. 建立一个工程

(1) 打开 C 盘下的文件夹 PIC，在该文件下新建一个文件夹 J02。

（2）双击 MPLAB IDE 软件图标，启动 MPLAB IDE 软件。

（3）新建一个工程，命名为 J002。

2. 新建 C 语言程序文件

（1）新建一个文件，另存为“main. c”。

（2）在文件 main. c 编辑区，输入点阵显示“好好学习，天天向上。”控制程序，文件保存在 J02 文件夹下。

3. 添加文件

（1）复制开发板头文件 K18. h 和 C 语言程序文件 K18. c 到文件夹 J02 内。

（2）选择 mK18. c main. c 等 2 个 C 语言程序文件，将其添加到“Source Files”。

（3）选择 K18. h 头文件，将其添加到“Header Files”。

（4）右键单击项目浏览区的“Linker Script”选项，在弹出的菜单中选择“Add File”，弹出“添加文件到工程”对话框。

（5）选择 C 盘根目录的 MCC18 下的“lkr”文件夹，双击打开，在文件名栏输入“18f4520”，选择“18f4520. lkr”文件，单击“打开”按钮，将“18f4520. lkr”文件添加到“Linker Script”。

4. 下载调试

（1）执行“Programmer”→“Select Programmer”→“PICkit2”命令，链接 PICkit2 编译器。

（2）执行“Project”→“Build All”命令，编译程序。单击工具栏“下载程序”按钮，下载程序到 PIC 单片机。

（3）单击工具栏“ ”按钮，启动运行程序，观察 LED 点阵显示的字符数据。

（4）单击工具栏“ ”按钮，观察 LED 点阵的显示。

习题 10

1. 用 LED 点阵依次显示跳动的数字 0~9。
2. 用 LED 点阵依次显示 4 个方向箭头“↑”“↓”“←”“→”。

项目十一 电动机的控制

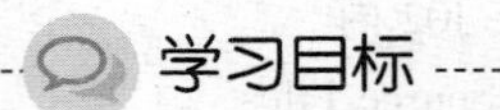

学习目标

(1) 学会控制直流电动机。
(2) 学会控制交流电动机。
(3) 学会控制步进电动机。

任务 20　交流电机的控制

基础知识

一、直流电动机

直流电动机是将直流电能转换为机械能的电动机。因其良好的调速性能而在电力拖动中得到广泛应用。直流电动机按励磁方式分为永磁、他励和自励 3 类，其中自励又分为并励、串励和复励 3 种。

1. 直流电动机基本结构

直流电动机主要是由定子与转子组成，定子包括主磁极、机座、换向电极、电刷装置等。转子包括电枢铁芯、电枢、换向器、轴和风扇等。

2. 转子组成

(1) 电枢铁芯部分。电枢铁芯的作用是嵌放电枢绕组和建立导磁磁通，为了减小电机工作时电枢铁芯中产生的涡流损耗和磁滞损耗。

(2) 电枢部分。电枢的作用是产生电磁转矩和感应电动势，从而进行能量变换。电枢绕组由玻璃丝包扁钢铜线或强度漆包线多圈绕制的线圈组成。

(3) 换向器又称整流子，在直流电动机中，它的作用是将电刷上的直流电源的电流变换成电枢绕组内的导通电流，使电磁转矩的转向稳定不变，在直流发电机中，它将电枢绕组导通的电动势变换为电刷端上输出的直流电动势。

3. 励磁方式

直流电动机的励磁方式是指对励磁绕组如何供电、产生励磁磁通势而建立主磁场的问题。根据励磁方式的不同，直流电动机可分为下列几种类型。

(1) 他励直流电机。励磁绕组与电枢绕组无连接关系，而由其他直流电源对励磁绕组供电的直流电机称为他励直流电机。

(2) 并励直流电机。并励直流电机的励磁绕组与电枢绕组相并联，作为并励发电机时由电动机本身发出来的端电压为励磁绕组供电；作为并励电动机时，励磁绕组与电枢共用同一电源，性能与他励直流电动机相同。

（3）串励直流电动机。串励直流电动机的励磁绕组与电枢绕组串联后，再接在直流电源上。这种直流电动机的励磁电流就是电枢电流。

（4）复励直流电动机。复励直流电动机有并励和串励两个励磁绕组。若串励绕组产生的磁通势与并励绕组产生的磁通势方向相同称为积复励。若两个磁通势方向相反，则称为差复励。

不同励磁方式的直流电动机有着不同的特性。一般情况直流电动机的主要励磁方式是并励式、串励式和复励式，直流发电机的主要励磁方式是他励式、并励式和和复励式。

4. 直流电动机特点

（1）调速性能好。所谓“调速性能”，是指电动机在一定负载的条件下，根据需要，人为地改变电动机的转速。直流电动机可以在重负载条件下，实现均匀、平滑的无级调速，而且调速范围较宽。

（2）启动力矩大。适用于重负载下启动或要求均匀调节转速的机械，例如大型可逆轧钢机、卷扬机、电力机车、电车等，都用直流。

5. 直流电动机分类

直流电动机分为有刷直流电动机和无刷直流电动机两大类。

（1）无刷直流电动机。无刷直流电动机是将普通直流电动机的定子与转子进行了互换。其转子为永久磁铁，产生气隙磁通，定子为电枢，由多相绕组组成直流电动机。在结构上，它与永磁同步电动机类似。无刷直流电动机定子的结构与普通的同步电动机或感应电动机相同。在铁芯中嵌入多相绕组（三相、四相、五相不等），绕组可接成星形或三角形，并分别与逆变器的各功率管相连，以便进行合理换相。由于电动机本体为永磁电动机，所以习惯上把无刷直流电动机也称为永磁无刷直流电动机。

（2）有刷直流电动机。有刷电动机的 2 个刷（铜刷或碳刷）是通过绝缘座固定在电动机后盖上，直接将电源的正负极引入转子的换相器上，而换相器连通了转子上的线圈，3 个线圈极性不断地交替变换，与外壳上固定的 2 块磁铁形成作用力而转动起来。由于换相器与转子固定在一起，而刷与外壳（定子）固定在一起，电动机转动时刷与换相器不断地发生摩擦，产生大量的阻力与热量，所以有刷电动机的效率低下，损耗非常大。但是它具有制造简单，成本低廉的优点。

6. 直流电动机的驱动

普通直流电动机有两个控制端子，一端接正电源，另一端接负电源，交换电源接线，可以实现直流电动机的正、反转。两端都为高或为低则电动机不转。

7. 直流电动机驱动芯片

直流电动机一般工作电流比较大，若只用单片机去驱动的话，肯定是吃不消的。鉴于这种情况，必须要在电动机和单片机之间增加驱动电路，当然有些为了防止干扰，还需增加光耦。

电机的驱动电路大致分为两类：专用芯片和分立元件搭建。专用芯片又分很多种，如 LG9110、L298N、L293、A3984、ML4428 等。分立元件是指用一些继电器、晶体管等搭建的驱动电路。

L298N 是 SGS 公司的产品，内部包含 4 通道逻辑驱动电路。是一种二相和四相电机的专用驱动器，即内含二个 H 桥的高电压、大电流双全桥式驱动器，接收标准的 TTL 逻辑电平信号，可驱动 46V、2A 以下的电机。芯片有两种封装方式——插件式和贴片式，插件 L298 封装的实物图如图 11-1 所示。

贴片式封装的实物图如图 11-2 所示。

图 11-1 插件 L298 实物

图 11-2 贴片 L298 实物

两种封装的引脚对应图，读者可以自行查阅数据手册。芯片内部其实很简单，主要由几个与门和三极管组成，内部结构如图 11-3 所示。

为了方便讲解，在图 11-3 上面加入了 1、2……8 标号。图中有两个使能端子 ENA 和 ENB。ENA 控制着 OUT1 和 OUT2。ENB 控制着 OUT3 和 OUT4。要让 OUT1~OUT4 有效，ENA、ENB 都必须使能（即为高电平）。假如此时 ENA、ENB 都有效，再接着分析 1、2 两个与门，若 IN1 为 "1"，那么与门 1 的结果为 "1"，与门 2（注意与门 2 的上端有个反相器）的结果为 "0"，这样三极管 1 导通，三极管 2 截止，则 OUT1 为电源电压。相反，若 IN1 为 "0"，则三极管 1、2 分别为截止和导通状态，那么 OUT1 为地端电压（0V）。其他 3 个输出端子同理。

PWM（Pulse Width Modulation）指脉宽调制，是利用微处理器的数字输出对模拟电路进行控制的一种非常有效的技术，广泛应用在测量、通信、功率控制与变换的许多领域中。这里用 PWM 来控制电机的快慢也是一种很有效的措施。PWM 其实就是高低脉冲的组合，如图 11-4 所示，占空比越大，电动机传动越快，占空比越小，电动机转动越慢。

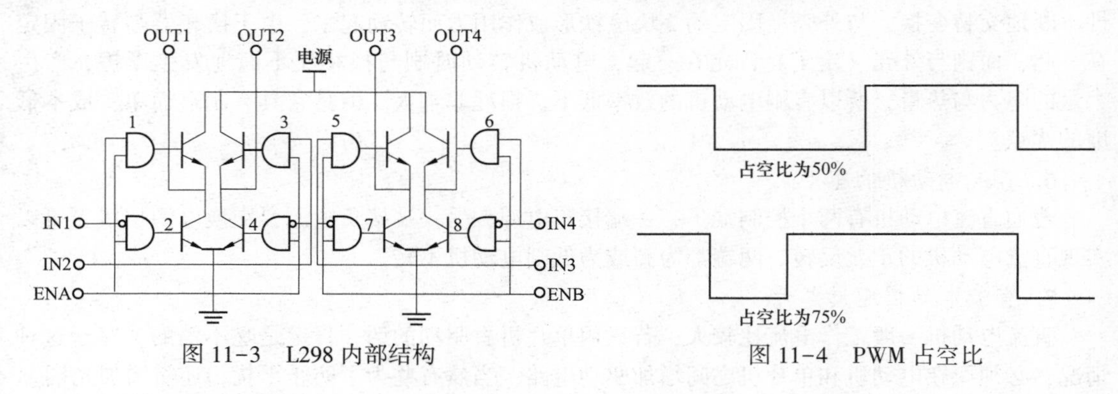

图 11-3 L298 内部结构

图 11-4 PWM 占空比

8. H 桥驱动电路

H 桥的电路其实与图 11-3 有些类似，工作原理也是通过控制晶体管（三极管、MOS 管）或继电器的通断而达到控制输出的目的。H 桥的种类比较多，这里以比较典型的一种 H 桥电路（见图 11-5）为例，来讲解其工作原理。

通过控制 PWM 端子的高低电平来控制三极管 Q6 的通断，继而达到控制电源的通断，最后形成如图 11-4 所示的占空比。之后是 R/L 端（左转、右转控制端），若为高电平，则 Q1、Q3、Q4 导通，Q2、Q5 截止，这样电流从电源出发，经由 Q6、Q4、电动机（M）、Q3 到达地，电动机右转（左转）。通过 R/L 控制方向，PWM 控制快慢，这样就可实现电机的快慢、左右控制。

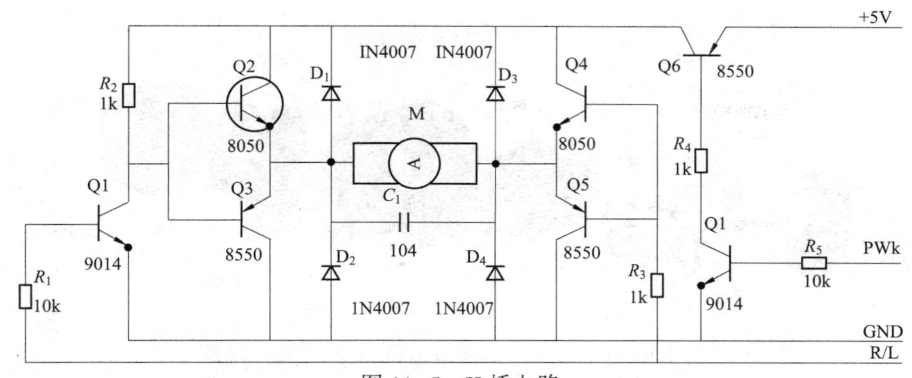

图 11-5　H 桥电路

9. 单片机直流电动机控制电路

由 L298 驱动模块与单片机组建的直流电机驱动电路如图 11-6 所示。

二极管起续流作用，防止直流电机产生的感生电动势对单片机的影响。

与电机并联的电容消除由于电流浪涌而引起的电源电压的变化。

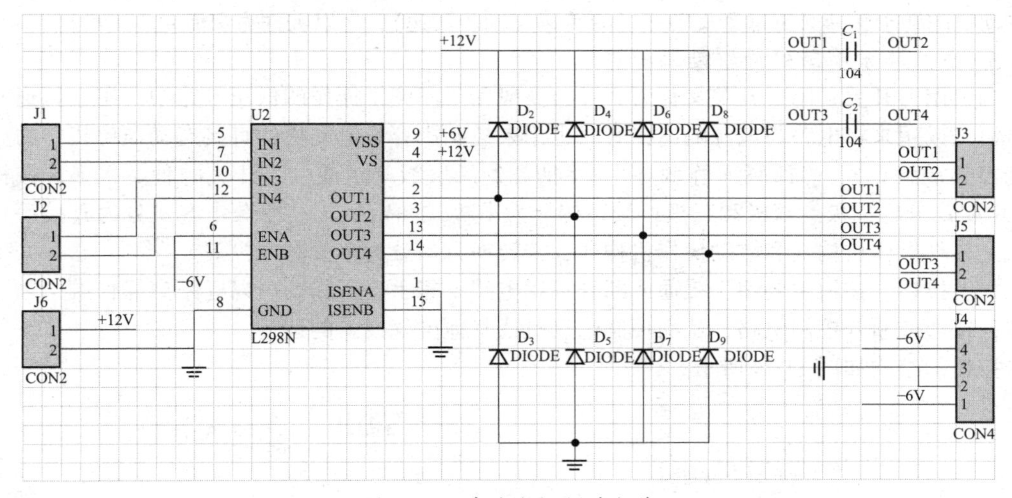

图 11-6　直流电机驱动电路

二、交流电机继电、接触器控制

1. 交流异步电动机的基本结构

交流异步电动机主要由定子、转子、机座等组成，如图 11-7 所示。定子由定子铁芯、三相对称分布的定子绕组组成，转子由转子铁芯、鼠笼式转子绕组、转轴等组成。此外，支撑整个交流异步电动机部分是机座、前端盖、后端盖，机座上有接线盒、吊环等，散热部分有风扇、风扇罩等。

2. 交流异步电动机工作原理

交流异步电动机（也叫感应电动机）是一种交流旋转电动机。

当定子三相对称绕组加上对称的三相交流电压后，定子三相绕组中便有对称的三相电流流过，它们共同形成定子旋转磁场。

磁感线将切割转子导体而感应出电动势。在该电动势作用下，转子导体内便有电流通过，

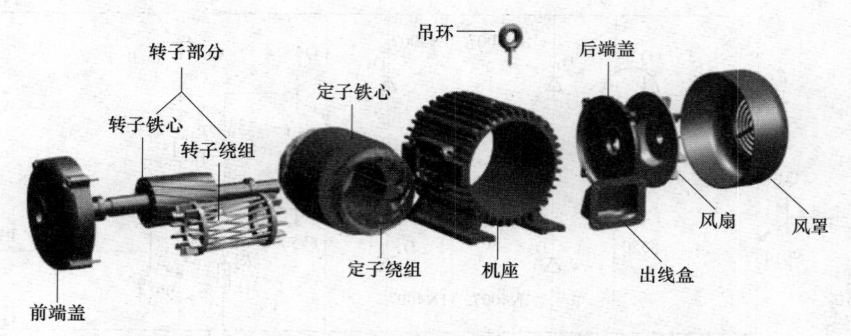

图 11-7 交流异步电动机的基本结构

转子导体内电流与旋转磁场相互作用，使转子导体受到电磁力的作用。在该电磁力作用下，电动机转子就转动起来，其转向与旋转磁场的方向相同。这时，如果在电机轴上加载机械负载，电动机便拖动负载运转，输出机械功率。

转子与旋转磁场之间必须要有相对运动才可以产生电磁感应，若两者转速相同，转子与旋转磁场保持相对静止，没有电磁感应，转子电流及电磁转矩均为零，转子失去旋转动力。因此，这类电动机的转子转速必定低于旋转磁场的转速（同步转速），所以被称为交流异步电动机。

3. 交流异步电动机的接触器控制

（1）闸刀开关。闸刀开关又称刀开关，一般用于不频繁操作的低压电路中，用于接通和切断电源，或用来将电路与电源隔离，有时也用来控制小容量电动机的直接启动与停机。刀开关由闸刀（动触点）、静插座（静触点）、手柄和绝缘底板等组成。刀开关的种类很多。按极数（刀片数）分为单极、双极和三极；按结构分为平板式和条架式；按操作方式分为直接手柄操作式、杠杆操作机构式和电动操作机构式；按转换方向分为单投和双投等。

（2）按钮。按钮主要用于接通或断开辅助电路，靠手动操作。可以远距离操作继电器、接触器，接通或断开控制电路，从而控制电动机或其他电气设备的运行。

按钮的结构如图 11-8 所示。

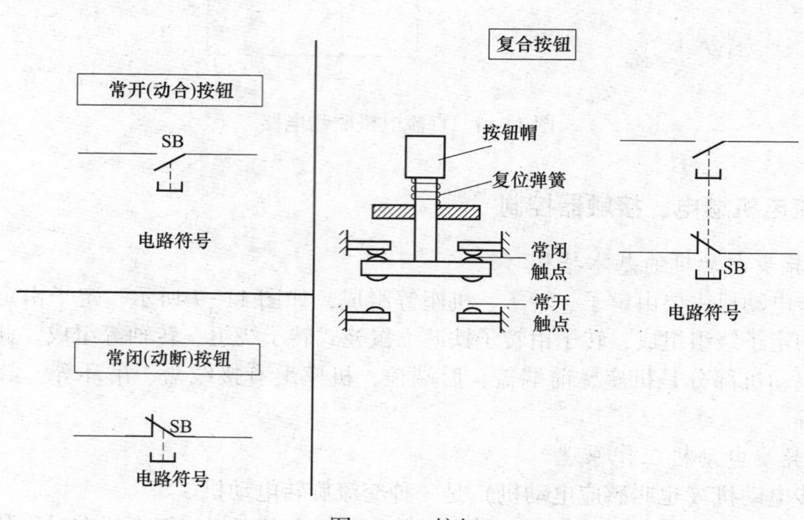

图 11-8 按钮

注：复合按钮指常开按钮和常闭按钮做在一起。

按钮的触点分常闭触点（动断触点）和常开触点（动合触点）两种。

常闭触点是按钮未按下时闭合、按下后断开的触点。常开触点是按钮未按下时断开、按下后闭合的触点。按钮按下时，常闭触点先断开，然后常开触点闭合；松开后，依靠复位弹簧使触点恢复到原来的位置，触电自动复位的先后顺序相反，即常开触点先断开，常闭触点后闭合。

（3）交流接触器。交流接触器由电磁铁和触头组成，电磁铁的绕组通电时产生电磁吸引力将衔铁吸下，使常开触点闭合，常闭触点断开。绕组断电后电磁吸引力消失，依靠弹簧使触点恢复到原来的状态。

接触器的有关符号如图 11-9 所示。

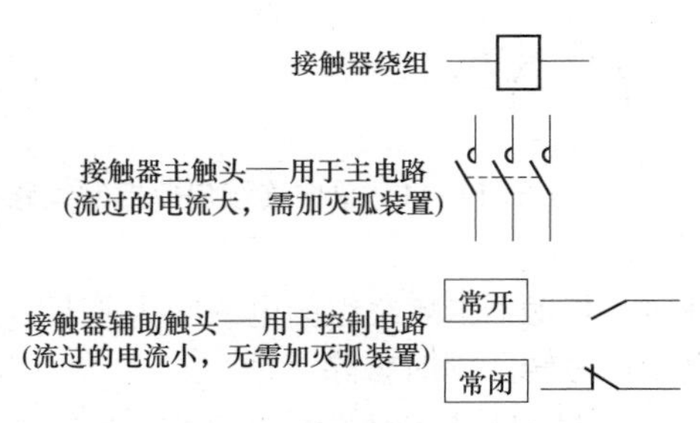

图 11-9　接触器的有关符号

根据用途不同，交流接触器的触点分主触点和辅助触点两种。主触点一般比较大，接触电阻较小，用于接通或分断较大的电流，常接在主电路中；辅助触点一般比较小，接触电阻较大，用于接通或分断较小的电流，常接在控制电路（或称辅助电路）中。有时为了接通和分断较大的电流，在主触点上装有灭弧装置，以熄灭由于主触点断开而产生的电弧，防止烧坏触点。接触器是电力拖动中最主要的控制电器之一。在设计它的触点时已考虑到接通负荷时的启动电流问题，因此，选用接触器时主要应根据负荷的额定电流来确定。如一台 Y112M-4 三相异步电动机，额定功率 4kW，额定电流为 8.8A，选用主触点额定电流为 10A 的交流接触器即可。

（4）时间继电器。时间继电器是从得到输入信号（绕组通电或断电）起，经过一段时间延时后才动作的继电器，适用于定时控制。

时间继电器种类很多，按构成原理分，有电磁式、电动式、空气阻尼式、晶体管式、电子式和数字式时间继电器等。

空气阻尼式时间继电器是利用空气阻尼的原理制成的，有通电延时型和断电延时型两种。

时间继电器的电器符号如图 11-10 所示。

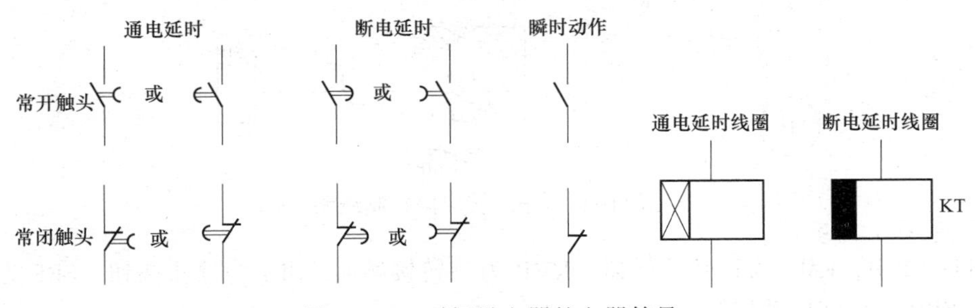

图 11-10　时间继电器的电器符号

（5）交流异步电动机的单向连续启停控制。交流异步电动机的单向连续启停控制线路如图 11-11所示。

交流异步电动机的单向连续启停控制线路包括主电路和控制电路。与电动机连接的是主电路，主电路包括熔断器、闸刀开关、接触器主触头、热继电器、电动机等。主电路右边是控制电路，包括按钮、接触器绕组，热继电器触点等。

在图 11-11 中，控制电路的保护环节有短路保护、过载保护和零压保护。起短路保护的是

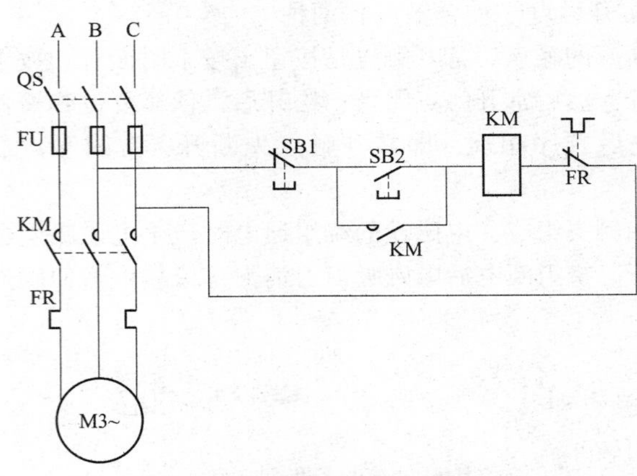

图 11-11 单向连续启停控制线路

串接在主电路中的熔断器 FU。一旦电路发生短路故障，熔体立即熔断，电动机立即停转。

起过载保护的是热继电器 FR。当过载时，热继电器的发热元件发热，将其常闭触点断开，使接触器 KM 绕组断电，串联在电动机回路中的 KM 的主触点断开，电动机停转。同时 KM 辅助触点也断开。故障排除后若要重新启动，需按下 FR 的复位按钮，使 FR 的常闭触点复位（闭合）即可。

起零压（或欠压）保护的是接触器 KM 本身。当电源暂时断电或电压严重下降时，接触器 KM 绕组的电磁吸力不足，衔铁自行释放，使主、辅触点自行复位，切断电源，电动机停转，同时解除自锁。

图 11-11 中 SB1 为停止按钮，SB2 为启动按钮，KM 为接触器线圈。

按下启动按钮 SB2，接触器绕组 KM 得电，辅助触点 KM 闭合，维持绕组得电，主触头接通交流电动机电路，交流电动机得电运行。

按下停止按钮 SB1，接触器绕组 KM 失电，辅助触点 KM 断开，绕组维持断开，交流电动机失电停止。

（6）交流异步电动机的正反转控制。交流异步电动机的正反转启停控制线路如图 11-12 所示。

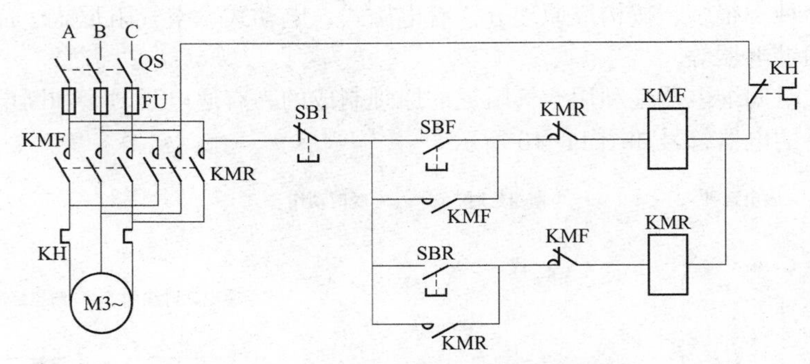

图 11-12 正反转启停控制线路

图 11-12 中，KMF 为正转接触器，KMR 为反转接触器，SB1 为停止按钮，SBF 为正转启动按钮，SBR 为反转启动按钮。

通过 KMF 正转接触器、KMR 反转接触器可以实现交流电相序的变更，通过交换三相交流电的相序来实现交流电动机的正、反转。

按下启动正转按钮 SBF，正转接触器绕组 KMF 得电，辅助触点 KMF 闭合，维持 KMF 绕组得电，主触头 KMF 接通交流电动机电路，交流电动机得电正转运行。

按下停止按钮 SB1，正转接触器绕组 KMF 失电，交流电动机停止。

按下启动反转按钮 SBR，反转接触器绕组 KMR 得电，辅助触点 KMR 闭合，维持 KMT 绕组得电，主触头 KMR 接通交流电动机电路，交流电动机得电反转运行。

按下停止按钮 SB1，反转接触器绕组 KMR 失电，交流电动机停止。

（7）交流异步电动机星三角降压启停控制。正常运转时，定子绕组接成三角形的三相异步电动机在需要降压启动时，可采用Y—△降压启动的方法进行空载或轻载启动。其方法是启动时先将定子绕组连成星形接法，待转速上升到一定程度，再将定子绕组的接线改接成三角形，使电动机进入全压运行。由于此法简便经济而得到普遍应用。

交流异步电动机的星三角降压启停控制线路如图 11-13 所示。

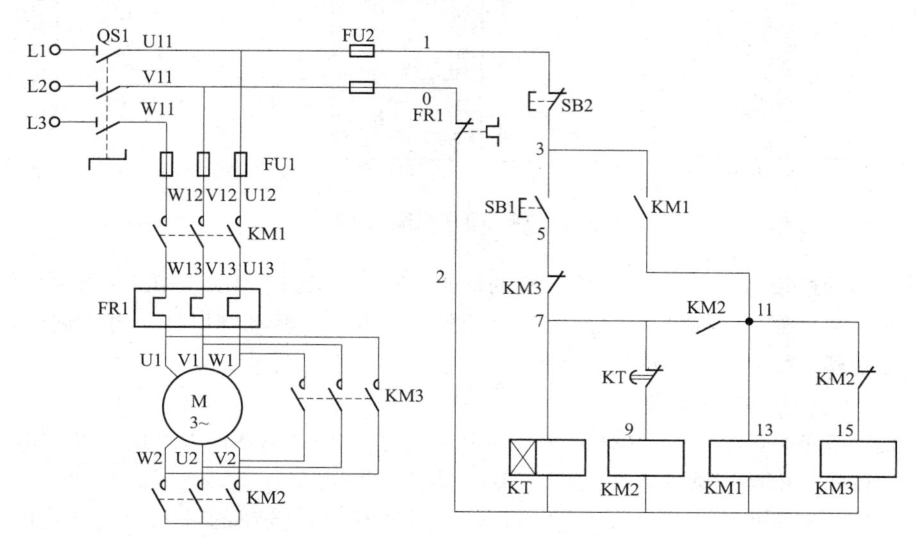

图 11-13　星三角降压启停控制线路

图 11-13 中各元器件的名称、代号、作用见表 11-1。

表 11-1　　元器件的代号、作用

名称	代号	用途
交流接触器	KM1	电源控制
交流接触器	KM2	星形连接
交流接触器	KM3	三角形连接
时间继电器	KT	延时自动转换控制
启动按钮	SB1	启动控制
停止按钮	SB2	停止控制
热继电器	FR1	过载保护

分析三相交流异步电动机的星—三角（Y—△）降压起动控制线路可以写出如下的控制函数：

$$KM1=(SB1\cdot\overline{KM3}\cdot KM2+KM1)\cdot\overline{SB2}\cdot\overline{FR1}$$

$$KM2=(SB1\cdot\overline{KM3}+KM1\cdot KM2)\cdot\overline{SB2}\cdot\overline{FR1}\cdot\overline{KT}$$

$$KM3=KM1\cdot\overline{KM2}$$

$$KT=KM1\cdot KM2$$

4. 交流电动机的单片机控制

单片机控制交流电动机时，单片机的输出端连接一个三极管，由三极管驱动继电器，再由继电器驱动交流接触器，最后通过交流接触器驱动交流电动机。

单片机输出电路如图 11-14 所示。

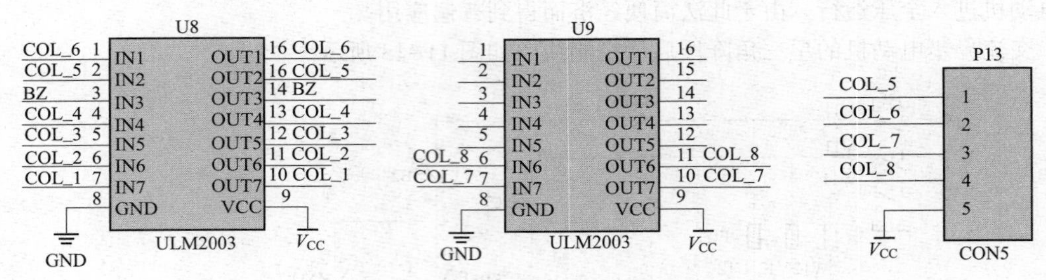

图 11-14 单片机输出电路

达林顿驱动模块 ULM2003 连接单片机的输出端 RE0、RE1、RE2、RC0，当单片机输出端为高电平时，达林顿驱动模块 ULM2003 输出端导通，进一步驱动继电器，再由继电器驱动外接的交流接触器，控制交流电动机的运行。

5. 交流电动机正反转控制

(1) 程序清单。设定 SBF（SW0）为正转启动按钮，SB1（SW1）为停止按钮，SBR（SW2）为反转启动按钮，RD0 连接正转继电器，RD1 连接反转继电器。

(2) 程序分析。程序设定了单片机的正转、反转和停止按钮的输入控制端 SBF（RB0）、RB1（RB2）、SBR（RB4），设定了继电器正转输出控制端（RD0）、反转输出控制端（RD1）。

设计了延时函数，按键检测、处理程序。

在主函数中，为了防止按钮抖动的影响，设计延时函数，延时 5ms 再扫描检测一次，再确定键值。

按键处理程序根据按键值给出处理输出。

若按下正转启动输入端按钮 K1（RB0），控制与正转接触器连接的输出端 RD0 为高电平，带动外部继电器 1 动作，继电器 1 控制外部连接的正转接触器动作，驱动交流电动机正转。

若按下停止按钮 K2（RB1），程序使继电器 1、继电器 2 赋值为 0，外接继电器失电，外接交流接触器失电，交流电动机停止运行。

若按下反转启动输入端按钮 K3（RB2），控制与反转接触器连接的输出端 RD1 为高电平，带动外部继电器 2 动作，继电器 2 控制外部连接的反转接触器动作，驱动交流电动机反转。

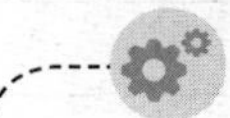

技能训练

一、训练目标

(1) 学会使用单片机实现交流电动机控制。

(2) 通过单片机实现交流电动机的正反转控制。

二、训练步骤与内容

1. 建立一个工程

(1) 打开 C 盘下的文件夹 PIC，在该文件夹下新建一个文件夹 K01。

（2）双击 MPLAB IDE 软件图标，启动 MPLAB IDE 软件。

（3）新建一个工程，命名为 K001。

2. 新建 C 语言程序文件

（1）新建一个文件，另存为“main. c”。

（2）在文件 main. c 编辑区，输入交流电动机正反转控制程序，文件保存在 K01 文件夹下。

3. 添加文件

（1）复制开发板头文件 K18. h 和 C 语言程序文件 K18. c 到文件夹 K01 内。

（2）选择 mK18. c main. c 等 2 个 C 语言程序文件，将其添加到“Source Files”。

（3）选择 K18. h 头文件，将其添加到“Header Files”。

（4）右键单击项目浏览区的“Linker Script”选项，在弹出的菜单中选择“Add File”，弹出“添加文件到工程”对话框。

（5）选择 C 盘根目录的 MCC18 下的“lkr”文件夹，双击打开，在“文件名”栏输入“18f4520”，选择“18f4520. lkr”文件，单击“打开”按钮，将“18f4520. lkr”文件添加到“Linker Script”。

4. 下载调试

（1）执行“Programmer”→“Select Programmer”→“PICkit2”命令，链接 PICkit2 编译器。

（2）执行“Project”→“Build All”命令，编译程序。单击工具栏“下载程序”按钮，下载程序到 PIC 单片机。

（3）单击工具栏“⌠”按钮，启动运行程序，观察继电器 1、继电器 2（LED 点阵 LED1、LED2）。

（4）按下按键 SW0，观察继电器 1、继电器 2 的状态变化。

（5）按下按键 SW2，观察继电器 1、继电器 2 的状态变化。

（6）按下按键 SW1，观察继电器 1、继电器 2 的状态变化。

（7）按下按键 SW2，观察继电器 1、继电器 2 的状态变化。

（8）按下按键 SW0，观察继电器 1、继电器 2 的状态变化。

（9）按下按键 SW1，观察继电器 1、继电器 2 的状态变化。

（10）单击工具栏“ㄟ”按钮，观察继电器 1、继电器 2（LED 点阵 LED1、LED2）的变化。

任务 21　步进电动机的控制

基础知识

一、步进电动机

步进电动机是将电脉冲信号转变为角位移或线位移的开环控制元步进电机件。在非超载的情况下，电动机的转速、停止的位置只取决于脉冲信号的频率和脉冲数，而不受负载变化的影响，当步进驱动器接收到一个脉冲信号，它就驱动步进电动机按设定的方向转动一个固定的角度，称为“步距角”，它的旋转是以固定的角度一步一步运行的。可以通过控制脉冲个数来控制角位移量，从而达到准确定位的目的；同时可以通过控制脉冲频率来控制电机转动的速度和加速度，从而达到调速的目的。

步进电动机的类型很多，按结构分为反应式（Variable Reluctance，VR）、永磁式（Permanent Magnet，PM）和混合式（Hybrid Stepping，HS）。

（1）反应式：定子由绕组组成，转子由软磁材料组成。结构简单、成本低、步距角小（可达1.2°），但动态性能差、效率低、发热大，可靠性难保证，因而慢慢地在淘汰。

（2）永磁式：永磁式步进电动机的转子用永磁材料制成，转子的极数与定子的极数相同。其特点是动态性能好、输出力矩大，但这种电机精度差，步矩角大（一般为7.5°或15°）。

（3）混合式：混合式步进电动机综合了反应式和永磁式的优点，其定子上有多相绕组，转子上采用永磁材料，转子和定子上均有多个小齿，以提高步矩精度。其特点是输出力矩大、动态性能好、步距角小，但结构复杂，成本相对较高。

既然步进电动机种类繁多，就以HL-K18实验板附带的28BYJ-48为例，来讲述一下步进电动机。首先介绍步进电机上面型号的各个数字、字母的含义：28——有效最大直径为28mm，B——步进电机，Y——永磁式，J——减速型（减速比为1/64），48——四相八拍。

再来讲述4个相，28BYJ-48步进电机的内部结构图如图11-15所示。

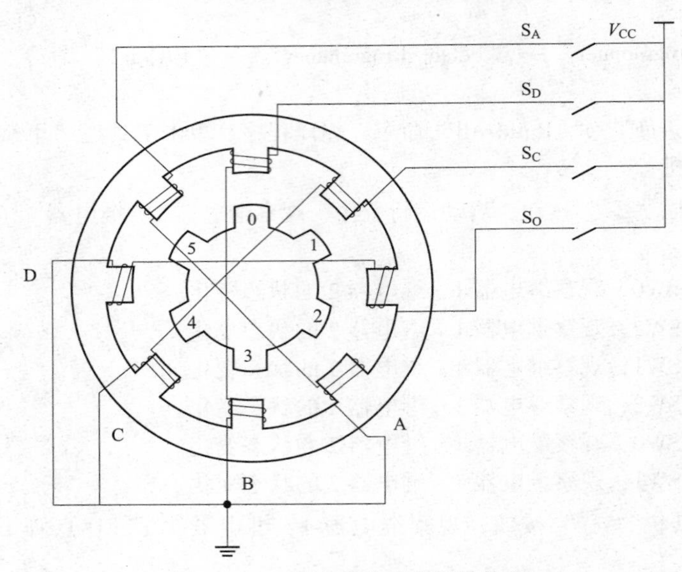

图11-15 步进电动机内部结构图

图11-15中的转子上面有6个齿，分别标注为0~5，转子的每个齿都有永久的磁性，是一块永磁体；外边定子的8个线圈是保持不动的，实际上跟电动机的外壳是固定在一起的。它上面有8个齿，每个齿上都有一个线圈绕组，正对着的2个齿上的绕组又是串联在一起的，也就是说正对着的2个绕组总是会同时导通或断开的，如此就形成了4（8/2）相，在图11-15中分别标注为A、B、C、D。

当定子的一个绕组通电时，将产生一个方向的磁场，如果这个磁场的方向和转子磁场方向不在同一条直线上，那么定子和转子的磁场将产生一个扭力将转子子转动。

依次给A、B、C、D四个端子脉冲时，转子就会连续不断地转动起来。每个脉冲信号对应步进电机的某一相或两相，绕组的通电状态改变一次，也就对应转子转过一定的角度（一个步距角）。当通电状态的改变完成一个循环时，转子转过一个齿距。四相步进电机可以在不同的通电方式下运行，常见的通电方式有单（单相绕组通电）四拍方式（A-B-C-D-A…），双

（双相绕组通电）四拍方式（AB-BC-CD-DA-AB…），八拍方式（A-AB-B-BC-C-CD-D-DA-A…）。

八拍模式绕组控制顺序见表 11-2。

表 11-2　　八拍模式绕组控制顺序表

线色	1	2	3	4	5	6	7	8
5 红	+	+	+	+	+	+	+	+
4 橙	–	–						–
3 黄		–	–	–				
2 粉				–	–	–		
1 蓝						–	–	–

实验板上的步进电机驱动电路原理图如图 11-14 所示。其中 RE0、RE1、RE2、RC0 为单片机的输出端，分别连接达林顿驱动 2003 输入端 COL _5、COL _6、COL _7、COL _8。达林顿驱动模块 2003 输出端 COL _5、COL _6、COL _7、COL _8 连接步进电机。

这里为何不用单片机来直接驱动电机，原因是单片机可驱动能力还是弱的，因此加达林顿驱动模块 2003 来提高驱动能力。上面已经提到，要让 B 相导通，那么电机黄色线端子（图 11-14 的 COL_ 6）要出现低电平，等价于 RE1 端子出现高电平，也就是让 RE1 有个高电平。

二、步进电机驱动

1. 驱动要求

设计步进电机采用四相四拍反向运行方式的驱动程序。

2. 步进电机驱动程序

```
#include <p18cxxx.h>
#include "k18.h"
#include "Delay.h"
void main(void)
{
k18_init();/* HL-K18 主板初始化* /
TRISD=0x00;//设置 RD 口为输出
PORTD=0X80;/* 打开步进电动机相序指示器* /
while(1)
            {
            M1=0;
            M4=1;
            DelayMs(1);/* 延时 1ms* /
            M4=0;
            M3=1;
            DelayMs(1);/* 延时 1ms* /
            M3=0;
            M2=1;
            DelayMs(1);/* 延时 1ms* /
            M2=0;
```

```
        M1=1;
        DelayMs(1);/* 延时1ms* /
        }
}
```

通过宏定义的M1、M2、M3、M4分别代表COL_5、COL_6、COL_7、COL_8，反向运行时，控制步进电机4采用四相四拍反向运行方式的驱动程序，依次导通的是M4、M3、M2、M1，通过程序可以明白。

技能训练

一、训练目标

(1) 学会使用单片机实现步进电动机控制。

(2) 通过单片机实现步进电动机的定圈运动控制。

二、训练步骤与内容

1. 建立一个工程

(1) 打开C盘下的文件夹PIC，在该文件夹下新建一个文件夹K02。

(2) 双击MPLAB IDE软件图标，启动MPLAB IDE软件。

(3) 新建一个工程，命名为K002。

2. 新建C语言程序文件

(1) 新建一个文件，另存为“main. c”。

(2) 在文件main. c编辑区，输入步进电机驱动控制程序，文件保存在K02文件夹下。

3. 添加文件

(1) 复制开发板头文件K18. h、delay. h和C语言程序文件K18. c、delay. c到文件夹K02内。

(2) 选择mK18. c、delay. c、main. c等3个C语言程序文件，将其添加到“Source Files”。

(3) 选择K18. h、delay. h头文件，将其添加到“Header Files”。

(4) 右键单击项目浏览区的“Linker Script”选项，在弹出的菜单中选择“Add File”，弹出“添加文件到工程”对话框。

(5) 选择C盘根目录的MCC18下的“lkr”文件夹，双击打开，在文件名栏输入“18f4520”，选择“18f4520. lkr”文件，单击“打开”按钮，将“18f4520. lkr”文件添加到“Linker Script”。

4. 下载调试

(1) 执行“Programmer”→“Select Programmer”→“PICkit2”命令，链接PICkit2编译器。

(2) 执行“Project”→“Build All”命令，编译程序。单击工具栏“下载程序”按钮，下载程序到PIC单片机。

(3) 将步进电机接于K18开发板。

(4) 单击工具栏“ ”按钮，启动运行程序，观察步进电机的运行。

(5) 单击工具栏“ ”按钮，观察步进电机的运行。

(6) 重新设计正向运行步进电机程序，下载调试运行。

习题 11

1. 设计交流异步电动机单向连续启停控制的单片机控制程序，并下载到单片机开发板，观察程序的运行。

2. 设计交流异步电动机三相降压启停控制的单片机控制程序，并下载到单片机开发板，观察程序的运行。

3. 设计步进电机反转控制程序，并下载到单片机开发板，观察步进电机的运行。

4. 设计步进电机正、反转控制程序，并下载到单片机开发板，观察步进电机的运行。

项目十二　模块化编程训练

学习目标

(1) 学会管理单片机开发系统文件。

(2) 学会模块化编程。

(3) 用模块化编程实现彩灯控制。

(4) 设计基于系统定时器的时钟。

任务 22　模块化彩灯控制

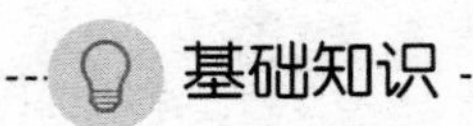

基础知识

一、模块化编程

当一个项目小组做一个相对比较复杂的工程时，就需要小组成员分工合作，一起完成项目，意味着不再是某人独自单干，而是要求小组成员各自负责一部分工程。比如自己可能只是负责通信或者显示这一块。这时就应该将自己的这一块程序写成一个模块，单独调试，留出接口供其他模块调用。最后，小组成员都将自己负责的模块写完并调试无误后，最后由项目组长进行综合调试。像这些场合就要求程序必须模块化。模块化的好处非常多，不仅仅是便于分工，还有助于程序的调试，有利于程序结构的划分，还能增加程序的可读性和可移植性。

1. 模块化编程的优点

(1) 各模块相对独立，功能单一，结构清晰，接口简单。

(2) 思路清晰、移植方便、程序简化。

(3) 缩短了开发周期，控制了程序设计的复杂性。

(4) 避免程序开发的重复劳动，易于维护和功能扩充。

2. 模块化编程的方法

(1) 模块划分。在进行程序设计时把一个大的程序按照功能划分为若干小的程序，每个小的程序完成一个确定的功能，在这些小的程序之间建立必要的联系，互相协作完成整个程序要完成的功能。我们称这些小的程序为程序的模块。

通常规定模块只有一个入口和出口，使用模块的约束条件是入口参数和出口参数。

用模块化的方法设计程序，选择不同的程序块或程序模块的不同组合就可以完成不同的系统和功能。

(2) 设计思路。模块化程序设计的就是将一个大的程序按功能分割成一些小模块。把具有相同功能的函数放在一个文件中，形成模块化子程序。把具有相同功能的函数放在同一个文件中，这样有一个很大的优点是便于移植，我们可以将这个模块化的函数文件很轻松地移植到别的程序中。

通过主程序管理和调用模块化子程序，协调应用各个子程序完成系统功能。主程序用#include 指令把这个文件包含到主程序文件中，那么在主程序中就可以直接调用在这个文件中定义好的函数来实现特定的功能，而在主程序中不用声明和定义这些函数。这样就使主程序显得更加精炼，可读性也会增强。

（3）定义模块文件。我们将某一个功能模块的端口定义，函数声明这些内容放在一个“.h”头文件中，而把具体的函数实现（执行具体操作的函数）放在一个“.c”文件中。

这样我们在编写主程序文件的时候，可以直接使用“#include”预编译指令将“.h”文件包含进主程序文件中，而在编译的时候将“.c”文件和主程序文件一起编译。

这样做的优点是，我们可以直接在“.h”文件中查找到需要的函数名称，从而在主程序里面直接调用，而不用去关心“.c”文件中的具体内容。如果我们要将该程序移植到不同型号的单片机上，同样只需在“.h”文件中修改相应的端口定义即可。

对于彩灯控制，我们将其划分为三个模块，分别是通用主板模块 K18、延时模块 Delay、驱动模块 Led。

二、彩灯控制模块化编程的操作

1. 新建工程

（1）在 C：\ PIC 下，新建一个文件夹 L01。

（2）双击 MPLAB IDE 软件图标，启动 MPLAB IDE 软件。

（3）执行“Project”→“New”命令，弹出“创建新项目”对话框。

（4）在“创建新项目”对话框，输入工程文件名“L001”，单击“保存”按钮。

（5）保存后的工程模块化文件结构如图 12-1 所示。工程文件目录下包括“Sourece Files”（源程序文件夹）、“Header Files”（头文件夹）、“Object Files”（对象文件夹）、“Library Files”（库文件夹）、“Linker Script”（链接脚本）、“Other Files”（其他文件夹）等子文件夹。

2. 新建、保存模块化程序文件

（1）执行“File”→“New”命令，新建一个文件 Untitled。

（2）执行“File”→“Save as”命令，弹出“另存文件”对话框，在“文件名”栏输入“K18. h”，单击“保存”按钮，保存文件。

（3）重复执行新建文件命令 6 次，分别新建 6 个文件，文件名分别为“delay. h”“led. h”“K18. c”“delay. c”“led. c”“main. c”。

（4）执行“Windows”→“Cascade”（级联叠加）命令，文件排列如图 12-2 所示。

3. 将文件添加到工程中的指定文件夹

（1）在工程浏览窗口，右键单击“Sourece Files”选项，在弹出的右键菜单中，选择“Add File”。

（2）弹出“选择文件”对话框，选择“K18. c”“delay. c”“led. c”“main. c”等 4 个源文件，添加的 C 语言文件如图 12-3 所示，单击“打开”按钮，文件添加到工程项目“Sourece Files”中。

（3）右键单击“Header Files”选项，在弹出的右键菜单中，选择“Add File”。

（4）弹出“选择文件”对话框，选择“K18. h”“delay. k”“led. h”等 3 个头文件，单击“打开”按钮，文件添加到工程项目“Header Files”中。

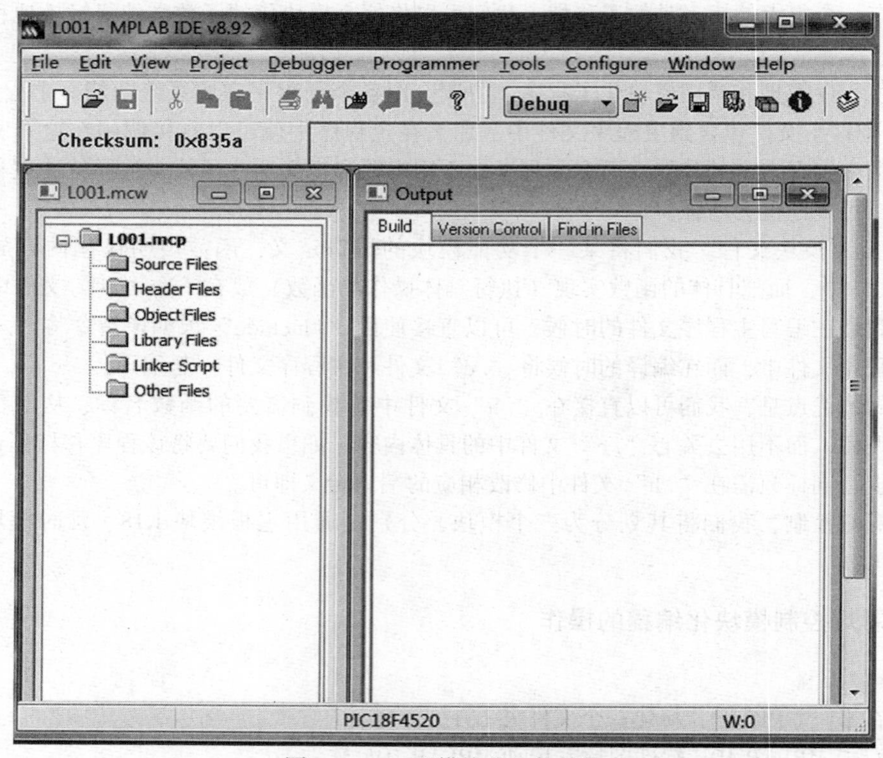

图 12-1　工程模块化文件结构

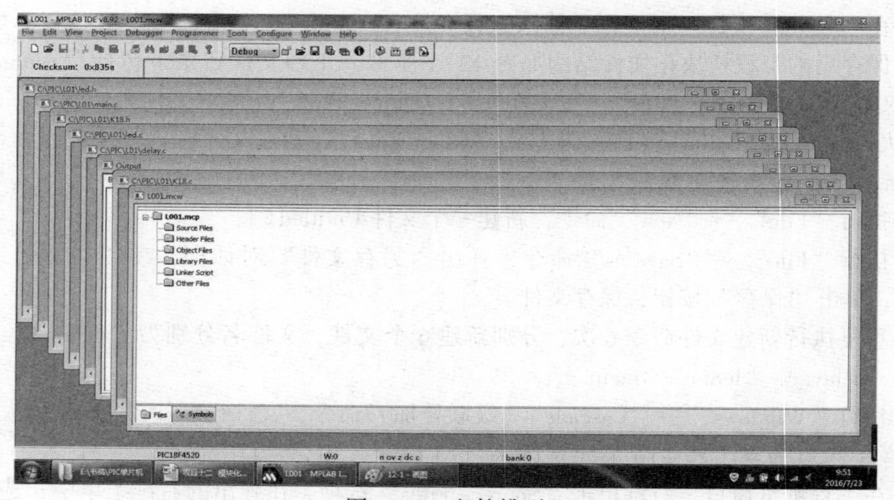

图 12-2　文件排列

（5）右键单击项目浏览区的“Linker Script”选项，在弹出的菜单中执行“Add File”命令，弹出“添加文件到工程”对话框。

（6）选择 C 盘根目录的 MCC18 下的“lkr”文件夹，双击打开该文件夹，在文件名栏输入“18f4520”，选择“18f4520. lkr”文件，单击“打开”按钮，将“18f4520. lkr”文件添加到“Linker Script”。

（7）添加文件完成后的项目文件结构如图 12-4 所示。

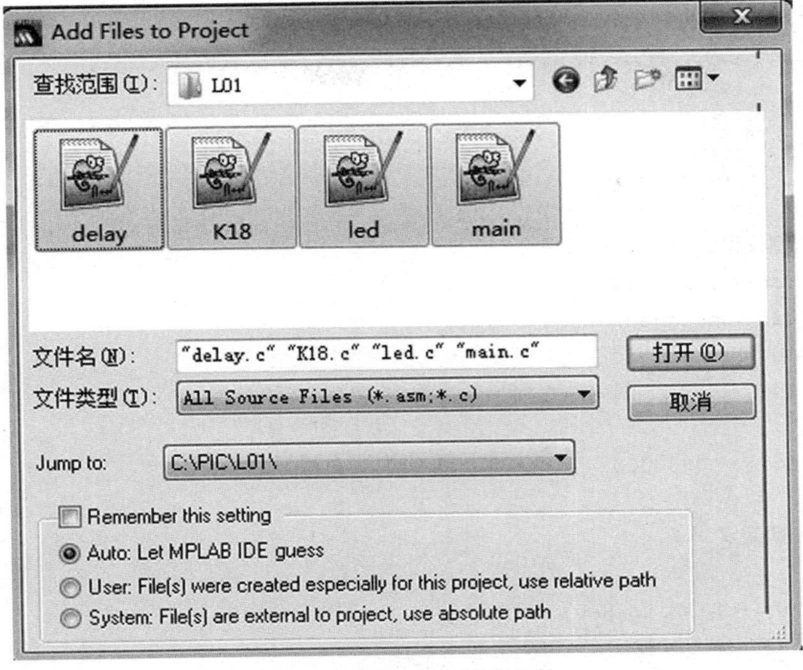

图 12-3　添加的 C 语言文件

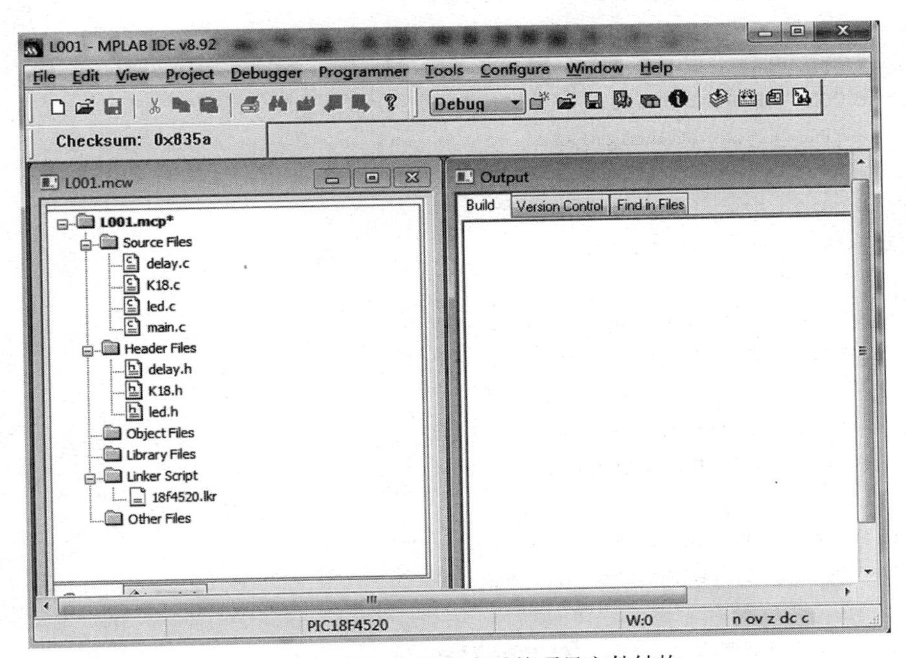

图 12-4　添加文件完成后的项目文件结构

4. 输入程序代码

（1）在 K18. h 中输入下列程序，单击工具栏“ ”（保存）按钮，保存文件。

```
/**********************************************************************
* 文件名：K18.h
**********************************************************************/

#ifndef _K18_H_
#define _K18_H_

/* 变量类型标识的宏定义,通常做法* /
#define Uchar unsigned char
#define Uint unsigned int
#define OUT 0
#define IN 1

#define Fosc   40000000       /* 定义晶振频率(单位:Hz)* /

/*  k18 引脚定义 * /

#define AN   PORTAbits.RA0  /* AN* /
#define TRIS_AN  DDRAbits.RA0

#define COL1   PORTAbits.RA1   /* COL_1* /
#define TRIS_COL1  DDRAbits.RA1

#define COL2  PORTAbits.RA2   /* COL_2* /
#define TRIS_COL2   DDRAbits.RA2

#define COL3   PORTAbits.RA3   /* COL_3* /
#define TRIS_COL3   DDRAbits.RA3

#define COL4   PORTAbits.RA5   /* COL_4* /
#define TRIS_COL4   DDRAbits.RA5

#define COL5   PORTEbits.RE0   /* COL_5* /
#define TRIS_COL5   DDREbits.RE0

#define COL6   PORTEbits.RE1   /* COL_6* /
#define TRIS_COL6   DDREbits.RE1

#define COL7   PORTEbits.RE2   /* COL_7* /
#define TRIS_COL7   DDREbits.RE2

#define COL8   PORTCbits.RC0   /* COL_8* /
#define TRIS_COL8   DDRCbits.RC0
```

```
#define B20  PORTCbits.RA4  /* B20 * /
#define TRIS_B20  DDRCbits.RA4

#define BZ  PORTCbits.RC1  /* BZ* /
#define TRIS_BZ  DDRCbits.RC1

#define CS  PORTCbits.RC2  /* CS* /
#define TRIS_CS  DDRCbits.RC2

#define SCK  PORTCbits.RC3  /* SCK * /
#define TRIS_SCK  DDRCbits.RC3

#define SDO  PORTCbits.RC4  /* SDO * /
#define TRIS_SDO  DDRCbits.RC4

#define SDI  PORTCbits.RC5  /* SDI * /
#define TRIS_SDI  DDRCbits.RC5

#define TX1  PORTCbits.RC6  /* TX1 * /
#define TRIS_TX1  DDRCbits.RC6

#define RX1  PORTCbits.RC7  /* RX1 * /
#define TRIS_RX1  DDRCbits.RC7

#define SW0  PORTBbits.RB0  /* SW0 * /
#define TRIS_SW0  DDRBbits.RB0

#define IR  PORTBbits.RB1  /* IR * /
#define TRIS_IR  DDRBbits.RB1

#define SW1  PORTBbits.RB2  /* SW1 * /
#define TRIS_SW1  DDRBbits.RB2

#define SW2  PORTBbits.RB4  /* SW2 * /
#define TRIS_SW2  DDRBbits.RB4

#define SW3  PORTBbits.RB5  /* SW3 * /
#define TRIS_SW3  DDRBbits.RB5


/* 为方便使用,部分管脚的多重定义* /

#define M1  COL5  /* M1* /
#define TRIS_M1  TRIS_COL5
```

```
#define M2  COL6  /* M2* /
#define TRIS_M2  TRIS_COL6

#define M3  COL7  /* M3* /
#define TRIS_M3  TRIS_COL7

#define M4  COL8  /* M4* /
#define TRIS_M4  TRIS_COL8
/* 注:液晶的管脚在 LCD1602.h 中定义* /
//系统初始化函数
void k18_init(void);/* K18 主板初始化* /
#endif
```

这里简单讲解一下条件编译。在一些头文件的定义中，为了防止重复定义，一般用条件编译来解决此问题。如第 1 行的意思是如果没有定义“_K18_H_”，那么就定义“_K18_H_”（第 2 行），定义的内容包括其后的语句，代码含义就不介绍了，主要是 K18 板引脚定义等。

（2）在 delay.h 中输入下列程序，单击工具栏“💾”按钮，保存文件。

```
#ifndef  _delay_h_
#define  _delay_h_
void Delay10Ms(unsigned char ms);
void DelayMs(unsigned char ms);
void Delay10us(unsigned char us);
#endif
```

一般情况下，定义的函数和变量是有一定的作用域的，也就是说，在一个模块中定义的变量和函数，它的作用域只限于本模块文件和调用它的程序文件范围内，而在没有调用它的模块程序里面，它的函数是不能被使用的。

在编写模块化程序的时候，经常会遇到一种情况，一个函数在不同的模块之间都会用到，最常见的就是延时函数，一般的程序中都需要调用延时函数，是不是需要在每个模块中都定义相同的函数？这样程序在编译的时候，会提示有重复定义的函数。所以只好在不同的模块中为相同功能的函数起不同的名字，可这样又做了很多重复劳动，并且还会使程序的可读性变得很差。

同样的情况也会出现在不同模块程序之间传递数据变量的时候。

在这样的情况下，一种解决办法是：使用文件包含命令“#include”将一个模块的文件包含到另一个模块文件中，这种方法在只包含很少的模块文件的时候是很方便的，对于比较大的、很复杂的，包含很多模块文件的单片机应用程序中，在每一个模块里面都用包含命令就很麻烦了，并且很容易出错。

出现这种情况的原因，是人们在编写单片机程序的时候，所定义的函数和变量都被默认为是局部函数和变量，那么它们的作用范围当然是调用它们的程序。如果我们将这些函数和变量定义为全局的函数和变量，那么，在整个单片机系统程序中，所有的模块之间都可以使用这些函数和变量。

将需要在不同模块之间互相调用的文件声明为全局函数、变量（或称外部函数、变量）。将函数和变量声明为全局函数和变量的方法是：在该函数和变量前面加“extern”修饰符。

“extern” 的英文意思就是外部的（全局），这样就可以将函数和变量声明为全局函数和变量，那么在整个单片机系统程序的任何地方，都可以随意调用这些全局函数和变量。

（3）在 Led. h 中输入下列程序，单击工具栏“💾”按钮，保存文件。

```
#ifndef __LED_H__
#define __LED_H__
#include <p18cxxx.h>
#include "k18.h"
#include "delay.h"   // 程序用到延时函数,所以包含此头文件
extern void LED_FLASH(void);
#endif
```

（4）在 Led. c 中输入下列程序，单击工具栏“💾”按钮，保存文件。

```
#include <p18cxxx.h>
#include "k18.h"
#include "delay.h"
#include "led.h"
void LED_FLASH(void)
{while(1)
     { unsigned char i;
       PORTD = 0x01;          //设定 LED 灯初始值
       DelayMs(200);          //延时 200ms
       for(i =0;i < 8;i++)
             {
             PORTD <<=  1;  //移位、依次点亮
             DelayMs(200);  //延时 200ms
             }
    }
}
```

（5）在 delay. c 中输入下列程序，单击工具栏“💾”按钮，保存文件。

```
#include <p18cxxx.h>
#include <delays.h>
#include "k18.h"
#include "delay.h"

void Delay10Ms(unsigned char ms)
{
Delay10KTCYx((((Fosc/4000)* ms)/1000));
}

void DelayMs(unsigned char ms)
{
Delay1KTCYx((((Fosc/4000)* ms)/1000));
}
```

```
void Delay10us(unsigned char us)
{
Delay10TCYx(((Fosc/1000000)* us));
}
```

(6) 在 K18.c 中输入下列程序，单击工具栏“💾”按钮，并保存文件。

```
#include <p18cxxx.h>
#include "k18.h"

//k18 主板初始化函数
void k18_init(void)
 {
  ADCON1=0b00001111;                        //设置所有双用口为普通数字口

  CMCON=0b00000111;/* 关闭所有比较器* /
  INTCON2bits.RBPU=0;/* 开启 B 口弱上拉* /

/*  k18 引脚方向、输出初值定义 * /
TRIS_AN=IN;  /* AN* /
COL1=0;     /* COL_1* /
TRIS_COL1=OUT;
COL2=0;     /* COL_2* /
TRIS_COL2=OUT;
COL3=0;     /* COL_3* /
TRIS_COL3=OUT;
COL4=0;     /* COL_4* /
TRIS_COL4=OUT;
COL5=0;     /* COL_5* /
TRIS_COL5=OUT;
COL6=0;     /* COL_6* /
TRIS_COL6=OUT;
COL7=0;     /* COL_7* /
TRIS_COL7=OUT;
COL8=0;     /* COL_8* /
TRIS_COL8=OUT;
BZ=0;    /* BZ* /
TRIS_BZ=OUT;
TRIS_IR=IN;  /* IR* /

TRIS_SW0=IN; /* SW0* /
TRIS_SW1=IN;  /* SW1* /
TRIS_SW2=IN;  /* SW2* /
TRIS_SW3=IN; /* SW3* /
}
```

（7）在 main. c 中输入下列程序，单击工具栏“ ”按钮，并保存文件。

```
#include <p18cxxx.h>
#include "k18.h"
#include "Delay.h"
#include "led.h"
void main(void)
{
TRISD=0x00;  //设置 RD 为输出
PORTD = 0x00;
TRISA=0x00;  //设置 RA 为输出
COL1=1;//RA1 脚输出电平,打开 LED 锁存
    while(1)
    {
        LED_FLASH();
    }
}
```

5. 单片机模块化编程建议

模块化编程是难点、重点，应该具有清晰的思路、严谨的结构，便于程序移植。

（1）模块化编程说明。

1）模块即是一个 . c 和一个 . h 的结合，头文件（. h）是对该模块的声明。

2）某模块提供给其他模块调用的外部函数，并且数据需在所对应的 . h 文件中加 extern 关键字来声明。

3）模块内的函数和变量需在 . c 文件开头处加 static 关键字声明。

4）永远不要在 . h 文件中定义变量。

先解释以上说明中的两个关键词语：定义、声明。

定义就是（编译器）创建一个对象，为这个对象分配一块内存并给它一个名字，这个名字就是我们经常所说的变量名或对象名。但注意这个名字一旦和这块内存匹配起来，它们就“同生共死，终生不离不弃”。并且这块内存的位置也不能被改变。一个变量或对象在一定的区域内（比如函数内，全局等）只能被定义一次，如果定义多次，编译器会提示重复定义同一个变量或对象。

声明具有两重含义：第一是告诉编译器，这个名字已经匹配到一块内存上了，下面的代码用到变量或对象是在别的地方定义的。声明可以出现多次。第二是告诉编译器，别的地方也不能用这个名字来作为变量名或对象名。比如学生在图书馆的某个座位上放了一本书，表明这个座位已经有人预订，别人再也不允许使用这个座位。其实这个时候该学生本人并没有坐在这个座位上。这种声明最典型的例子就是函数参数的声明，例如：void fun（int i，char c）。

记住，定义和声明最重要的区别是，定义创建了对象并为这个对象分配了内存，声明没有分配内存。

（2）模块化编程的实质。模块化的实现方法和实质就是将一个功能模块的代码单独编写成一个 . c 文件，然后把该模块的接口函数放在 . h 文件中。

（3）源文件中的 . c 文件。提到 C 语言源文件，大家都不会陌生。因为我们平常写的程序代码几乎都在这个 . c 文件里面。编译器也是以该文件来进行编译并生成相应的目标文件。作

为模块化编程的组成基础，所有要实现的功能的源代码均在这个文件里。理想的模块化应该可以看成一个黑盒子，即只关心模块提供的功能，而不必知道模块内部的实现细节。好比用户买了一部手机，只需会使用手机提供的功能即可，而不需要知道它是如何进行通信，如何把短信发出去，又是如何响应按键输入的，这些过程对于用户而言，就是一个黑盒子。

在大规模程序开发中，一个程序由很多个模块组成，很可能这些模块的编写任务被分配到不同的人。例如当你在编写某个模块时很可能需要用到别人所编写的模块的接口，这时需关心的是他的模块实现了什么样的接口，该如何去调用，至于模块内部是如何组织、实现的，使无须过多关注。特此说明，为了追求接口的单一性，把不需要的细节尽可能对外屏蔽起来，只留需要的让别人知道。

（4）头文件.h。谈及模块化编程，必然会涉及多文件编译，也就是工程编译。在这样的一个系统中，往往会有多个C语言文件，而每个C语言文件的作用不尽相同。在我们的C语言文件中，由于需要对外提供接口，因此必须有一些函数或变量需提供给外部其他文件进行调用。

例如上面新建的delay.c文件，提供最基本的延时功能函数。

```
void DelayMs(uInt16 ValMs);   // 延时 ValMs(ValMs=1,2,…,65535)ms
```

而在另外一个文件中需要调用此函数，那该如何做呢？头文件的作用正是在此。可以称其为一份接口描述文件。其文件内部不应该包含任何实质性的函数代码。可以把这个头文件理解成一份说明书，说明的内容就是模块对外提供的接口函数或接口变量。同时该文件也可以包含一些宏定义以及结构体的信息，离开了这些信息，很可能就无法正常使用接口函数或接口变量。但总的原则是：不该让外界知道的信息就不应该出现在头文件里，而外界调用模块内接口函数或接口变量所必需的信息就一定要出现在头文件里，否则外界就无法正确调用。因而为了让外部函数或者文件调用我们提供的接口功能，就必须包含我们提供的这个接口描述文件——头文件。同时，我们自身模块也需要包含这个模块头文件（因为其包含了模块源文件中所需要的宏定义或结构体），下面来定义这个头文件，一般来说，头文件的名字应该与源文件的名字保持一致，这样便可清晰地知道哪个头文件是哪个源文件的描述。

于是便得到了delay.c如下的delay.h头文件，代码如下。

```
#ifndef  _delay_h_
#define  _delay_h_
void Delay10Ms(unsigned char ms);
void DelayMs(unsigned char ms);
void Delay10us(unsigned char us);
#endif
```

1）.c源文件中不想被别的模块调用的函数、变量就不要出现在.h文件中。例如本地函数static void Delay1Ms（void），即使出现在.h文件中也是在做无用功，因为其他模块根本不去调用它，实际上也调用不了它（static关键字起了限制作用）。

2）.c源文件中需要被别的模块调用的函数、变量就声明现在.h文件中。例如void delayMs（uInt16 ValMs）函数，这与以前我们写的源文件中的函数声明有些类似，但因为前面加了修饰词extern，表明是一个外部函数。

3）条件编译和宏定义目的是防止重复定义。假如有两个不同的源文件需要调用void DelayMs（uInt16 ValMs）这个函数，它们分别都通过#include "delay.h" 把这个头文件包含进去。在第一个源文件进行编译时候，由于没有定义过_ DELAY_ H_ ，因此#ifndef_ DELAY_ H_ 条件成立，于是定义_ DELAY_ H_ 并将下面的声明包含进去。在第二个文件编译时候，由于第一个文件包含的时候，已经将_ DELAY_ H_ 定义过了。因而此时#ifndef_ DELAY_ H_ 不成立，整个头文件内容就不再被包含。假设没有这样的条件编译语句，那么两个文件都包含了 extern void delayMs（uInt16 ValMs），就会引起重复包含的错误。

(5) 位置决定思路——变量。变量不能定义在 .h 中，对于新手来说，或许是一个难点，但再难也有解决的办法，可以借鉴嵌入式操作系统——μC/OS-Ⅱ，该操作系统处理全局变量的方法比较特殊，也比较难理解，感兴趣的读者可以研究一下，这里不作介绍。

依个人的编程习惯，介绍一种处理方式。概括讲就是在 .c 中定义变量，之后在该 .c 源文件所对应的 .h 中声明即可。注意，一定要在变量声明前加关键字 extern，这样可以方便地调用它，但滥用全局变量会使程序的可移植性、可读性变差。接下来用两段代码来比较说明全局变量的定义和声明。

1）电脑爆炸式的代码。

```
module1.h                   // 编写一个 .h
uChar8  uaVal = 0;          // 在模块 1 的 .h 文件中定义一个变量 uaVal
/* ==========================================================*/
module1.c                   // 编写一个 .c
#include  "module1.h"       // .c 模块 1 中包含模块 1 的 .h
/* ==========================================================*/
module2.c
#include  "module1.h"       // .c 模块 2 中包含模块 1 的 .h
```

以上程序的结果是在模块 1、2 中都定义了无符号 char 型变量 uaVal，uaVal 在不同的模块中对应不同的内存地址。如果都这样写程序，那电脑就“爆炸”了。

2）推荐采用的代码。

```
module1.h// 编写一个 .h
extern uChar8  uaVal;       // 在 .h 中声明 uaVal
/* ==========================================================*/
module1.c
#include  "module1.h"       // .c 模块 1 中包含模块 1 的 .h
uChar8  uaVal = 0;          // 在模块 1 的 .h 文件中定义一个变量 uaVal
/* ==========================================================*/
module2.c
#include  "module1.h"       // 在模块 2 的 .h 文件中定义一个变量 uaVal
```

这样，如果模块 1、2 操作 uaVal 的话，对应的是同一块内存单元。

(6) 符号决定出路——头文件之包含。以上模块化编程中，要大量地包含头文件。包含头文件的方式有两种，一种是<xx.h>，第二种是"xx.h"，那何时用第一种，何时用第二种？读者可能会从相对路径、绝对路径、系统用、工程用等，多方面考虑，如果清楚地知道最好，如果记不住，请遵循这个原则：自己写的用双引号，不是自己写的用尖括号。

(7) 模块的分类。一个嵌入式系统通常包括两类模块：硬件驱动模块——一种特定硬件对应一个模块；软件功能模块——模块的划分应满足低耦合、高内聚的要求。

低耦合、高内聚这是软件工程中的概念。简单的六个字所涉及的内容比较多。

1）内聚和耦合。内聚是从功能角度来度量模块内的联系的，一个好的内聚模块应当恰好做一件事。它描述的是模块内的功能联系。

耦合是软件结构中各模块之间相互连接的一种度量，耦合强弱取决于模块间接口的复杂程度、进入或访问一个模块的点以及通过接口的数据。

理解了以上两个词的含义之后，“低耦合、高内聚”就好理解了，通俗地讲，模块与模块之间少来往，模块内部多来往。当然对应到程序中，就不是这么简单，需要大量的编程和练习才能掌握其真正的内涵，请读者慢慢研究。

2）硬件驱动模块和软件功能模块的区别。硬件驱动模块是指所写的驱动（即 .c 文件）对应一个硬件模块。例如 led. c 是用来驱动 LED 灯的，smg. c 是用来驱动数码管的，lcd. c 是用来驱动 LCD 液晶的，key. c 是用来检测按键的，等等，将这样的模块统称为硬件驱动模块。

软件功能模块是指所编写的模块只是某个功能的实现，而没有所对应的硬件模块。例如 delay. c 是用来延时的，main. c 是用来调用各个子函数的。这些模块都没有对应的硬件模块，只是起某个功能而已。

技能训练

一、训练目标

（1）学会模块化工程管理。

（2）通过模块化编程实现 LED 流水灯控制。

二、训练步骤与内容

1. 新建工程

（1）打开 C 盘下的文件夹 PIC，在该文件夹下新建一个文件夹 L01。

（2）双击 MPLAB IDE 软件图标，启动 MPLAB IDE 软件。

（3）新建一个工程，命名为 L001。

2. 新建程序文件

（1）执行“File”→“New”命令，新建一个文件 Untitled。

（2）执行“File”→“Save as”命令，弹出“另存文件”对话框，在文件名栏输入“K18. h”，单击“保存”按钮，保存文件在 L01 文件夹下。

（3）重复执行新建文件命令 6 次，分别新建 6 个文件，文件名分别为“delay. h”“led. h”“K18. c”“delay. c”“led. c”“main. c”，保存文件在 L01 文件夹下。

3. 将文件添加到工程中的指定文件夹

（1）在工程浏览窗口，右键单击“Sourece Files”选项，在弹出的右键菜单中，选择“Add File”。

（2）弹出“选择文件”对话框，选择“K18. c”“delay. c”“led. c”“main. c”等 4 个源文件，单击“打开”按钮，将文件添加到工程项目“Sourece Files”中。

（3）右键单击“Header Files”选项，在弹出的右键菜单中，选择“Add File”。

（4）弹出“选择文件”对话框，选择“K18. h”“delay. k”“led. h”等 3 个头文件，单击“打开”按钮，将文件添加到工程项目“Header Files”中。

（5）右键单击项目浏览区的“Linker Script”选项，在弹出的菜单中选择“Add File”，弹出“添加文件到工程”对话框。选择 C 盘根目录的 MCC18 下的“lkr”文件夹，双击打开，在

“文件名”栏输入“18f4520”，选择“18f4520. lkr”文件，单击“打开”按钮，将“18f4520. lkr”文件添加到“Linker Script”。

4. 输入程序代码

5. 下载调试

（1）执行“Programmer”→“Select Programmer”→“PICkit2”命令，链接PICkit2编译器。

（2）执行“Project”→“Build All”命令，编译程序。单击工具栏“下载程序”按钮，下载程序到PIC单片机。

（3）单击工具栏“ꟷ”按钮，启动运行程序，观察点阵LED的变化。

（4）单击工具栏“ꟷ”按钮，观察点阵LED的变化。

习题12

1. 改变流水灯的显示方向，重新按模块化编程设计LED流水灯控制程序。

2. 对于可调时钟，细分为延时模块、按键模块、数码管显示模块、主模块，重新设计、调试程序。